Carbon Nitride-based
Photocatalytic Materials

氮化碳系光催化材料

柴希娟 著

化学工业出版社

·北京·

内 容 简 介

本书在简单介绍光催化基础和有机半导体氮化碳结构、改性方法及应用的基础上，分章节重点介绍了特殊形貌氮化碳、单元素掺杂、双元素共掺杂以及氮化碳异质结复合材料。探讨了前驱体种类、热剥离条件、元素掺杂和异质结构建等体系下，氮化碳系光催化材料的构效关系以及协同作用机理。

本书适合从事光催化或相关研究领域的科研人员、相关专业的大学师生以及科技爱好者阅读，对从事纳米光催化材料研究的科研工作者具有参考价值，也对从事纳米光催化技术应用与开发的工程技术人员具有指导意义。

图书在版编目(CIP)数据

氮化碳系光催化材料/柴希娟著.—北京：化学工业出版社，2022.9（2023.1重印）

ISBN 978-7-122-41510-3

Ⅰ.①氮… Ⅱ.①柴… Ⅲ.①氮化合物-光催化-纳米材料-研究 Ⅳ.①TB383

中国版本图书馆 CIP 数据核字（2022）第 091834 号

责任编辑：赵卫娟
责任校对：李雨晴
装帧设计：王晓宇

出版发行：化学工业出版社
　　　　　（北京市东城区青年湖南街 13 号　邮政编码 100011）
印　　装：北京七彩京通数码快印有限公司
710mm×1000mm　1/16　印张 15¼　字数 300 千字
2023 年 1 月北京第 1 版第 2 次印刷

购书咨询：010-64518888
售后服务：010-64518899
网　　址：http：//www.cip.com.cn

凡购买本书，如有缺损质量问题，本社销售中心负责调换。

定　　价：88.00元　　　　　　　　　　版权所有　违者必究

前言

随着三大化石燃料的快速消耗，人类社会正受到能源短缺和环境污染的严重威胁。其中，林产品废料的肆意排放是构成环境污染的主要原因。这些有毒有害物质很有可能转化为致癌物、致畸物甚至诱变剂，已引起世界各国的高度重视。因此，利用清洁、环保、高效、安全的可再生能源已然成为社会可持续发展的重中之重。半导体光催化技术是最有前景且能够同时解决能源和环境问题的可行途径。光催化技术主要依靠清洁友好、分布广泛、成本低廉的太阳能提供能量，将能量密度低的太阳能转换为能量密度高的化学能。近年来，该技术已经应用于污水处理、表面自洁净、光催化裂解水、消毒杀菌、CO_2 还原和光致逻辑器件等领域。

光催化在环境保护与治理上的应用研究始于 20 世纪 70 年代后期，Cary 和 Bard 利用 TiO_2 悬浮液，在紫外光照射下降解多氯联苯和氰化物获得成功，被认为是光催化在消除环境污染物方面的首创性研究工作。80 年代初，多相光催化在消除空气和水中的有机污染物方面取得重要进展，成为多相光催化一个重要的应用领域。目前，光催化环境友好应用研究领域的发展十分迅速，如光催化矿化方面的研究已应用在水或空气中存在的主要有机污染物，例如致癌类卤化物、农药及其他有毒有机物的降解和去除。

本书依托国家自然科学基金项目《新型 $Gd-N-TiO_2/g-C_3N_4$/木素基泡沫炭复合材料原位生长机制及应用基础研究》（项目批准号：31960297），在云南省木材胶黏剂及胶合制品重点实验室的大力支持下，总结了作者近五年来在石墨相氮化碳基可见光催化材料领域的研究成果。全书共 7 章，第 1 章主要介绍了光催化技术的机理、应用及发展趋势；第 2 章介绍了石墨相氮化碳的结构、制备、应用和研究进展；第 3～6 章为全书的主体部分，基本按照材料与方法、结构与表征、光催化性能、光催化机理、小结的顺序进行撰写。分别重点介绍了形貌调控氮化碳、单元素掺杂氮化碳、双元素掺杂氮化碳、氮化碳异质结体系的结构与性能研究。每章内容均很好地阐述了不同体系氮化碳材料的制备工艺、微观结构和催化性能间的相互关系。

由于目前光催化研究及其相关技术发展非常迅速，作者水平和知识面有限，书中如有不当之处，恳请广大读者批评指正。

著者

2022 年 5 月

目录

第1章 光催化概述 　　001

1.1 光催化的发展历史 　　002
1.1.1 光催化现象的发现 　　002
1.1.2 能源危机带来的发展机遇 　　002
1.1.3 环境危机带来的机遇 　　003
1.1.4 超级细菌和流行病毒的新对策 　　003

1.2 光催化基本概念 　　004
1.2.1 光催化反应机理 　　004
1.2.2 光催化反应的控制因素 　　005
1.2.3 半导体的能带结构 　　008

1.3 光催化的应用领域 　　012
1.3.1 空气净化 　　012
1.3.2 水净化 　　012
1.3.3 表面自清洁净化 　　013
1.3.4 医疗卫生 　　013
1.3.5 光催化有机合成 　　013
1.3.6 能源催化应用 　　014

1.4 光催化的发展趋势 　　016
1.4.1 新型光催化材料探索 　　016
1.4.2 光催化过程活性和能效的提高 　　016
1.4.3 光催化实际应用拓展 　　017
1.4.4 光催化技术的前景 　　017

参考文献 　　017

第2章 有机半导体氮化碳 　　021

2.1 氮化碳基材料的研究背景 　　022

2.2 氮化碳的结构及制备 023
2.2.1 氮化碳的结构 023
2.2.2 氮化碳的制备 025
2.3 氮化碳的物理化学性质 029
2.3.1 $g-C_3N_4$ 的稳定性 029
2.3.2 $g-C_3N_4$ 的光学性能 030
2.4 氮化碳的改性方法 031
2.4.1 掺杂氮化碳的研究进展 031
2.4.2 结构调控氮化碳的研究进展 034
2.4.3 氮化碳异质结的研究进展 040
2.4.4 单原子催化修饰的研究进展 044
2.5 氮化碳的应用 045
2.5.1 催化剂 045
2.5.2 氮源 045
2.5.3 光催化 046
2.6 材料的拓展 049
参考文献 051

第 3 章
形貌调控氮化碳 063

3.1 剥离型多孔氮化碳的合成及性能 064
3.1.1 材料与方法 065
3.1.2 结构与表征 066
3.1.3 光催化性能 072
3.1.4 光催化机理 074
3.2 无模板法合成多孔氮化碳 076
3.2.1 材料与方法 077
3.2.2 结构与表征 078
3.2.3 光催化性能 081

3.2.4 光催化机理　　082
参考文献　　083

第4章
单元素掺杂氮化碳　　089

4.1 层状可调铁掺杂氮化碳及其性能　　090
　4.1.1 材料与方法　　091
　4.1.2 结构与表征　　092
　4.1.3 光催化性能　　098
　4.1.4 光催化机理　　102
4.2 珊瑚状 Fe 掺杂 g-C_3N_4 材料及其性能　　104
　4.2.1 材料与方法　　105
　4.2.2 结构与表征　　106
　4.2.3 光催化性能　　109
4.3 P 掺杂氮缺陷 g-C_3N_4 及其性能　　110
　4.3.1 材料与方法　　111
　4.3.2 结构与表征　　112
　4.3.3 光催化性能　　118
　4.3.4 光催化机理　　120
参考文献　　122

第5章
双元素共掺杂氮化碳　　129

5.1 铁磷共掺杂氮化碳及其光催化性能研究　　130
　5.1.1 材料与方法　　131
　5.1.2 结构与表征　　132

5.1.3 光催化性能　　　　　　　　　　　　　　136
5.1.4 光催化机理　　　　　　　　　　　　　　137
5.2　Ag-P 共掺杂石墨相氮化碳的结构和性能　　139
5.2.1 材料与方法　　　　　　　　　　　　　　140
5.2.2 结构与表征　　　　　　　　　　　　　　141
5.2.3 光催化性能　　　　　　　　　　　　　　144
5.2.4 光催化机理　　　　　　　　　　　　　　145
5.3　Gd-P 共掺杂 g-C_3N_4 及其可见光降解性能　148
5.3.1 材料与方法　　　　　　　　　　　　　　149
5.3.2 结构与表征　　　　　　　　　　　　　　151
5.3.3 光催化性能　　　　　　　　　　　　　　156
5.4　B-P 共掺杂多孔氮化碳的制备及光催化性能　159
5.4.1 材料与方法　　　　　　　　　　　　　　160
5.4.2 结构与表征　　　　　　　　　　　　　　161
5.4.3 光催化性能　　　　　　　　　　　　　　166
5.4.4 光催化机理　　　　　　　　　　　　　　168
参考文献　　　　　　　　　　　　　　　　　　171

第 6 章
氮化碳异质结复合材料　　　　　　181

6.1　N-Fe-Gd-TiO_2/g-C_3N_4 纳米片复合材料　　182
6.1.1 材料与方法　　　　　　　　　　　　　　183
6.1.2 结构与表征　　　　　　　　　　　　　　185
6.1.3 光催化性能　　　　　　　　　　　　　　190
6.1.4 光催化机理分析　　　　　　　　　　　　191
6.2　0D/2D 氧化亚铜量子点/g-C_3N_4 复合材料　194
6.2.1 材料与方法　　　　　　　　　　　　　　196
6.2.2 结构与表征　　　　　　　　　　　　　　197
6.2.3 光催化性能　　　　　　　　　　　　　　204

6.2.4 光催化机理 　　206
6.3 双芬顿 Fe_3O_4-Fe-CN 磁性复合材料 　　209
6.3.1 材料与方法 　　210
6.3.2 结构与表征 　　212
6.3.3 光催化性能 　　219
6.3.4 光催化机理 　　221
参考文献 　　224

第1章 光催化概述

1.1 光催化的发展历史
1.2 光催化基本概念
1.3 光催化的应用领域
1.4 光催化的发展趋势

1.1 光催化的发展历史

1.1.1 光催化现象的发现

早在 20 世纪 30 年代就有研究者发现，在氧气存在以及在紫外光辐照的情况下，TiO_2 对染料具有漂白作用并对纤维具有降解作用，并且证实反应前后 TiO_2 保持稳定[1]。但是由于当时半导体理论和分析技术的局限性，这种现象被简单地归因为紫外光诱导促使氧气在 TiO_2 表面上产生了高活性的氧物种。而且由于当时社会对能源和环境问题的认识还远没有今天深入，因而这种现象并没有引起人们足够的重视。

1.1.2 能源危机带来的发展机遇

20 世纪 70 年代初期，正值高速发展的西方社会遭遇有史以来最严重的石油危机，严重制约了其经济发展。氢能作为一种可替代石油的未来清洁能源，开始受到世界各国政府和科学家的关注。1972 年，Fujishima 和 Honda 在 Nature 杂志上发表了在近紫外光照射下，TiO_2 电极分解水产生氢气的论文[2]。文中提出的利用太阳光催化分解 H_2O 制 H_2 被认为是最佳制氢途径之一。这种将太阳能转化为化学能的方法迅速成为极具吸引力的研究方向，各发达国家和一批知名科学家均投入这一领域的研究。

在 20 世纪 80 年代到 90 年代中期，光催化体系的扩展和光催化机理的研究成为当时光催化领域的研究热点。在这一时期，ZnO、ZnS、CdS、Ta_2O_5、$SrTiO_3$ 等一系列半导体金属氧化物和硫化物以及复合金属氧化物的光催化活性均被系统地研究[3]。随着半导体能带理论的完善和有关半导体性质分析测量技术的进步，人们对光催化现象及光催化机理的认识逐渐加深。但是由于紫外光能量仅占太阳光的 5% 左右，同时已知的光催化剂量子效率不高，利用太阳光催化分解 H_2O 制备 H_2 一直未能投入实际应用。而且氢存储、氢输运等氢能利用的瓶颈问题也使得氢能作为一种新能源的应用研究始终停留在理论研究阶段。因而这一课题慢慢沉寂下来，但人们对 TiO_2 光催化剂的研究与应用拓展却不断发展，而且其在环境保护等方面的优势逐步显现了出来。尽管光催化的复杂反应机理目前尚未被完全认识清楚，但在应用方面的研究却已经成绩斐然。

1.1.3　环境危机带来的机遇

20世纪90年代初期,环境污染的控制和治理成为人类社会面临和亟待解决的重大问题之一。在众多环境污染治理技术中,以半导体氧化物为催化剂的多相光催化反应具有室温条件反应、深度矿化净化、可直接利用太阳光作为光源来活化催化剂并驱动氧化还原反应等独特性能,因而成为一种理想的环境污染治理技术。1993年,Fujishima和Hashimoto提出将TiO_2光催化剂应用于环境净化的建议引起环保技术的全新革命[4]。这种技术在环境治理领域有着巨大的经济和社会效益,在污水处理、空气净化和保洁除菌三个领域具有广阔的应用前景。在污水处理和空气净化方面,许多科学家发现TiO_2能将有机污染物光催化氧化降解为无毒、无害的CO_2、H_2O以及其他无机离子,如NO_3^-、SO_4^{2-}、Cl^-等[5]。在保洁除菌应用方面,研究人员同样发现光催化反应能高效、无选择性地杀灭细菌和病毒。另外,由于日本在20世纪90年代实施了净化空气恶臭的管理法,从而掀起了大气净化、除臭、防污、抗菌、防霉、抗雾和开发无机抗菌剂的热潮。在这样的背景下,光催化环境净化技术作为高科技环保技术,其实用化的研究开发受到广泛重视。20世纪90年代以来,光催化技术已成功地应用于烷烃、醇、染料、芳香族化合物、杀虫剂等有机污染物的降解净化和无机重金属离子(如$Cr_2O_7^{2-}$)的还原净化等环境处理方面。同时,Fujishima等研究发现在玻璃或陶瓷板上形成的TiO_2透明膜,经紫外光照射后,其表面具有灭菌、除臭、防污自洁的作用,从而开辟了光催化薄膜功能材料这一新的研究领域[6]。

1.1.4　超级细菌和流行病毒的新对策

近年来,人类受到越来越多的流行病毒和超级细菌的危害,如非典型性肺炎、禽流感、超级细菌等,使得健康问题受到人类前所未有的关注。1985年,日本的Matsunaga等[7]首先发现了TiO_2在金卤灯照射下对嗜酸乳杆菌、酵母菌、大肠杆菌等细菌均具有杀灭作用。进一步研究发现,在光催化过程中所产生的高氧化性羟基自由基可以通过破坏细菌的细胞壁以及凝固病毒的蛋白质,达到杀灭细菌和病毒的作用,其杀灭效果几乎是无选择性的。这种基于光催化技术灭菌原理的空气净化装置已被开发出来,并被证实可有效地抑制流行病毒和超级细菌在空气中的传播。

人类进入21世纪后,先进的制备技术和研究手段不断被应用到光催化的研究中来，进而推动这一学科迅猛发展。其中纳米技术的高速发展、计算化学的进步特别是密度泛函理论的广泛应用为设计新型光催化剂提供了理论基础；瞬态光谱和顺磁共振自由基捕获技术的应用也为深入研究光催化机理提供了有效的研究手段。可见光催化概念的提出更是为光催化技术的应用指明了方向。光催化机理的探讨变得越来越深入，同时光催化技术在相关领域的应用也越来越广泛，也已成为科学研究和实际应用方面最活跃的领域之一。

1.2 光催化基本概念

1.2.1 光催化反应机理

光催化反应是指在特定的单一波长或连续波长的光照条件下利用光能/太阳能进行物质转化的一种方式，是反应物在入射光以及光催化剂共同作用下，在光催化剂表面进行的化学反应[8]。半导体是光催化剂的主要材料类别之一，其能带结构是不连续的，由在基态下没有电子占据的能量较低的导带（conduction band，CB）以及充满电子的能量较高的价带（valence band，VB）组成。其中最低能量的CB与最高能量的VB之间称为禁带（forbidden band），禁带宽度也被称为带隙，一般用E_g表示，E_g决定了半导体对光的吸收能力。半导体光催化反应的具体步骤如图1.1所示[8]。

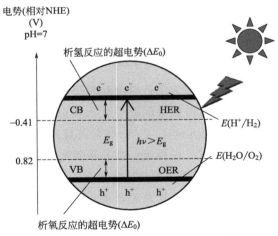

图1.1 半导体的光催化原理示意图[8]

① 当入射光能量 $h\nu$ 不小于光催化剂的禁带宽度 E_g 时，半导体 VB 中的电子 e^- 在吸收能量后被激发至 CB，同时在 VB 中会产生相同电量的空穴 h^+。

② 产生的 e^- 和 h^+ 一部分在半导体内复合，剩余的高活性电子-空穴对在电场或者扩散的作用下迁移至半导体表面，也被称为光生载流子。

③ 光生电子 e^- 具有强还原能力，光生空穴 h^+ 具有强的氧化能力。通常，在价带上留下的空穴将会氧化吸附在半导体表面的氢氧根离子（OH^-）和水（H_2O），生成羟基自由基（·OH）。同时导带上的电子将会还原吸附在半导体表面上的溶解氧，生成超氧负离子（·O_2^-）。超氧负离子（·O_2^-）和羟基自由基（·OH）氧化性很强，绝大多数的有机物会被·O_2^- 和·OH 氧化，生成最终产物 CO_2 和 H_2O。在光的照射下，半导体表面发生的一系列氧化还原反应如式(1.1)～式(1.8)。

$$光催化剂 \xrightarrow{h\nu} 光催化剂(e^- + h^+) \tag{1.1}$$

$$h^+ + OH^- \longrightarrow ·OH \tag{1.2}$$

$$h^+ + H_2O \longrightarrow ·OH + H^+ \tag{1.3}$$

$$e^- + O_2 \longrightarrow ·O_2^- \tag{1.4}$$

$$·O_2^- + e^- + 2H^+ \longrightarrow H_2O_2 \tag{1.5}$$

$$2·O_2^- + 2H^+ \longrightarrow O_2 + H_2O_2 \tag{1.6}$$

$$H_2O_2 + e^- \longrightarrow ·OH + OH^- \tag{1.7}$$

$$染料 + ·OH \longrightarrow CO_2 + H_2O \tag{1.8}$$

1.2.2 光催化反应的控制因素

1.2.2.1 能带位置

半导体光催化剂对光谱的响应范围是由半导体禁带宽度的大小决定，即半导体的禁带宽度 E_g（eV）与吸收光的阈值 λ_g（nm）有关，其关系式为：$E_g = 1240/\lambda_g$。以金红石相的二氧化钛为例，其禁带宽度为 3.1eV，则 $\lambda_g = (1240/3.1)$nm = 400nm。也就是说只能用小于或等于 400nm 的光激发金红石相的二氧化钛时，才能产生光生电子-空穴对。另外，半导体作为光催化剂发生光催化反应时，其导带和价带位置需要满足一定的条件，即导带底足够负，价带顶足够正。只有这样，光激发产生的电子-空穴对才能与催化剂表面的氧化还原性物质发生反应，光催化剂才能起到催化作用。

导带位置越负，价带位置越正，氧化还原性能就越强，光催化剂的性能就越好。例：$O_2/·O_2^-$ 的位置在 $-0.33eV$（相对于NHE），$OH^-/·OH$ 的位置在 $1.99eV$（相对于NHE），光催化剂在光催化过程中若能够同时产生 $·O_2^-$ 和 $·OH$ 两种活性因子，必须满足导带位置比 $-0.33eV$ 更负，价带位置比 $1.99eV$ 更正，也就是半导体禁带宽度要大于等于 $2.32eV$。通常情况下，禁带宽度比较窄的半导体是满足不了条件的，不能同时产生 $·O_2^-$ 和 $·OH$ 两种活性因子，而具有较宽禁带的半导体可能在紫外光的激发下能满足条件。但禁带较宽的半导体只能受太阳光中不足5%升温紫外光激发，对太阳能的利用率较低。因此，能带位置决定了光催化反应能否进行。

1.2.2.2 晶粒尺寸

半导体光催化剂的尺寸大小也是影响光催化性能的原因之一，这也是纳米半导体光催化材料快速发展的原因之一。将半导体材料做成纳米尺寸主要有以下好处。

① 纳米材料具有量子尺寸效应，会导致导带上移，价带下移，使得导带位置更负，价带位置更正，禁带宽度变大，光生电子-空穴具有更强的氧化还原能力。

② 光催化剂的尺寸比较小时，通常会具有更大的比表面积，大的比表面积在光催化过程中能够提供更多的活性位点，有利于光催化反应的进行。

1.2.2.3 催化剂用量

在液相反应中，光催化剂用量将影响总比表面积、催化剂与污染物平均距离和UV光穿透深度，从而影响光催化降解速率。通常非均相光催化反应速率先是随着催化剂用量增加而加速，然而过量的光催化剂将增加光的散射，并减少对光子的有效吸收，因此当光催化剂用量达到某一数值，光催化反应速率将达到最大，并不再明显提高。而且对于不同结构的反应器和不同的运行条件，达到最大速率的催化剂用量不同（在 $0.15\sim8g/L$ 之间）。另外催化剂用量还将影响不同污染物的降解速率。

1.2.2.4 光源与光强

光源能量必须要高于催化剂的带隙宽度才能激发有效的光催化反应。然而，由于氯酚类化合物存在表面络合作用、染料类化合物存在光敏化作用，均可在低于带隙能量的光照下引发光催化反应。光催化反应速率很大程度地有赖于光催化剂对光子的有效吸收，吸收系数是一个重要的衡量指标。在低光强时，光催化反应速率 r 与光照通量 Φ 呈线性关系，因为施加足够的光子能量能产生更多的活性电子和空穴对。然而当光强达到某一数值后，反应速率与 $\Phi^{1/2}$ 呈线性关系。考虑到能耗，最佳光强应在 $r \propto \Phi$ 的区域[9]。

1.2.2.5 污染物浓度

Paz[10]等详细地讨论了不同底物性质和类型对光催化反应的影响。通常，在光催化剂表面吸附的底物更容易被直接氧化。污染物光催化降解速率存在一个饱和浓度，在此浓度之上，光催化反应速率随着初始浓度升高反而下降。这是因为存在下面三种可能降低光催化反应的情况[9]。①光催化反应主要在催化剂表面发生，多数反应符合 L-H 方程，因此高吸附容量有利于反应进行。而在高浓度下所有的催化剂活性表面均被占据，因此提高浓度将不再有助于催化剂表面吸附量的提高。②底物浓度低时，光生电荷与有机化合物的反应是控制因素，因此反应速率随着底物浓度升高而增加；而底物浓度高时，光生电荷的生成与迁移成为速率控制步骤，在一定的光照强度下，反应速率将达到饱和稳定，甚至优于高浓度有机污染物的存在而降低催化剂的有效光学吸收，导致速率下降。③高初始浓度的底物将形成较多的中间产物，由于中间产物的吸附而降低总的反应速率。

1.2.2.6 反应液的 pH 值

在液相反应中，溶液 pH 值对光催化反应有着重要影响。pH 值对光催化反应的影响可以从两个方面进行考虑：一方面，pH 值的变化可以改变表面羟基浓度，从而使得价带、导带位置发生偏移；另一方面，pH 值直接影响催化剂的表面性质，同时影响反应底物或中间产物形态，从而改变底物和催化剂间的吸附作用。光催化剂表面性质对于光催化反应非常重要，因为一般光催化反应发生在表面。溶液 pH 值影响了颗粒的表面电荷性质和颗粒的聚集形式。在高 pH 值下有利于吸收带正电荷的污染物，而低 pH 值下有利于吸收带负电荷的污染物。因此,通过 pH 值调控颗粒表面电荷,可以实现对不同污染物的优先降解[11]。

低 pH 值下空穴氧化能力更强,高 pH 值下电子还原能力更强,而电子途径同样可以形成高活性的氧化物质。乙酸光催化降解速率在 pH=4.6 时最高,而其 pK_a 为 4.7,说明表面电荷与污染物电荷达到一个平衡。相似的甲酸($pK_a=3.75$)的最佳 pH 值是 3.4[12]。中性的 2-氯联苯和中性的 4-氯酚光催化降解不受 pH 值影响[13],然而由于中间产物的竞争吸附作用,矿化效率在 pH>7 时显著降低[14]。另外 pH 还会影响光催化中质子和超氧自由基的反应。光催化降解 2-氯酚的实验表明,光催化反应速率在 pH 从 3 升高到 11 时降低,可能是由表面电荷和·OH 的综合效应引起的[15]。

$$\cdot O_2^- + H^+ \rightleftharpoons HO_2 (pK_a = 4.88) \tag{1.9}$$

1.2.2.7 外加氧化剂的影响

氧化剂具有强亲电性,因此可以吸附在 TiO_2 表面捕获光生电子,通常增加氧化剂用量可以捕获电子而减少电荷复合,有助于提高光催化效率,研究已发现的氧化剂有 O_2、H_2O_2、$K_2S_2O_8$、$NaIO_4$、$KBrO_3$,但是高浓度的氧化剂将降低反应速率,因为 TiO_2 表面高度羟基化将一定程度抑制污染物在活性位置的吸附。陈士夫[16]等以 TiO_2 粉末作为光催化剂,研究了 O_2 对 3 种有机磷农药的光催化氧化降解的影响,研究结果表明,氧气的加入对光催化反应有利。

1.2.3 半导体的能带结构

能带结构,又称电子能带结构。在固体物理学中,固体的能带结构描述了禁止或允许电子所带有的能量,这是周期性晶格中的量子动力学电子波衍射引起的。材料的能带结构决定了材料的多种特性,特别是电子学和光学性质[17]。

1.2.3.1 来源

单个自由原子的电子占据了原子轨道,形成一个分立的能级结构。如果几个原子集合成分子,它们的原子轨道发生类似于耦合振荡的分离。这会产生与原子数量成比例的分子轨道。当大量(数量级为 10^{20} 或更多)的原子集合成固体时，轨道数量急剧增多，轨道相互间的能量的差别变得非常小。但是，无论多少原子聚集在一起，轨道的能量都不是连续的。

这些能级如此之多甚至无法区分。首先，固体中能级的分离与电子和声原子振动持续的交换能相比拟。其次，由于相当长的时间间隔，它接近于由于海森伯格的测不准原理引起的能量的不确定度。

物理学中流行的方法是从电子和不带电的原子核出发，因为它们是一系列自由的平面波组成的波包，可以具有任意能量，并在带电后衰减。这导致了布拉格反射和带结构。

1.2.3.2 能带结构

能带理论定性地阐明了晶体中电子运动的普遍特点，简单来说固体的能带结构主要分为导带、价带和禁带三部分，如图 1.2 所示。原子中每一个电子所在的能级在固体中都分裂成能带。这些允许被电子占据的能带称为允带。允带之间的范围是不允许电子占据的，这一范围称为禁带。因为电子的能量状态遵守能量最低原理和泡利不相容原理，所以内层能级所分裂的允带总是被电子先占满，然后再占据能量更高的外面一层允带。被电子占满的允带称为满带。原子中最外层电子称为价电子，这一壳层分裂所成的能带称为价带。比价带能量更高的允带称为导带；没有电子进入的能带称为空带。任一能带可能被电子填满，也可能不被填满，满带电子是不导电的。泡利不相容原理认为，每个能级只能容纳自旋方向相反的两个电子，在外加电场上，这两个自旋相反的电子受力方向也相反。它们最多可以互换位置，不可能出现沿电场方向的净电流，所以说满带电子不导电。同理，未被填满的能带就能导电。金属之所以有导电性就是因为其价带电子是不满的[18]。

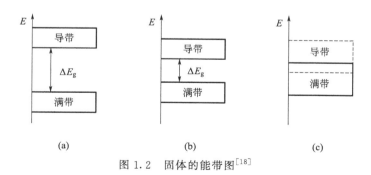

图 1.2　固体的能带图[18]

图 1.2 中（a）表示绝缘体的能带结构，绝缘体的能带结构特点在于导带

和价带之间的带宽比较大,价带电子难以激发跃迁到导带,导带成为电子空带,而价带成为电子满带,电子在导带和价带中都不能迁移。因此绝缘体不能导电,一般而言当禁带宽度大于 9eV 时,基本不能导电。而对于图 1.2 中(b)所示的半导体能带结构,其禁带宽度较小,通常在 0~3eV 之间,此时价带电子很容易跃迁到导带上,同时在价带上形成相应的正电性空穴,导带上的电子和价带中的空穴都可以自由运动,形成半导体的导电载流子。对于图 1.2 中(c)所示的金属能带结构,导带和价带之间发生重叠,禁带消失,电子可以无障碍地达到导带,形成导电能力。固体的能带结构决定了固体中电子的排布、运动规律及导电能力,因此研究固体的能带结构能够获得固体中电子的一些重要信息和结论[19]。

1.2.3.3 能带的分类

根据半导体中电子从价带跃迁到导带的路径不同,可以将半导体分为直接带隙半导体和间接带隙半导体。图 1.3(a)显示的跃迁中,电子的波矢可以看作是不变的,对应电子跃迁发生在导带底和价带顶在 k 空间相同点的情况。导带底和价带顶处于 k 空间相同点的半导体通常被称为直接带隙半导体。从图 1.3 中(b)显示的电子跃迁路径中可以看出,电子在跃迁时 k 值发生了变化,这意味着电子跃迁前后在 k 空间的位置不一样了。导带底和价带顶处于不同 k 空间点的半导体通常被称为间接带隙半导体。对于间接带隙半导体会

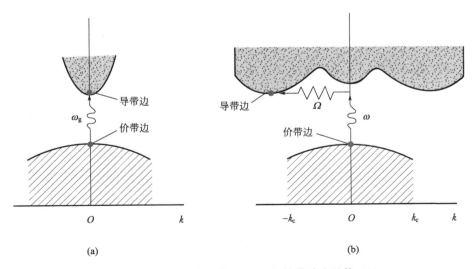

图 1.3 直接带隙半导体(a)和间接带隙半导体(b)

有极大的概率将能量释放给晶格,转化为声子,变成热能释放掉,而直接带隙中的电子跃迁前后只有能量变化,而无位置变化,于是便有更大的概率将能量以光子的形式释放出来。因此在制备光学器件中,通常选用直接带隙半导体,而不是间接带隙半导体。

1.2.3.4 能带结构分析

下面以闪锌矿为例来看一看硫化矿物的能带结构。图1.4是闪锌矿的能带结构。费米能级以下是价带,费米能级以上是导带,导带与价带之间是禁带。由图1.4可见闪锌矿导带最低点和价带最高点都位于Gamma点,表明闪锌矿是直接带隙半导体。闪锌矿的价带主要由三部分组成,其中位于-11.70eV附近的价带部分主要是由硫原子3s和部分锌原子4s轨道组成;位于-5.90eV附近的价带部分由锌原子3d轨道和部分硫原子3p轨道构成;价带的其余部分由硫原子3p和锌原子4s轨道构成。闪锌矿的导带主要是由硫原子3p和锌原子4s轨道构成。电子转移方向是从高能级流向低能级,因此高能级轨道具有还原性,低能级轨道具有氧化性。在能带图上,能级越低,越稳定[19]。

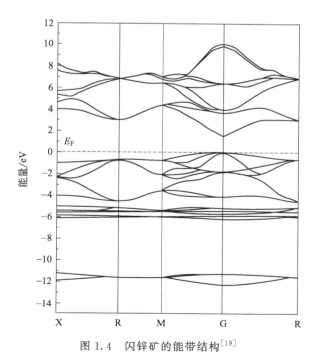

图1.4 闪锌矿的能带结构[19]

1.3 光催化的应用领域

1.3.1 空气净化

在废气净化方面,利用光催化氧化反应可将汽车尾气中的NO_x、CO转化成无害的N_2和CO_2;还可以净化室内空气、冰箱异味等。日本已将光催化剂镀在高速公路上的隧道照明灯上,用于分解通过的汽车所排放的废气,效果很好。

1.3.2 水净化

光催化降解一般是通过具有较强氧化性的含氧自由基和空穴降解污染物,其机理见图1.5。降解途径如下:光生电子活化吸附在材料表面的O_2用于产生具有强氧化活性的超氧自由基$·O_2^-$,降解污染物;空穴直接矿化污染物产生CO_2;空穴氧化表面羟基形成强氧化性羟基自由基$·OH$,氧化降解污染物。

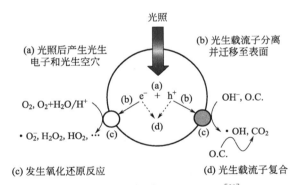

图1.5 光催化降解过程示意图[21]

研究表明,纳米光催化剂能处理多种有毒化合物,可以将水中的烃类、卤代烃、酸、表面活性剂、染料废水、含氮有机物、有机杀虫剂、木材防腐剂和燃料油等很快地完全氧化为CO_2、H_2O等无害物质[20]。无机物污染物也可在光催化剂表面产生光化学活性,获得净化。例如,废水中的Cr^{6+}具有较强的致癌作用,在酸性条件下,TiO_2对Cr^{6+}具有明显的光催化还原作用,其还原效率高达85%[21]。迄今为止,已经发现有2000多种难降解的有机化合物可以通过光催化反应而迅速降解。

1.3.3 表面自清洁净化

经紫外光照射后的光催化剂表面具有的超亲水性,又为其开辟了新的应用领域。将光催化剂做成薄膜镀在基底上,可以得到具有自清洁和光催化性能的新型功能材料,如具有杀菌效果的陶瓷卫生洁具、能分解厨房油烟的瓷砖、可长期保持表面洁净的建筑玻璃等。逐渐发展起来的光催化膜功能材料研究已成为光催化环境净化研究的新方向。英国皮尔金顿公司生产出了自洁净玻璃,这种玻璃表面镀有一层具有光催化作用的纳米二氧化钛薄膜,经紫外光照射后可有效降解附着在玻璃表面的有机污染物,同时具有亲水性,使玻璃长期保持自洁净效果[22]。

1.3.4 医疗卫生

空气中的细菌时刻危害着我们的健康,因而光催化技术对细菌杀灭作用同样受到人们的关注。光催化剂与细菌的作用过程显示光催化过程中产生的活性超氧自由基和羟基自由基能穿透细菌的细胞壁,破坏细胞膜进入菌体,阻止成膜物质的传输,阻断其呼吸系统和电子传输系统,从而有效地杀灭细菌并抑制了细菌分解生物质产生臭味物质(如H_2S、NH_3、硫醇等),因此能净化空气。例如含有TiO_2光催化剂的墙砖和地砖具有杀菌和消毒的功能,对大肠杆菌、金黄色葡萄球菌、绿脓杆菌、沙门菌等有抑制和杀灭作用,将被广泛应用于环境中的细菌净化(中央空调系统、医院、制药车间等)[23]。研究还发现光催化杀菌作用可以在光照结束后一段时间里持续有效。因此,将光催化剂用于制造家用卫生洁具,可净化家庭环境,保持卫生洁具表面较长时间清洁状态。目前国外新型无机抗菌剂的开发与抗菌加工技术进展较快,已经形成系列化产品,其中日本在TiO_2光催化抗菌材料研究与应用方面起步较早,日本东陶等多家公司开发的光催化TiO_2抗菌瓷砖和卫生洁具已经大量投放市场[24],目前国内也有多家公司实现了光催化应用的产业化。

1.3.5 光催化有机合成

近年来,非均相光催化有机合成因其具有选择性高、反应条件温和、低耗能等特点成为光催化领域的又一热点。与传统有机合成相比,光催化有机合成在以下方面展现出显著优势：与基态相比，激发态化学能够极大地改变分子的反应活性；许多光化学反应在温和反应条件下发生，而不需要使用可能有毒的额外试剂；避免热诱导的副反应的发生从而减少副产物的生成，从而获得更高的收率和选择性。

最近，Savateev等[25]人已经报道了在硫元素存在下使用K-PHI作为光催化剂的各种氧化转化反应，硫元素既可以用作牺牲氧化剂，也可以用作反应配偶体。一个令人惊讶的发现是，K-PHI/S体系在可见光下可用于二硫烷和硫代酰胺的合成。Zhao[26]报道了使用聚合物CN和极少量的甲基紫精（MV^{2+}）作为电子穿梭剂在非常温和的反应条件下可以催化不同脂肪族和芳族酮的缩合。酮能高选择性地转化成相应的产物，并且表观量子产率大于0.5，转换数达到了非常高的值（$31201h^{-1}$）。

1.3.6 能源催化应用

1.3.6.1 光解水制氢

氢能是除太阳能以外另一种被人们寄予厚望的新型能源。它的特点如下：①热值高，氢气的燃烧值为142400kJ/kg，是汽油的3倍；②储量大，目前地球上的氢主要以化合态存在于水中，而水是地球上最丰富的物质，海洋占地球总面积的75%；③无污染，氢气本身无毒，并且燃烧后生成水也对环境没有污染；④可再生，氢气燃烧后生成水，水通过还原产生氢气，使其可循环利用。但是目前氢能的实际利用还存在如下两个问题：一是氢能的来源；二是氢能的储存。第二个问题是由于储氢材料在低温下产生"氢脆效应"，一直受到材料学家关注。而第一个问题是氢能能否实际利用的关键，主要的阻碍在于传统的制氢方法价格昂贵，会污染环境且反应效率较低。目前氢的来源有以下几种：电解水，太阳能分解水，生物制氢，以及化工、冶金等流程制氢。在以上几种制氢方法中，太阳能分解水作为一种价格低、无污染、可持续利用的方法，被认为是一种理想的制氢方法。并且光催化剂在最初之所以受到广泛关注，正是因为它可以光解水制氢（图1.6）。虽然在氢能的实

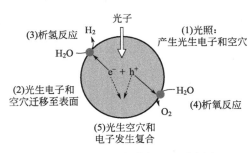

图1.6 光催化水分解过程示意图

际利用方面还有许多工作要做，但研究工作已取得很大的进展，相信距离大规模使用氢能的一天不会太远。

1.3.6.2 太阳能光伏电池

太阳能光伏电池和二氧化碳能源均是光催化应用的新兴领域，其应用研究还停留在实验室阶段。1991 年著名光催化专家 Gratzel 教授[27] 在 Nature 上首先报道了用染料敏化 TiO_2 制成的太阳能电池，单色光转化效率高达 7%，其后续的工作则将这一数值进一步提高到约 11%，将太阳能的光电化学转化向人工模拟光合作用的高度推进了一步。然而其后的大量工作虽然在 TiO_2 形态、电解质、染料、对电极材料方面有所改善，但在效率提高方面还没有关键性的突破，转换效率和稳定性与硅太阳能电池相比还有差距。然而在价格方面，染料敏化 TiO_2 太阳能电池具有很大的优势，因此一旦光转化效率高达 20%，便有望取代硅太阳能电池，广泛应用于太阳能转化领域。

1.3.6.3 二氧化碳能源化

由 CO_2 排放引起的温室效应正在改变着全球气候和降水量分布，严重威胁人类生存空间。因而模拟植物光合作用，用半导体催化剂光化学还原 CO_2，成为一个比较活跃的研究领域。目前还原 CO_2 可得到 CO、HCOOH、HCHO、CH_3OH 等产物[28]。

光催化还原 CO_2 技术是利用光激发催化剂产生光生载流子，通过在价带、导带上的氧化还原反应将 H_2O 和 CO_2 还原成碳氢化合物（图 1.7）。该途径包括以下两个主要过程：CO_2 在材料表面吸附活化；CO_2 与光生载流子的反

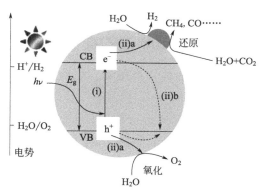

图 1.7　光催化还原 CO_2 过程示意图[28]

应转化。该方法具有反应条件温和、原料廉价易得、节能环保等优势，被认为是一种非常有潜力的 CO_2 转化技术。在光催化还原过程中，CO_2 的吸附与活化起着至关重要的作用。近日，叶金花课题组[29]通过在卟啉 MOF 中的卟啉次纳米孔洞中引入 Co 原子，使得光还原 CO_2 产 CO 的活性提高了 3 倍。活性提高是由于 Co 原子作为 CO_2 吸附位点，增强了 CO_2 的吸附，并起到了一定的活化作用，同时 Co 原子又作为 CO_2 还原的活性位点，光生电子迁移至 Co 原子还原吸附的 CO_2。

1.4 光催化的发展趋势

1.4.1 新型光催化材料探索

新型可见光光催化剂是在有效利用太阳能源的基础上发展起来的。TiO_2 由于稳定、廉价、无毒等特点成为目前应用最为广泛的光催化剂。但这种催化剂还不够理想，存在诸如可见光利用率低、不易回收、制备条件苛刻、成本高等缺点。因此，目前国内外开展了大量新型光催化剂的探索工作。开发了一系列非 TiO_2 系列的光催化剂，这些催化剂的最大特点是带隙比 TiO_2 窄得多。如层状结构的 $g-C_3N_4$、Bi_2MO_6（M=W、Mo）[30,31]和钙钛矿型复合氧化物 $LaFeO_3$、$LaFe_{1-x}Cu_xO_3$ 等[31,32]。在理论研究方面，光催化研究未来的发展方向将是：设计合成可有效利用太阳能的光催化剂，开发新型高效的非 Ti 系光催化剂，开发光催化剂载体的新材料；对光催化剂进行原位研究；在原子水平上表征光催化活性位；建立与实验证据相符的理论模型。

1.4.2 光催化过程活性和能效的提高

活性和能效是评价光催化剂的主要指标，现阶段主要从三个方面进行改性，进而达到提高的效果。

① 对现有催化剂的结构和组成进行改性，主要包括：减小晶粒尺寸、过渡金属离子掺杂、贵金属表面沉积、非金属离子掺杂、表面光敏化、半导体复合、制备中孔结构光催化剂等。

② 开发新型的光催化剂，特别是如上节所述的非 TiO_2 系列的光催化剂。

③ 将光催化过程与外场进行耦合，主要包括微波、超声波、热场、电场。

1.4.3 光催化实际应用拓展

半导体光催化的应用形式并非仅限于光催化剂呈分散态的悬浮体系。从实际应用角度来看，将催化剂固定于载体和光催化剂的薄膜化方面的实验探索越来越普遍。其应用范围也不再限于环境保护这一最为重要的课题，而是已拓展到医疗卫生、化学合成、食品保鲜等许多方面。一些诱人设想同样对人有所启发，如Tennakone[33]探讨了利用月球上紫外光辐射强的特点，以稳定的宽带隙半导体为光催化技术净化月球基地生活用水的可能性。根据光催化的原理不断拓展其应用范围是研究者的共同心愿。

1.4.4 光催化技术的前景

光催化从概念的提出到实际产品的应用开发至今已过了近40年的时间。在这段时间里，经过各国学者的努力探索，不管是对其机理的研究，还是对其产品化研究，均取得了很大的进展。然而其材料功能性方面还远低于预期，无论是在环境污染物净化（尤其是在污水处理方面），还是在直接光解水制氢方面，或是在染料敏化太阳能电池方面，它们的效率还很低，远未达到实际应用的要求。因而国内外的科学家们期待从以下的几个方面形成突破，进而促进该领域的发展。①进一步阐明光催化的反应历程，尤其是光生载流子分离、传输及界面转移的过程，从理论上明确提高活性应具备的条件；②开发新的光催化反应体系，如光电、光声、光-等离子体等协同催化反应，进一步提升光催化反应的效率；③从其他如纳米材料学、半导体物理学等学科汲取经验和思路，制备高能效和高活性的新型光催化剂；④设计合理的反应装置，以应对不同应用领域的需要。半导体光催化技术既是前沿的基础课题，又具有诱人的实际应用前景。因而科学家们对其抱有巨大的期待，相信通过不懈的努力研究，终究会有决定性的突破。

参考文献

[1] Hashimoto K, Irie H, Fujishima A. TiO_2 photocatalysis: A historical overview and future prospects [J]. Jpn. J. Appl. Phys, 2005, 44, 8269-8285.

[2] Fujishima A, Honda K. Electrochemical photolysis of water at a semiconductor

electrode [J]. Nature, 1972, 238 (S8): 37-38.

[3] Kudo A, Miseki Y. Heterogeneous photocatalyst materials for water splitting [J]. Chem Soc Rev, 2009, 38: 253-278.

[4] Watanabe T, Hashimoto K, Fujishima A. In Proceedings of photocatalytic purification and treatment of water and air [J]. Amsterdam: Elsevier, Ollis DF and Al-Ekabi H, 1993, 21: 421-432.

[5] Fox M A, Dulay M T. Heterogenous photocatalysis [J]. Chem Rev, 1993, 93 (1): 341-357.

[6] Wang R, Hashimoto K, Fujishima A, et al. Light-induced amphiphilic surface [J]. Nature, 1997, 388 (31): 431-432.

[7] Matsunaga T, Tomoda R, Nakajima T, Wake H. Photoelectrochemical sterilization of microbial cells by semiconductor powders [J], FEMS Microbiology Letters 1985, 29: 211-214.

[8] Li X, Yu J, Low J, et al. Engineering heterogeneous semiconductors for solar water splitting [J]. Journal of Materials Chemistry A, 2015, 3 (6): 2485-2534.

[9] Ryu J, Choi W Y. Substrate—specific photocatalytic activities of TiO_2 and multi activity test for water treatment application [J]. Environ Sci Technol, 2008, 42 (1): 294-300.

[10] Paz Y. Preferential photodegradation-why and how? [J]. C R Chimie, 2006, 9 (5-6): 774-787.

[11] Kim D H, Anderson M A. Solution factors affecting the photocatalytic and photoelectrocatalytic degradation of formic acid using supported TiO_2 thin films [J]. Journal of Photochemistry and Photobiology A: Chemistry, 1996, 94 (2-3): 221-229.

[12] Duffy J E, Anderson M A, Hill C G, et al. Photocatalytic oxidation as a secondary treatment method following wet air oxidation [J]. Ind Eng Chem Res, 2000, 39 (10): 3698-3706.

[13] Theurich J, Lindner M, Bahnemann D W. Photocatalytic degradation of 4-chlorophenol in aerated aqueous titanium dioxide suspensions: a kinetic and mechanistic study [J]. Langmuir, 1996, 12 (26): 6368-6376.

[14] Wang K H, Hsieh Y H, Chou M Y, et al. Photocatalytic degradation of 2-chloro and 2-nitrophenol by titanium dioxide suspensions in aqueous solution [J]. Applied Catalysis B: Environmental, 1999, 12 (1): 1-8.

[15] 崔鹏, 范益群, 徐南平, 等. TiO_2 负载膜的制备、表征及光催化性能 [J]. 催化学报, 2000, 21 (5): 494-496.

[16] 陈士夫, 赵梦月, 陶跃武, 等. 光催化降解有机磷农药的研究 [J]. 环境科学,

1995,16 (5):61-63.
- [17] 黄昆. 固体物理 [M]. 北京：高等教育出版社，1988.
- [18] 张志伟，曾光宇，张存林. 光电检测技术 [M]. 3版. 北京：北京交通大学出版社，2014：9.
- [19] 陈建华. 硫化矿物浮选固体物理研究 [M]. 长沙：中南大学出版社，2015.10：17-18.
- [20] Hoffman M R, Martin S T, Choi W, Bahnemann D W. Environmental applications of semiconductor photocatalysis [J]. Chem Rev, 1995：69-96.
- [21] 张青红，高濂，郭景坤. TiO_2 纳米晶光催化降解铬酸根离子的研究 [J]. 高等学校化学学报，2000，21：1547-1551.
- [22] 祖庸，雷闫盈，李晓娥. 纳米 TiO_2 ——一种新型的无机抗菌剂 [J]. 现代化工，1999，8：46.
- [23] 姚恩亲，江棂，马家举；新型抗菌剂——纳米 TiO_2 的研究与应用 [J]；化学与生物工程，2003，6：50-55.
- [24] 张钟宪. 环境与绿色化学 [M]. 北京：清华大学出版社，2005，28.
- [25] Savateev A, Dontsova D, Kurpil B, et al. Highly crystalline poly (heptazine imides) by mechanochemical synthesis for photooxidation of various organic substrates using an intriguing electron acceptor-elemental sulfur [J]. J Catal, 2017，350：203-211.
- [26] Zhao Y, Shalom M, Antonietti M. Visible light-driven graphitic carbon nitride (g-C_3N_4) photocatalyzed ketalization reaction in methanol with methylviologen as efficient electron mediator [J]. Appl Catal B: Environ, 2017，207：311-315.
- [27] O'Regan B, Gratzel M. A low-cost, high-efficiency solar cell based on dye-sensitized colloidal TiO_2 films [J]. Nature, 1991，353 (6346)：737-740.
- [28] 韩兆慧，赵化侨. 半导体多相光催化应用研究进展 [J]. 化学进展，1999，11 (1)：1-10.
- [29] Zhang H, Wei J, Dong J, et al. Efficient visible-light-driven carbon dioxide reduction by a single-atom implanted metal-organic framework [J]. Angewandte Chemie International Edition, 2016，55 (46)：14310-14314.
- [30] Fu H B, Pan C S, Yao W Q, et al, ViSible-light-induced Bi_2WO_6 degradation of rhodamine B [J]. The Journal of Physical Chemistry B, 2005，109 (47)：22432-22439.
- [31] 白树林，付希贤，王俊真，等. $LaFeO_3$ 的光催化性 [J]. 应用化学，2000，17 (3)：343-345.
- [32] 付希贤，桑丽霞，白树林，等. $LaFe_{1-x}Cu_xO_3$ 的光催化性及正电子湮没研究 [J]. 化学物理学报，2000，13 (4)：503-507.
- [33] Tennakone K, Photochem J, hotobiol P. TiO_2 catalysed photo-oxidation of water in the presence of methylene blue [J]. A Chem, 1993，71：199.

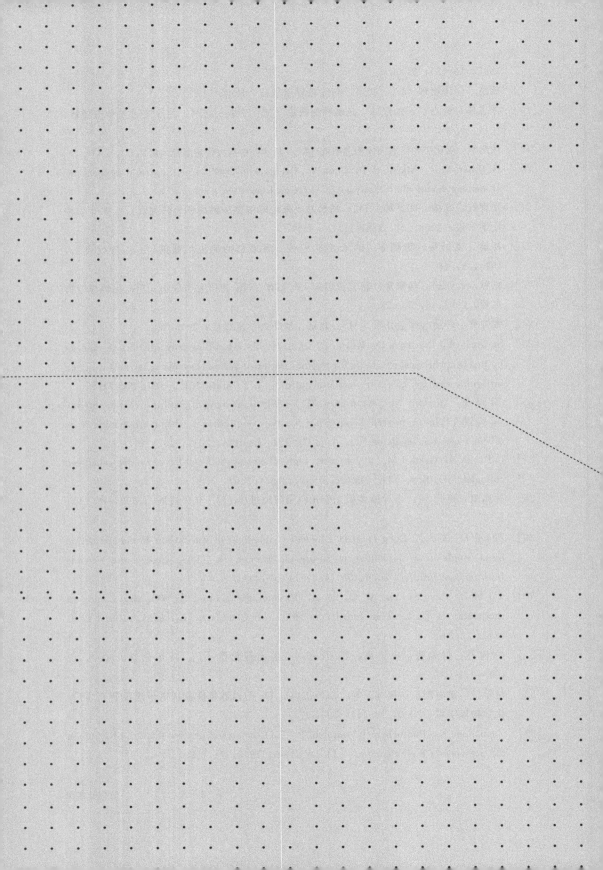

第 2 章
有机半导体氮化碳

2.1 氮化碳基材料的研究背景
2.2 氮化碳的结构及制备
2.3 氮化碳的物理化学性质
2.4 氮化碳的改性方法
2.5 氮化碳的应用
2.6 材料的拓展

2.1 氮化碳基材料的研究背景

氮化碳是人工合成的仅包含碳、氮元素的有机聚合物之一。1834年，Berzelius最先合成高分子氮化碳衍生物材料，由于产物存在多种物相，氮化碳的分子结构一直不明确。直到1989年，Liu和Cohen根据β-Si_3N_4的晶体结构，用C替换Si，在局域态密度近似下采用第一性赝势能带法从理论上预言了β-C_3N_4（即氮化碳）——一种硬度与金刚石相近，但目前在自然界中还未发现的新型共价化合物。1996年，Teter和Hemley通过计算发现氮化碳可能有α-C_3N_4、β-C_3N_4、立方相c-C_3N_4、准立方相p-C_3N_4以及类石墨相g-C_3N_4 5种不同结构（图2.1），其禁带宽度分别为4.85eV、5.49eV、4.3eV、4.13eV和2.78eV。除了类石墨相氮化碳g-C_3N_4外，其他4种物相与金刚石的硬度相当。但在常温常压条件下，石墨相氮化碳最稳定，其具有诸多的优点，比如，良好的化学稳定性、热稳定性及优良的耐磨性，有望在催化剂、催化剂载体、合成、膜材料等方面发挥重要的作用。

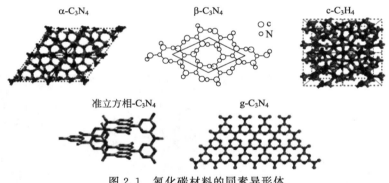

图2.1 氮化碳材料的同素异形体

类石墨相g-C_3N_4是一种以C、N两种元素通过sp^2杂化组成的共轭半导体聚合物，具有类石墨结构。g-C_3N_4结构稳定、易于合成、稳定性高，具有合适的能带结构（E_g=2.7eV）及高催化活性以及不含重金属组分且生产成本较低等优点。计算结果表明，三嗪环结构单元的g-C_3N_4的热力学能量要比七嗪环结构单元的g-C_3N_4高30kJ/mol[1]。实验证明，在实际实验合成过程中七嗪环为结构单元的g-C_3N_4，更容易被合成，也更为稳定。因此以七嗪环为结构单元的g-C_3N_4在催化领域有着广阔的应用前景，引导科研学者对

$g-C_3N_4$ 做了大量研究工作。但其在光学性能方面存在着一些不足，比如电子空穴复合率高、量子效率低、比表面积小等，这些不足严重影响了其光催化活性，进而影响了其在环境光催化领域的实际应用。

幸运的是，$g-C_3N_4$ 结构中 π 共轭电子和丰富的末端形成 H 键的特殊层结构为 $g-C_3N_4$ 构建多种组分杂化体系提供了理想的平台。到目前为止，已经构建了大量具有第二组分甚至第三组分的异质结构 $g-C_3N_4$，包括金属、半导体、石墨、敏化剂等，以弥补其带隙宽、电荷复合严重、缺乏表面活性位点等缺陷。

2009 年王心晨等人研究了 $g-C_3N_4$ 作为无金属共轭稳定材料裂解水的光催化活性，$g-C_3N_4$ 展示出了优异的光催化性能[2]。这一结果引起了人们进一步的探索，并且掀起了 $g-C_3N_4$ 光催化剂的研究热潮。近些年将 $g-C_3N_4$ 做成 2D 纳米片，再与其他纳米颗粒结合，形成 0D/2D 异质结复合材料成为了研究重点。例如 Zhu 等人采用平均尺寸约为 16.2nm 的 Bi_2S_3 纳米颗粒对 $g-C_3N_4$ 纳米片进行修饰，通过水热法制备得到 $Bi_2S_3/g-C_3N_4$ 0D/2D 异质结复合材料。该复合材料具有更宽的光响应范围、更高的载流子分离效率和更大的比表面积等优点，在对甲基橙进行降解时，降解率得到了很大的提高，在 120min 内降解了 90.2% 的甲基橙，分别是纯 Bi_2S_3 和纯 $g-C_3N_4$ 的 6.8 倍和 2.4 倍[3]。Wang 等人先通过水热法合成 Bi_3TaO_7、通过超声在 $g-C_3N_4$ 上负载 Bi_3TaO_7 合成 $Bi_3TaO_7/g-C_3N_4$ 异质结复合材料，该复合材料具有来源丰富、化学稳定性高、结构易于调控等诸多优点，在实际应用中具有广阔的发展前景[4]。

2.2 氮化碳的结构及制备

2.2.1 氮化碳的结构

不同基本结构单元构筑的 $g-C_3N_4$ 表现出不同的氮孔大小和氮原子的化学环境，具有不同的结构稳定性。很长一段时间 Redemann 和 Lucas 等科学家们都在研究氮化碳材料的组成和构型，试图找到最真实的结构。密度泛函理论（DFT）计算表明，在聚合反应过程中，七嗪环构成的 $g-C_3N_4$ 具有更好的结构和能量稳定性，其热力学能量比三嗪环构成的 $g-C_3N_4$ 低约 30kJ/mol。因此，七嗪环被认为是构成实验合成 $g-C_3N_4$ 的基本结构单元。图 2.2 是由七嗪环（3-striazine，C_6N_7）或三嗪环（triazine，C_3N_3）为基本结构单元构筑的

g-C_3N_4 的结构。

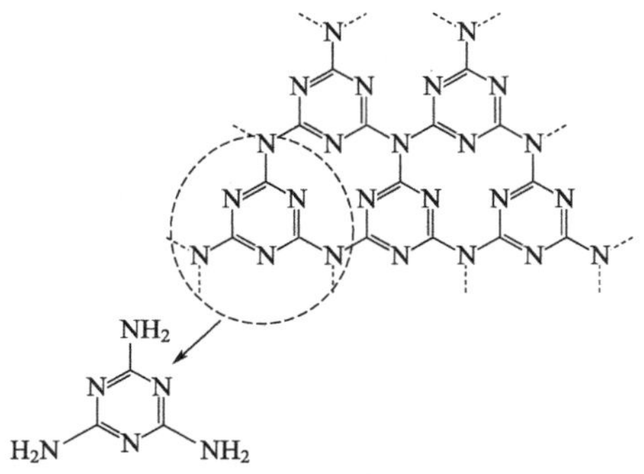

图 2.2 以三嗪环（a）和七嗪环（b）为基础结构单元构筑的 g-C_3N_4 的结构

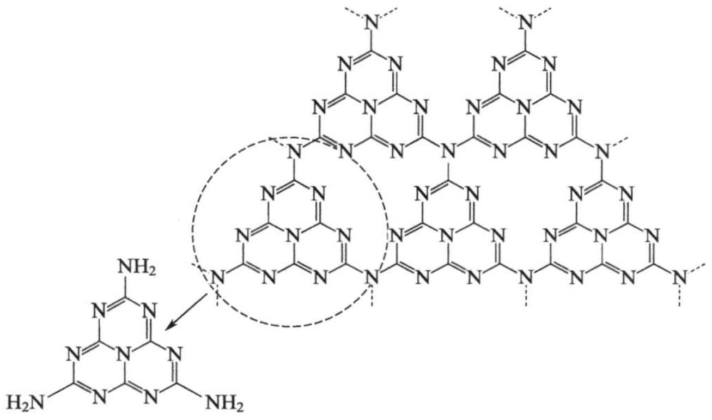

氮化碳（g-C_3N_4）具有与石墨中碳原子（石墨碳）相似的层状堆积结构和 sp^2 杂化的共轭电子能带结构。层内包含碳氮杂环（三嗪环或七嗪环），环间通过末端的氮原子相互连接并形成一张无限拓展的平面。层间通过范德华力相互连接，层间距约为 0.326nm，略小于石墨碳的层间距。X 射线衍射（XRD）图谱可以反映 g-C_3N_4 的面内和面间的周期性排列。一般而言，g-C_3N_4 的 XRD 图谱有两个特征衍射峰。2θ 在约 13.0°处的特征衍射峰归为 g-C_3N_4 的类石墨层状结构的特征衍射峰，即以 3-s-三嗪结构为基本单元进行周期性排列形成的衍射峰[5]。对应于 g-C_3N_4 的（100）晶面，其晶面间距约为 0.681nm。2θ 约为 27.5°处的特征衍射峰为 g-C_3N_4 结构中共轭芳香物层间堆积特征衍射峰，对应于 g-C_3N_4 的（002）晶面，晶面间距约为 0.327nm。图 2.3(a)为石墨相氮化碳典型的 XRD 和高分辨透射电镜照片（HRTEM）。

氮化碳是一种富电子的新型有机半导体，其带隙约为 2.7eV。$g-C_3N_4$ 的价带与由 melem 单体的 N pz 组成的 HOMO 轨道有关，而导带与由 melem 单体的 C pz 组成的 LOMO 轨道有关。$g-C_3N_4$ 的导带底位置为 -1.42V（相对于 Ag/AgCl，pH = 6.6），价带顶位置为 1.27V（相对于 Ag/AgCl，pH = 6.6）。图 2.3(b)、(c) 分别为 $g-C_3N_4$ 的能带图和密度泛函理论计算图谱。

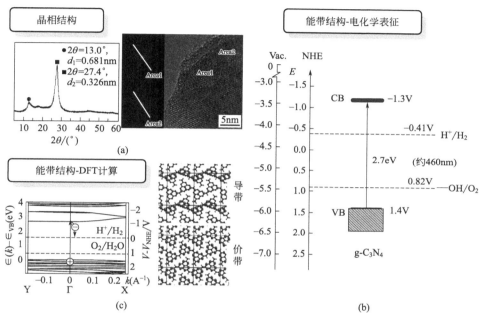

图 2.3 晶相、能带结构及其与水的氧化-还原电极电位匹配

2.2.2 氮化碳的制备

$g-C_3N_4$ 在自然界中并不存在，需要选用合适的碳源和氮源在一定条件下发生反应进行制备。目前合成 $g-C_3N_4$ 的方法分为物理方法和化学方法两大类。其中，物理合成方法是在 $g-C_3N_4$ 研究的早期建立起来的方法。当时由于人们对于 $g-C_3N_4$ 的研究尚属于探索阶段，因此往往过程比较复杂、成本较高。化学方法包括电沉积法[6]、固相反应法[7]、热聚合法、溶剂热法、超分子自组装法等。

2.2.2.1 热聚合法

热聚合法是通过热诱导碳化氮前驱体发生缩聚反应，是最为常见且重要的

制备 $g-C_3N_4$ 的手段。这一方法操作简单、原料廉价易得、适合大规模生产且所制备的 $g-C_3N_4$ 的聚合度较高。常见的碳氮前驱体包括尿素、单氰胺、双氰胺、三聚氰胺、硫脲和三聚硫氰酸等。其中以氰胺（二聚氰胺、三聚氰胺）作为原料通过高温聚合合成块体氮化碳是最为成熟的方法。

图 2.4 是氰胺（二聚氰胺、三聚氰胺）为前驱体通过热聚合法制备 $g-C_3N_4$ 的聚合过程示意图以及过程的热分析，其聚合过程伴随着 NH_3 的释放，以单氰胺为前驱体制备 $g-C_3N_4$ 时，其聚合过程是加聚和缩聚过程的总和。随着温度的升高，经过脱氢基过程，单氰胺首先在较低温度下加聚生成双氰胺和三聚氰胺，之后在较高温度下三聚氰胺脱氨缩聚。通常，350℃生成三嗪环结构即 melam 环（$C_6N_{11}H_9$）。接着升温至 390℃时，melam 通过重排生成了 melem 聚合物（$C_6N_{10}H_6$），该中间产物很稳定；七嗪环结构形成之后进一步聚合产生网状聚合物则需要在 525℃。因为聚合过程中部分中间物种的热分解和升华过程将导致产率的下降，所以采用封闭的聚合体系能够有效提高产品的产率。温度高于 600℃，$g-C_3N_4$ 的结构变得不稳定，在 700℃ 以上以碳氮碎片的形式分解[8,9]。一般情况下，550～600℃ 是氮化碳的较优合成温度区间[10]。值得注意的是，虽然理想的 $g-C_3N_4$ 结构中仅含有碳和氮元素，但实际制备过程中氨基的不完全聚合不可避免地导致氢元素的存在。由于热聚合法操作相对简单，合成的 $g-C_3N_4$ 晶型较好，已经成为了合成 $g-C_3N_4$ 基催化材料的普遍方法。

为构筑具有特殊形貌的纳米结构 $g-C_3N_4$，利用硬模板或软模板已有的特殊结构，通过热聚合法可制备出 $g-C_3N_4$ 纳米片、$g-C_3N_4$ 纳米棒、$g-C_3N_4$ 纳米球、有序介孔 $g-C_3N_4$ 等[11-14]，特有的形貌有利于 $g-C_3N_4$ 催化剂在光催化领域的发展。硬模板法所选择的模板剂一般是有序硅和碳模板等，硬模板的使用可以有效地增大 $g-C_3N_4$ 的比表面积；软模板法则是利用表面活性剂的亲水和亲油基团对 $g-C_3N_4$ 的结构进行重组。根据模板剂的选择，热聚合法可分为直接热聚合法、硬模板法和软模板法。

硬模板法因其具有高效率、原理简单、产物孔结构易控、模板剂种类多、应用范围广、普适性强等优点，在材料领域普遍被用来制备具有特殊形貌的材料。Zhao 等[15] 以单氰胺和新型交联双峰介孔 SBA-15 通过浸渍后形成的混合物为前驱体，再经高温煅烧，HF 或 NH_4HF_2 刻蚀处理得到了表面布满孔隙的介孔 $g-C_3N_4$，经表征分析可知比表面积增大为 $145m^2/g$。但硬模板法一般是使用已有的介孔材料或自制无机硅模板，其中已有的介孔材料一般价格较为昂贵，而自制模板的过程通常步骤比较复杂，且耗时较长。此外，硬模板法

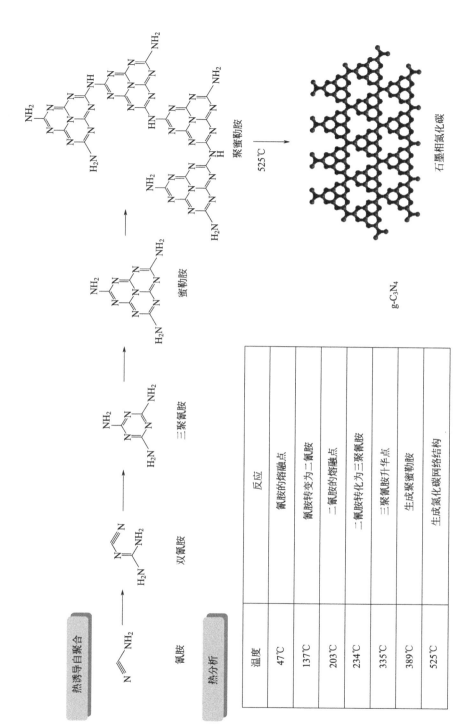

图 2.4 热聚合法制备氮化碳的化学合成路线

后处理需要使用 NH_4HF_2 刻蚀，使得成本较高，且易造成环境污染，这在一定程度上限制了实际应用。

与硬模板法相比，软模板法合成过程简单、易于操作、周期短、环境友好，且模板剂价格相对来说较便宜。软模板法中模板剂的种类和混合比例等对 $g-C_3N_4$ 的形貌结构有着较大的影响，通过对这些条件的控制达到调控 $g-C_3N_4$ 结构的目的。Yan[16] 采用 P123 表面活性剂作为模板剂，三聚氰胺为前驱体，经高温煅烧制备出了具有不规则蠕虫状孔结构的 $g-C_3N_4$，紫外漫反射光谱表征表明了其光吸收范围拓展至 800nm。但软模板法所采用的模板剂一般是在较低温度下合成的材料，在合成过程中焙烧温度较高会使得模板剂部分发生分解，导致样品结构发生坍塌，最终使得到的样品结构不规整。

2.2.2.2 溶剂热法

溶剂热法是源于水热法发展而来的，该法是通过在密闭的容器中将一种或几种前驱体溶解在有机溶剂中，于高温条件下发生溶剂热反应得到产物。溶剂热法反应过程较简单且易于控制，还可以有效地防止有毒物质的挥发，但反应条件对合成样品的影响较大[17]。

Gu 等[18] 以三聚氰氯和三聚氰胺为原料，乙腈为溶剂，通过溶剂热法分别合成了直径为 $2\mu m$ 的多孔 $g-C_3N_4$ 微球和宽度为 $50\sim60nm$ 的 $g-C_3N_4$ 纳米带。Wang 等[19] 通过溶剂热法合成了粒径为 $1\mu m$ 的 $g-C_3N_4$ 空心球，并详细研究了反应温度对样品的影响，发现随着反应温度的升高样品能带逐渐降低，且样品内部有了更大的共轭环结构，有效地改善了 $g-C_3N_4$ 的光催化活性。

2.2.2.3 超分子自组装法

超分子自组装法是通过利用氢键、范德华力和静电作用等弱作用力，使得分子自发地组装出结构稳定的聚合物[20]。一般选择三嗪衍生物（比如三聚氰胺、三聚氰酸等）为原材料，通过分子自组装和后续的高温煅烧合成具有不同形貌的氮化碳。此外，自组装法的反应参数和条件还会影响氮化碳的形貌和物理化学结构。

Shalom 等[21] 以三聚氰酸和三聚氰胺为原材料，详细研究了不同极性的溶剂对氮化碳结构的影响，结果发现，当以乙醇、水、氯仿为溶剂时，分别合成了空心盒状 $g-C_3N_4$、$g-C_3N_4$ 纳米片、$g-C_3N_4$ 纳米管。Jun 等[22] 以三聚氰酸和三聚氰胺为原材料，通过超分子自组装法制备了类花瓣状的介孔 $g-C_3N_4$

空心球，其比表面积可达 $45\sim77m^2/g$，光降解实验发现这种特殊的结构有利于介孔 $g-C_3N_4$ 空心球对模拟污染物 R 的光催化降解，反应速率增大为块状 $g-C_3N_4$ 的 10 倍。也有报道发现，自组装过程中沉淀温度和溶剂等反应条件也是可控因素，改变这些条件可以一定程度上调控氮化碳的形貌，进而提高光催化性能。表 2.1 总结了不同制备方法的优缺点。

表 2.1　各种制氮化碳的优缺点

合成方法	优点	缺点
超分子自组装法	具有规则结构和可控形态	成本高，结晶性较差
微波加热法	具有较少的层数和较少的缺陷	没有可控的形貌
模板法	具有多孔结构和高结晶性	准备过程时间久
化学剥离法	可剥离层数较少的 $g-C_3N_4$	反应环境中有强酸，形貌不规则
溶剂热法	可以得到结晶性的少层 $g-C_3N_4$	形貌不规则

2.3　氮化碳的物理化学性质

$g-C_3N_4$ 由氰胺类小分子在缩聚的条件下合成，其主要构成是碳和氮原子，只有在聚合物的边缘连接的—NH/—NH$_2$ 的基团里才含有少量的氢原子。氢原子的存在造成了 $g-C_3N_4$ 整体材料的缺陷，并可以根据某些反应的需要实现材料的可调控性。因此，$g-C_3N_4$ 材料具有很多优异的物理化学性能。

2.3.1　$g-C_3N_4$ 的稳定性

$g-C_3N_4$ 构型是 CN 材料同素异形体中最为稳定的一种结构。$g-C_3N_4$ 在 600℃ 以下几乎没有失重，表现出非常高的热稳定性。$g-C_3N_4$ 是由七嗪环结构单元高度缩聚而成，其内部 C、N 原子均以共价键相互作用并形成独特的芳香共轭体系，因此具有优异的稳定性。通过 TGA 分析发现，$g-C_3N_4$ 材料在温度高达 600℃ 时依然非常稳定，只有当温度达到 630℃ 时才会出现明显的吸热峰。这一热分解温度在有机聚合物中是很高的。

$g-C_3N_4$ 材料具有较高的化学稳定性。类似于石墨烯，单层的 $g-C_3N_4$ 之间通过范德华力相互作用，使其不溶于水、乙醇、DMF、THF、CH_2Cl_2、甲苯、乙腈等大多数溶剂[23]。将 $g-C_3N_4$ 分散到这些溶剂（包括稀酸和稀碱）中，然后洗涤干燥，其红外谱图与溶剂处理之前没有发生任何变化，表现出极好的耐有机溶剂、稀酸和稀碱性质。需要说明的是，g-C_3N_4 经过熔融碱金属氢氧化物处理后会发生水解作用；经过浓酸处理后会变成片层结构并分散成胶体溶液，但这一变化是可逆的。

2.3.2 g-C_3N_4 的光学性能

g-C_3N_4 在 C 和 N 原子的 p_z 轨道都存在孤对电子，这些孤对电子相互作用形成类似于苯环的大 π 键，进而形成高度离域的共轭体系，这也赋予了 g-C_3N_4 光催化性质。理论计算表明，g-C_3N_4 的导带和价带分别由 C 原子和 N 原子的 pz 轨道组成[24]，其导带和价带位置分别约为 -1.3eV 和 1.4eV，这说明还原半反应和氧化半反应的活性位分别位于 g-C_3N_4 的 C 原子和 N 原子上。g-C_3N_4 的带隙约为 2.7eV，对应的吸收边界（460nm）位于可见光区（400~700nm），说明了 g-C_3N_4 具有可见光响应性能。

根据紫外可见光谱（UV-vis）以及荧光光谱（PL）分析，g-C_3N_4 材料具有优异的光学性能，并且根据理论计算，g-C_3N_4 材料是一个典型的半导体[25]。王心晨[26] 等人利用 UV-vis 和 PL 发现氮化碳结构在 420nm 的可见光条件下有明显的吸收 [图 2.5(a)]，这也与材料的颜色（淡黄色）相符合。g-C_3N_4 在室温下有一个很强的蓝光光致发光，即在 430~550nm 这一范围内有光致发光，并且峰值是在 470nm。其荧光猝灭时间为 1~5ns [图 2.5(b)]，并且其猝灭时间是可以调节的。随着比表面积的增大其猝灭效果显著提高，能够防止光生电子空穴的复合，从而更有利于光的吸收利用。这一些研究都表明相对于 TiO_2 的紫外条件 g-C_3N_4 材料本身或者调节后的材料可以在可见光区

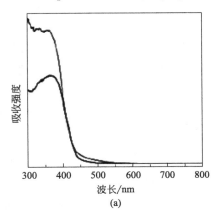 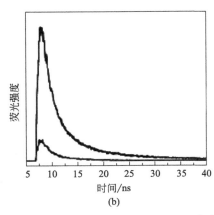

图 2.5 g-C_3N_4 和 mpg-C_3N_4 的漫反射吸收光谱（a）及其内部的荧光光谱（b）[24]

域有很好的响应。

2.4 氮化碳的改性方法

块体 g-C_3N_4 作为具有可见光响应性能的半导体光催化剂，存在比表面积小、光生载流子易复合、光吸收和光响应性能有限等缺点，这大大限制了其可见光催化性能和实际应用。为了提高 g-C_3N_4 的光催化性能，研究人员在 g-C_3N_4 的合成和改性方面做了大量的研究，主要包括调控 g-C_3N_4 制备过程以获得特殊形貌[27-29]、对 g-C_3N_4 进行金属或非金属掺杂以改善其电子结构[30-32]、将 g-C_3N_4 与其他半导体进行复合构建异质结[33,34] 等。

2.4.1 掺杂氮化碳的研究进展

光催化系统主要包括光催化材料和光催化反应环境两大部分，改善光催化材料的活性可从以上两个大方向着手。从光催化材料的角度来看，可以从体相和表/界面两个角度来对材料进行改性。利用金属和非金属元素掺杂对半导体材料的能带结构进行优化是常用的手段。掺杂是指通过一定的方法，将杂质能级或缺陷能级掺杂在原来的带隙之间。掺杂可以在半导体的体相或者表/界面引入新的结构单元，改变材料的体相或者表/界面的物理化学性质，从而影响材料的光催化活性。光催化材料的活性与掺杂离子的种类、浓度和制备方法等因素密切相关。对于氮化碳来说，掺杂主要分为金属离子掺杂、非金属离子掺杂和分子掺杂等。这些方法能够使其原来的带隙减小，拓宽半导体的光谱响应范围，掺杂半导体被光激发时，价带上的电子跃迁至杂质能级或缺陷能级，价带产生空穴，杂质能级或缺陷能级上的电子和价带上的空穴迁移到催化剂表面，参与催化反应来增强了光催化剂的催化性能。

2.4.1.1 非金属元素掺杂

DFT 计算表明，g-C_3N_4 中掺杂少量 B、F、C、N、O、P、S、I 等非金属元素不仅可以缩小 g-C_3N_4 的带隙宽度，而且能够提高其光吸收能力，进而提升光催化性能[35-42]。Guo[37] 等通过光芬顿反应对多孔 g-C_3N_4 进行 O 掺杂，掺杂后样品具有较高的比表面积（384m^2/g）和较窄的带隙（2.43eV）。在太阳光照射下表现出较高的产氢活性和罗丹明 B 降解活性。Feng[43] 等在

N_2 氛围下直接热聚合三聚氰胺-三聚硫氰酸超分子共晶体得到纳米多孔 S 掺杂 g-C_3N_4 微纳米杆,增加了导带态密度和载流子移动性,其可见光制氢活性比利用三聚氰胺作为前驱体制得的样品高出 9.3 倍。亦有同时引入几种非金属元素共掺改性 g-C_3N_4 的报道,如 Ma 等[44] 采用水热合成法制得大比表面积的 P 和 O 共掺杂 g-C_3N_4,引入 P 和 O 限制了晶粒的生长,降低了带隙(从 2.68eV 变为 2.51eV),增加了光生电子空穴的分离效率。可见光下其光催化降解罗丹明 B 的活性较 g-C_3N_4 提高了 27 倍。研究认为 O 掺杂不仅提高了共掺杂氮化碳对反应物的吸附能力,而且可捕获光生电子,进而促进光生电子与氧化降解罗丹明 B 的空穴的分离。

g-C_3N_4 中引入氮空位会在其导带能级下侧引入杂质能级,这样有利于光生电子向杂质能级转移,从而促进光生载流子的分离。Tu 等[45] 在氢气氛围中后处理块体 g-C_3N_4 制备了不同氮空位含量的 g-C_3N_4。通过理论和实验结果发现,氮空位的引入会在导带能级下侧插入尾带。这不仅有利于光生载流子的分离,而且能够促进可见光吸收。Kang 等[46] 通过在 620℃ 后处理块体 g-C_3N_4 制备得到富含氮空位的无定形 g-C_3N_4。Zhang 等[47] 通过在超高温度(800℃)下短时间处理块体 g-C_3N_4 制备得到富含氮空位的 g-C_3N_4 纳米片。

Zhu 等[48] 在无模板的情况下,通过共缩聚制备出含中孔的磷掺杂介孔 g-C_3N_4 纳米花(图 2.6)。磷掺杂 g-C_3N_4 涉及两个过程:一方面,磷掺杂有利于纳米氮化碳层的冷凝,进而减小表面张力,从而形成 g-C_3N_4 纳米花状结构;另一方面,磷酸在水和乙二醇中溶解能力的差异将有利于形成微乳液,微

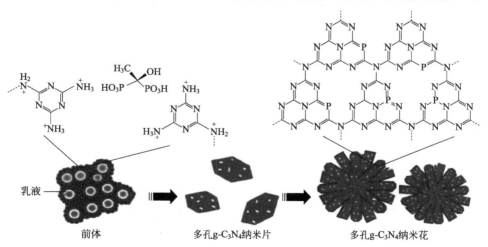

图 2.6 介孔 P 掺杂 g-C_3N_4 纳米花的形成示意图

乳液在煅烧过程中作为中孔模板被除去时，会产生表面介孔。磷掺杂介孔 g-C_3N_4 纳米花在光照下显示较好的析氢性能（104μmol/h，λ＞420nm），是体相 g-C_3N_4 析氢速率的 16 倍左右。

g-C_3N_4 的可见光催化性能源于其离域 π 共轭体系，而未完全聚合的端氨基影响了 π 共轭结构。因此，利用端氨基嫁接芳香环来扩展 π 共轭体系的电子离域性可以提升其光催化性能。采用共聚合法对端氨基进行芳香环修饰实质为分子掺杂，它能够改善 g-C_3N_4 的可见光吸收、带隙结构和电子特性并最终提升 g-C_3N_4 的可见光催化性能[49]。

2.4.1.2 金属元素掺杂

除了非金属元素掺杂，还有对 g-C_3N_4 进行金属元素掺杂的研究。金属元素掺杂、非金属元素掺杂或者共掺杂是将其他元素以置换或填隙的方式加入到 g-C_3N_4 中。除此之外，由于 g-C_3N_4 结构内含有大量的氮孔，且每个氮孔含有 6 个氮原子，每个氮原子都含有孤对电子。这意味着氮孔带有大量的负电荷，这有利于金属离子与氮孔发生相互作用，说明氮孔适合捕捉和容纳各种金属离子。目前为止，g-C_3N_4 中掺杂少量 Fe、Co、Ni、Cu、Zn、Ag、In 等金属元素不仅能够改善 g-C_3N_4 的光吸收能力，而且能够有效抑制光生载流子的复合[50-54]。

Gao 等[55] 将甲酰胺和柠檬酸前驱体有机化形成超分子结构，聚合成均匀的 Fe 掺杂氮化碳有机聚合物催化剂。该 Fe 掺杂氮化碳表现出较高的可见光产氢速率 [16.2mmol/(g·h)] 和量子效率（0.8%）。Gao 研究认为，金属 Fe 和氮化碳之间有强电子耦合，形成独特的电子结构，增加了电子的移动性，有利于电子在光催化系统中的迁移，提高了产氢速率。Yue 等[56] 采用软化学法制备的 Zn 掺杂 g-C_3N_4 具有较为优异的可见光光催化制氢活性和稳定性，其产氢速率比未改性样品高 10 倍。亦有利用 K[57,58] 和 Na[59] 等碱土金属掺杂优化 g-C_3N_4 的研究。Hu 等[57] 通过控制 K 的浓度调节 g-C_3N_4 的导带和价带势能（从 -1.09eV 和 1.56eV 到 -0.31eV 和 2.21eV），同时 K 的引入可抑制晶粒生长，增大比表面积和光生电子空穴分离效率，使其在可见光下光催化矿化罗丹明 B 的速率提高。Xiong 等[58] 的研究表明 K 插入 g-C_3N_4 的层间，可扩展 π 共轭系统，使价带向更正的方向偏移，令带隙变窄，增加可见光吸收，能有效地分离电子空穴对。也有利用金属和非金属共掺杂优化 g-C_3N_4 的电子结构和光化学反应性能的研究。Hu 等[60] 使用双氰胺、硝酸铁和磷酸氢二铵制备了 Fe 和 P 共掺杂 g-C_3N。研究表明，引入 P 形成 P—N 键，Fe 则与间隙 N 配位，可抑制晶粒生长，增大比表面积，降低带隙能，限制光生电子空穴的重组。相比单掺杂和未掺杂 $g\text{-}C_3N_4$ 样品，Fe 和 P 共掺杂 $g\text{-}C_3N_4$ 表现出较高的罗丹明 B 降解速率和产氢速率。Zhang[61] 以双氰胺、葡萄糖和 $FeCl_3$ 为前驱体，通过热聚合法获得 C-Fe 共掺杂的 $g\text{-}C_3N_4$。其价带向更正的方向偏移、带隙变窄，光吸收范围扩宽，氧化能力增加。可见光照射下 C-Fe 共掺杂 $g\text{-}C_3N_4$ 对罗丹明 B 的降解效率提高了 14 倍。

2.4.2　结构调控氮化碳的研究进展

在形貌调控方面，目前合成的 $g\text{-}C_3N_4$ 形貌主要有结构不同的球形 $g\text{-}C_3N_4$、厚度和尺寸各异的 $g\text{-}C_3N_4$ 纳米片、一维纳米管和棒状的 $g\text{-}C_3N_4$ 以及一些其他特殊形貌的 $g\text{-}C_3N_4$。研究表明 $g\text{-}C_3N_4$ 的形貌和其光催化活性之间有着紧密的联系。形貌对 $g\text{-}C_3N_4$ 的影响主要表现在三个方面：①球形或者纳米片、纳米管、纳米棒状的形貌都能显著提高 $g\text{-}C_3N_4$ 的比表面积，从而增强其对光的吸收和与反应物的接触；②纳米片和纳米管等特殊的形貌会影响 $g\text{-}C_3N_4$ 的电子结构和带隙，改善其对可见光的吸收范围；③当 $g\text{-}C_3N_4$ 的厚度很薄时，光生载流子从 $g\text{-}C_3N_4$ 内部迁移至表面的距离将被显著缩短，因此降低了光生电子空穴对的复合率，这些对提高 $g\text{-}C_3N_4$ 的光催化活性都有着积极的作用。

2.4.2.1　零维 $g\text{-}C_3N_4$

零维 $g\text{-}C_3N_4$ 即氮化碳量子点（CNQDs）。在原始 $g\text{-}C_3N_4$ 的比表面积和量子产率都较低的情况下，开发基于 $g\text{-}C_3N_4$ 的 CNQDs 具有重要意义[62]。Wang 等[63] 依次采用热氧化法、化学刻蚀法和水热处理法成功地由块状 $g\text{-}C_3N_4$ 制得了平均粒径为 6.7nm 的 CNQDs（图 2.7 为从块状 $g\text{-}C_3N_4$ 到 CNQDs 转变过程中各阶段的 TEM 图像），并首次发现 CNQDs 具有长波长上转换能力。CNQDs 在具有极高比表面积的同时，也伴随着易团聚的缺点。将 CNQDs 负载于其他光催化剂的表面，一方面可使 CNQDs 获得更高的稳定性，另一方面可有效提高复合体系的可见光催化能力。Li 等[64] 采用原位沉积的方法制备了 $CNQDs\text{-}rTiO_2$ 复合光催化材料。结果表明，CNQDs 的引入不仅提高了金红石型二氧化钛（$rTiO_2$）的可见光捕获能力，同时有效降低了 $rTiO_2$ 的光生电子-空穴对的复合率。Kumar 等[65] 先通过固态反应合成了掺氟的氮化碳量子点（CNFQDs），再采用水热法将 CNFQDs 嵌入到 $rTiO_2$ 纳米棒中形成异质结。研究发现，所得异质结材料显示出延伸至 500nm 的可见光

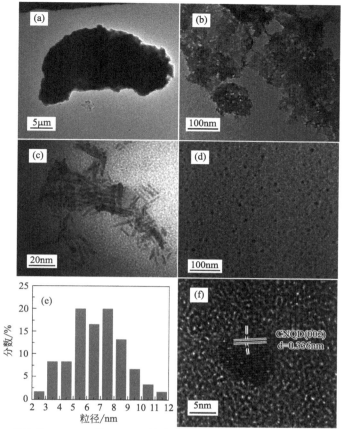

图 2.7 从块状 g-C_3N_4 到 CNQDs 转变过程中各阶段的 TEM 图像及粒径分布

(a) 大块 g-C_3N_4；(b) g-C_3N_4 纳米片；(c) g-C_3N_4 纳米棒；(d) CNQDs；

(e) CNQDs 的粒径分布；(f) 单个 CNQD 的 HRTEM 图像[63]

强光电响应能力。同时，异质结的形成极大地强化了光生电子从 CNFQDs 到 rTiO$_2$ 的转移以及空穴到水性电解质的转移。郭莉等[66]等采用浸渍-焙烧法将 5nm 左右的 CNQDs 均匀沉积在 Bi_2WO_6 表面，获得 z 型结构的 CNQDs/Bi_2WO_6 光催化剂。研究表明，CNQDs 可显著延缓 Bi_2WO_6 光生电子/空穴对的复合。当 CNQDs 的沉积量为 10% 时，CNQDs/Bi_2WO_6 降解亚甲基蓝（MB）的表观速率常数分别为纯 Bi_2WO_6 和 g-C_3N_4 的 4.5 倍和 5.8 倍。

2.4.2.2 一维 g-C_3N_4

一维 g-C_3N_4 分为 g-C_3N_4 纳米管和 g-C_3N_4 纳米棒。与块状及片状

g-C_3N_4 相比,一维 g-C_3N_4 具有更高的比表面积、更宽的光吸收范围和更高的稳定性[67]。同时一维 g-C_3N_4 具有的较高长径比可更好地引导电子沿轴向迁移,从而提升光生载流子的分离能力,故具有更优异的催化性能[68]。一维 g-C_3N_4 的形貌和结构不尽相同,因此制备方法也多种多样。

Huang 等[69]加热从 H_2SO_4/甲醇溶剂体系中重结晶合成的体相 g-C_3N_4,制备了多孔且低缺陷的 g-C_3N_4 纳米管。研究发现,重结晶和随后的加热操作是 g-C_3N_4 纳米管具有发达孔隙率和高比表面积（117.7m^2/g）的主要原因。g-C_3N_4 纳米管表现出高度有序的 3-s-三嗪共轭网络结构、更少的缺陷和更高的聚合度,其在可见光照射下的产氢催化活性是体相 g-C_3N_4 的 10.64 倍。Li 等[70]采用红外热板对双氰胺进行直接红外加热,实现了自下而上制备氮化碳纳米棒。这种方法无需模板或外加有机物,可通过控制红外加热板的输出功率实现对氮化碳形貌的调控。当红外热板为低输出功率时,前驱体组装成氮化碳纳米棒;为高输出功率时则生长成纳米片。Xiao[71]等通过氮化碳纳米管膜实现了基于离子迁移理论的可见光充电电能存储系统的研究。实验研究了化学气相沉积法制备具有高效光生载流子分离能力的氮化碳纳米管膜（如图 2.8 所

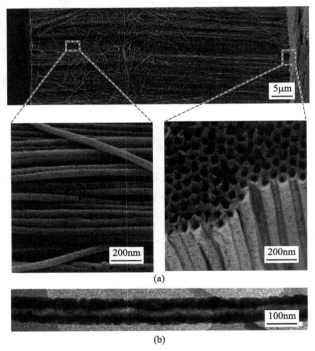

图 2.8　氮化碳纳米管膜的 SEM 图像（a）和 g-C_3N_4 纳米管截面的 TEM 图像（b）

示)。光生载流子高效分离,进而带动离子在电解质中的传输和在电极附近的积累过程,被认为是光充电电能存储系统工作原理的基础。

一维 $g-C_3N_4$ 在结构上有着比块状 $g-C_3N_4$ 更优异的性能,但其光电催化效果仍不尽理想。因此,在一维 $g-C_3N_4$ 的基础上对其进行改性制备复合体系显得尤为重要。Chang 等[72] 制备了金纳米粒子修饰的 $g-C_3N_4$ 纳米棒。研究发现,沉积量为 1% 的 $Au/g-C_3N_4$ 纳米棒的光催化活性最高,其对 4-氯酚的降解能力分别较纯 $g-C_3N_4$ 纳米棒和普通 $g-C_3N_4$ 提高了 2.2 倍和 4.5 倍。Liu 等[73] 以三聚氰胺与一水次磷酸钠为原料,采用一步热反应法制备了磷掺杂的氮化碳($P/g-C_3N_4$)纳米管。$g-C_3N_4$ 结构中磷引入所形成的 P—N 键有效降低了 $g-C_3N_4$ 的带隙宽度,提高了其光催化活性。$P/g-C_3N_4$ 纳米管光催化还原 CO_2 生成 CO 和 CH_4 的效率分别较 $g-C_3N_4$ 增加了 3.10 倍和 13.92 倍。Chong 等[74] 首先以乙二醇为模板制备了多孔 $g-C_3N_4$ 纳米管,再于 $g-C_3N_4$ 纳米管上负载了 Cds 纳米粒子。虽然 Cds 的掺杂使 $g-C_3N_4$ 纳米管的比表面积略有下降,但可显著加速光生载流子的分离,使其光催化活性大幅提高。研究显示,$Cds/g-C_3N_4$ 纳米管的析氢速率是纯 $g-C_3N_4$ 的 16 倍之多。

2.4.2.3 二维 $g-C_3N_4$

作为具有类石墨层状结构的聚合物半导体,氮化碳二维纳米片(g-CNNs)拥有较块状 $g-C_3N_4$ 更大的比表面积和更丰富的活性位点,还可以吸收更大范围的可见光[75]。同时超薄的片层厚度大大加快了光生载流子从 $g-C_3N_4$ 内部移动到表面的速度,减少了传递过程中的能量损耗[76]。因此,将块状 $g-C_3N_4$ 剥离成二维纳米片并将其与其他材料耦合可以显著提高 $g-C_3N_4$ 的光催化性能。

许雪棠等[77] 采用高温热解法先制得块体 $g-C_3N_4$,再利用盐酸中的质子来弱化 $g-C_3N_4$ 的层间范德华力,成功地从块状 $g-C_3N_4$ 制得 $g-C_3N_4$ 纳米片。研究发现,$g-C_3N_4$ 纳米片的比表面积是 $g-C_3N_4$ 颗粒的 2.3 倍,同时纳米片的吸收光谱发生红移。Niu 等[78] 采用自上而下的方法在空气中对大块 $g-C_3N_4$ 进行热氧化刻蚀,获得比表面积高达 $306m^2/g$、厚度约 2nm 的 $g-C_3N_4$ 纳米片(如图 2.9 所示)。研究表明,加热时间在热刻蚀过程中起着重要作用。随着热刻蚀的不断进行,$g-C_3N_4$ 的芳香环层间的氢键被打破,C-N 层逐渐从块体中剥离出来,形成纳米片。同时二维 $g-C_3N_4$ 所具有的高度各向异性及量子效应有效提高了平面方向上电子的传递能力、延长了光生载流子的

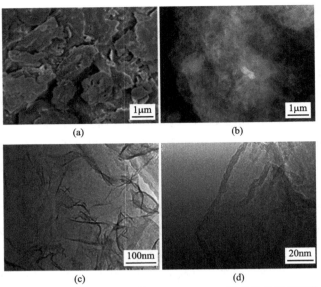

图 2.9　大块 g-C_3N_4 的 SEM 图像（a）、g-C_3N_4 纳米片典型团聚体（b）、g-C_3N_4 纳米片的低放大 TEM 图像（c）和高放大 TEM 图像（d）[38]

寿命。Ding 等[79]采用超声辅助法制备了 WO_3 纳米棒/g-C_3N_4 纳米片复合光催化材料，并将其作为催化剂用于对环烯氧化物进行选择性氧化，进而生产二醛的绿色工艺。当 WO_3 纳米棒在 g-C_3N_4 纳米片上的负载量为 5% 时，反应的转化率最高为 95%。高转化率归因于 g-C_3N_4 纳米片所提供的高分散的活性位点及环烯氧化物中环氧键与 g-C_3N_4 薄片表面上的—NH—或—NH_2 基团之间的强的键合作用。该研究表明，g-C_3N_4 纳米片可以作为良好的催化剂载体和助催化剂。

Ran 等[80]通过热剥离法获得多孔 P 掺杂 g-C_3N_4 纳米片（PCN-S），其 5～8nm 的厚度且多孔的纳米片结构不仅提高了其光学性能（P 掺杂后形成的中间能级使得 g-C_3N_4 对可见光的吸收范围扩展到了 557nm）、电子能带结构以及比表面积，同时提高了电荷迁移到表面的占比，极大促进了光催化制氢的效率（如图 2.10 所示）。Shen 等[81]等通过简便的煅烧—溶剂热—煅烧法制备了具有氮缺陷的少层氮化碳纳米片（DCNS）。该少层 DCNS 纳米片具有高的比表面积和丰富的界面活性反应位点，有助于光生载流子的快速消耗。同时，氮缺陷通过调节能带结构和光学性质以提高光生载流子的分离效率来进一步提高光催化性能。经过优化的 DCNS-120 可实现高达 5375μmol/(g·h) 的出色 H_2 生产率，远高于整体氮化碳 [164μmol/(g·h)]。这项工作将有望为具有匹配结构的氮化碳

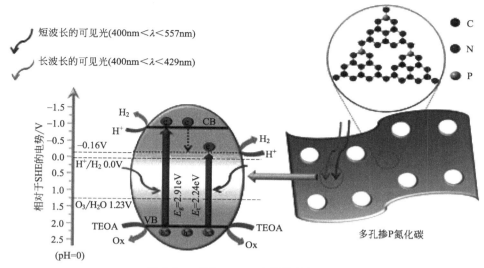

图 2.10　多孔 PCN-S 光催化制氢机理

在可见光照射下实现光催化氢气的工程化应用提供新思路。

2.4.2.4　三维 g-C_3N_4

三维 g-C_3N_4 即 g-C_3N_4 纳米球（CNS），有实心球和中空球之分。实心球一般采用硬模板法合成，g-C_3N_4 的前驱体在高温加热反应过程中会在硬模板的结构导向作用下进行聚合形成球形。中空球 g-C_3N_4 具有内外两个表面，中空的腔体结构有利于入射光在其中进行多次反射，进而增强其对光的捕获能力，薄的壳层缩短了载流子传输的距离，可提高光生载流子的分离效率[82]。

Chen 等[83]将氰基引入 g-C_3N_4，采用单分散二氧化硅为模板，在热聚合过程中控制氰胺在模板上的不完全缩聚，制备出一种具有近可见光活性的介孔 g-C_3N_4 纳米球（MCNS）。Yang 等[84]利用二氧化硅纳米棒铸造方法制备了空心 g-C_3N_4 纳米球，由于粒径较小（200nm）、壳层较薄（40nm），使其具有更大的比表面积的同时亦有利于提高电荷的分离和转移速率，因而表现出较高的光催化性能。

在不断研究制备纳米 g-C_3N_4 球的同时，研究学者也广泛地尝试将 g-C_3N_4 纳米球进行改性以求获得更好的催化效果。Zheng 等[82]在空心氮化碳纳米球（HCNS）的基础上，通过界面自组装方法将 CdS 量子点引入到 g-C_3N_4 空心球的表面，CdS 量子点的引入有效地抑制了电荷载流子的复合。

同时，CdS-HCNS 复合体系在可见光波长为 550nm 时仍具有较强的光催化能力。Qin 等[85] 以空心介孔 SiO_2 为模板，采用刻蚀法制备了直径为 300nm、比表面积为 $439m^2/g$ 的空心介孔 $g-C_3N_4$ 纳米球（HMCN）。进一步通过水热处理法制得氮化碳纳米球/三维石墨烯复合材料（HMCN-G）（如图 2.11 所示）。研究发现，在催化阴极氧还原反应中，HMCN 的中空结构提供的高比表面积和催化活性点以及石墨烯优良的导电性，使 HMCN-G 具有更高的电子转移数和电流密度。因此表现出更强的电催化活性。Li 等[86] 以二氧化硅空心纳米球为模板，以氰胺和巴比妥酸（BA）为前驱体和共聚单体制备了 BA-CNS，然后在 BA-CNS 表面修饰聚多巴胺（PDA）制得聚多巴胺和巴比妥酸修饰的 $g-C_3N_4$ 纳米球（BA-CNS-PDA）。研究表明，聚多巴胺增强了可见光捕获能力，巴比妥酸提高了电荷的分离和转换。

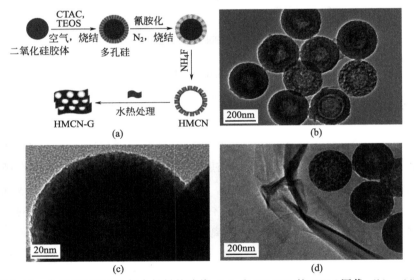

图 2.11 合成 HMCN-G 复合材料的路线（a）和 HMCN 的 TEM 图像（b）~（d）

2.4.3 氮化碳异质结的研究进展

为了增强光生载流子的分离能力，筛选一种与 $g-C_3N_4$ 能带匹配的半导体复合形成复合光催化剂是有效的方法。一般来说，两种或多种半导体材料紧密接触后形成复合光催化剂时，界面处半导体之间的能带结构发生交叠。此时复合光催化剂具有两种半导体的光电特性，并促进光生载流子在界面处的高效传递，其界面处的能带结构、电子迁移方式与聚积能级可以通过异质结模型描述，因此复合光催化剂也被称为异质结光催化剂。

(1) Ⅱ型异质结

光催化剂中能带结构的排列大多都是Ⅱ类异质结，Ⅱ类异质结能够有效地阻碍电子和空穴的复合，使更多的电子和空穴转移到光催化剂表面参与光催化过程。对于Ⅱ型异质结，两个半导体的带边位置交错排列，导致高导带半导体的导带电子向低导带半导体的导带迁移，而高价带半导体的价带电子向低价带半导体的价带迁移，使光生电子和空穴分别在低导带和低价带积累，抑制其重组。Liu等[87]采用水热法合成了$ZnIn_2S_4$-g-C_3N_4纳米层状复合物，$ZnIn_2S_4$（2.34～2.48eV）与g-C_3N_4的能带结构能够匹配成Ⅱ型异质结，且二者之间界面亲密接触，有效地迁移和分离光生载流子。亦可以利用同类底物作为基础，构建同类g-C_3N_4Ⅱ型异质结。如Dong等[88]利用双氰胺和尿素作为前驱体，通过热处理得到同类底物构成g-C_3N_4/g-C_3N_4无金属Ⅱ型异质结，在可见光照射下，CN-D（以双氰胺为前驱体制得的氮化碳）的导带电子迁移到CN-U（以尿素为前驱体制得的氮化碳）的导带，而后者的价带空穴迁移到前者的价带上，实现了电子空穴的有效分离，提高了对10^{-9}级NO的去除率。Yan等[89]制备了二维的MoS_2/C_3N_4异质结复合材料，该复合材料需要两步，先制备前驱体，再进行焙烧。构建Ⅱ类异质结复合半导体已经成为提高半导体材料的光催化性能的有效手段。

(2) Ⅰ型和Ⅲ型异质结

Ⅰ类异质结的能带排列能够在空间上抑制光生电子空穴的分离，提高电子空穴复合能力，利用电子空穴复合时发出荧光的性能制作光学器件，如发光二极管（LED）和激光器。Ⅲ类异质结构应用于晶体管中的隧穿场效应、超晶格激光器和波长光电探测器等。对于Ⅰ型异质结，半导体1的导带位置比半导体2的更负，而价带位置比半导体2的更正，光照时产生的电子和空穴通过迁移积累在带隙较窄的半导体的导带和价带上。这种情况也不会使电子空穴对有效分离，反而会使光催化活性降低。

对于Ⅲ型异质结，半导体1的导带边和价带边完全高于半导体2的导带边[图2.12(b)]，两个半导体的导带边和价带边完全错列开，因为并不能有效地分离电子空穴对，不能提高其活性。因此，以g-C_3N_4为基础的Ⅰ型和Ⅲ型异质结研究较少。

(3) 肖特基结

肖特基结是一种简单的金属与半导体的交界面，它与PN结相似，具有非线性阻抗特性（图2.13）。类似于TiO_2/Pt制氢体系。一般采用Pt[90,91]、

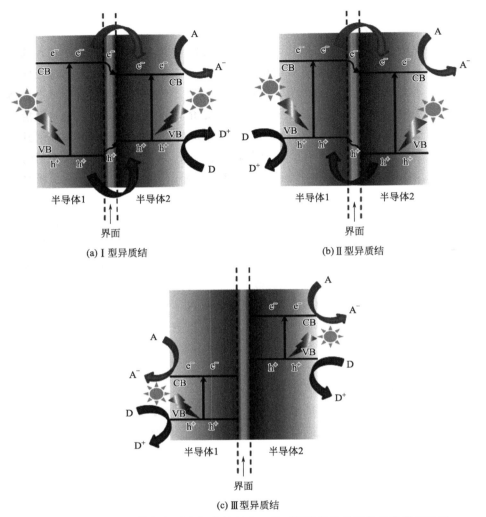

图 2.12 典型半导体杂化纳米复合材料中三种不同类型的异质结的能带示意图

Au[92] 和 Pd[93] 等贵金属作为助催化剂与 $g-C_3N_4$ 构成肖特基结,贵金属具有较高的功函数,可作为电子阱捕获并储存光生电子,实现与光生空穴的空间有效分离,提高其制氢活性。亦有采用过渡金属作为助催化剂与 $g-C_3N_4$ 构成肖特基结提高其活性的研究[94,95]。Bi 等[94] 采用溶剂热法以三聚氰胺和乙酰丙酮镍作为前驱体,将 Ni 负载在 $g-C_3N_4$ 上构成肖特基结,观测到能带弯曲现象,可有效分离光生载流子,将 H_2 产生速率由极小(无 Ni 时,H_2 产生量可忽略)提高到 $8.41\mu mol/h$。除了金属,有机碳材科、石墨烯和碳纳米管由于具有优异的导电性，可以作为助催化剂接受 g-C_3N_4 光生电子。Xu 等[96]采用水热法制备了非金属 CNT/C_3N_4 复合物，研究表明 CNT 的存在导致了光生电子空穴的有效分离，制氢活性提高了 2.7 倍。通过静电自组装制备了 2D/2D rGo/pCN 异质结催化剂，在二者之间形成了亲密接触，使载流子在异质结界面有效分离，有效阻止电子空穴对的重组，显著提高光催化还原 CO_2 的性能。肖特基型异质结的结构图如图 2.13 所示。

（4）Z 型异质结

Z 型异质结在能带结构上与Ⅱ型异质结类似，但是电子空穴流向不同，因而其氧化还原性能不同。低导带半导体的导带电子与低价带半导体的价带空穴结合湮灭，使前者的价带空穴和后者的导带电子有效分离，并发挥氧化还原作用。因此，此种异质结不仅具有宽

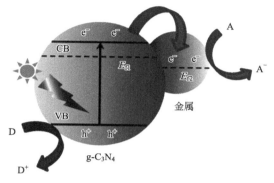

图 2.13 肖特基型异质结

的光谱吸收范围，也具有高的氧化还原能力，有效解决了Ⅱ型异质结中由于载流子迁移造成的氧化还原性降低问题。

至今为止，基于 g-C_3N_4 的 Z 型异质结复合催化剂有两种：①半导体-半导体（不加电子传递媒介），如图 2.14(a) 所示；②半导体-导体-半导体（导体一般是石墨烯、Au、Ag、Cu 等电子传递媒介），如图 2.14(b) 所示。Z 型异质结主要有两种功能：①高电荷分离效率；②保留了更负的导带带边和更正的价带带边，显著提高了光催化氧化还原能力。

最典型的是 WO_3 与 g-C_3N_4 构成的 Z 型异质结。WO_3 的带隙为 2.7~2.8eV，与 g-C_3N_4 带隙接近，且导带边和价带边比 g-C_3N_4 更正，可以形成错列的带边势能，满足 Z 型异质结的结构[97,98]。Chen 等[98] 的研究表明：g-C_3N_4 是主体部分时，可与 WO_3 构成 Z 型异质结，g-C_3N_4 的价带空穴与 WO_3 的导带电子迅速复合，导致 g-C_3N_4 的光生电子和 WO_3 的光生空穴获得积累，其降解 BF 的光催化活性相比 g-C_3N_4 和 WO_3 均提高了 1 倍以上。当 2 个半导体之间有导体作为电子传递者或电子媒介体时，可进一步提高电子空穴分离效率。当电子媒介体的费米能级在 Z 型异质结 2 个半导体的能级之间时，界面能带弯曲有利于 Z 型异质结界面电子传递。Li 等[99] 对 Cu 作为电子媒介体的 Z 型异质结做了研究，结果表明 WO_3/Cu/g-C_3N_4 光催化降解壬基酚比

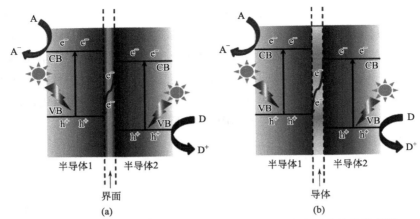

图 2.14 不同类型异质结半导体复合材料中光生载流子的转移示意图
(a) 半导体-半导体 Z 型异质结；(b) 半导体-导体-半导体 Z 型异质结

$WO_3/g-C_3N_4$ 的活性提高了 11.6 倍。

2.4.4 单原子催化修饰的研究进展

大连化物所张涛课题组于 2011 年提出"单原子催化"的概念并成功制备了第一种具有实际应用价值的 Pt_1/FeO_x 单原子催化剂[100]。此后，单原子催化异军突起，越来越受到催化、材料、化学等领域研究者们的重视，主要源自以下三个结构特点：原子利用率 100%、活性中心结构均一、活性中心原子配位数低。

近年来，基于多孔氮化碳的单原子催化得到了迅速的发展。2015 年瑞士联邦理工学院（ETH）的 Javier Pérez-Ramírez 课题组[101] 发展了一种胶体化学方法，通过廉价的多孔 C_3N_4 将单个 Pd 原子锚定在次纳米级别的孔洞中。这种 $Pd-C_3N_4$ 材料可以快速将己炔转化为己烯，相比于该反应的标准工业催化剂，或者其他氢化反应用的 Pd、Au 纳米催化剂，选择性和产率都更高。2016 年中科大吴长征课题组[102] 采用简单的浸渍方法实现了单原子 Pt 助催化剂的负载，最大化了贵金属 Pt 的原子利用率，相比于担载纳米颗粒 Pt 光催化产氢活性有了 8.6 倍的提高，这不只得益于高的原子利用率，也得益于单原子 Pt 与氮化碳相互作用形成的表面俘获态，延长了光生载流子的寿命。单原子 Pt 与氮化碳的协同作用为调控氮化碳的电子结构提供了一种新的策略，同时对其他有机半导体光催化材料低成本高效的助催化剂开发具有重要的指导作用。上文提到的 Pt^{2+} 不只拓展了氮化碳的光谱响应范围，实际上也是一种高效的单原子催化剂，用于可见光产氢。Du Aijun 等[103] 还通过密度泛函理论计算发现单原子态的 Pt、Pd 可以作为光催化 CO_2 还原的活性位点，从 H^+ 还原得到的 H 作为 CO_2 还原过程的氢源。同时不同的单原子进行 CO_2 还原的难易程度和对产物的选择性也不相同。Pd 倾向于产生 HCOOH，势垒约为 0.66eV；而 Pt 利于得到 CH_4，势垒约为 1.16eV。

余家国[104]通过浸渍热扩散-光还原的方法同时在 $g-C_3N_4$ 层间嵌入和表面锚定单原子 Pd。一方面利用层间桥联的 Pd 原子构建电子快速传输的垂直通道，促进光生电子从体相向表面转移；另一方面利用表面锚定的 Pd 原子形成靶向活性位进一步捕获电子用于质子还原反应。这种协同作用使得 $g-C_3N_4$ 材料在有效减少金属助催化剂负载量的同时，获得了高效稳定的光催化制氢活性。

2.5 氮化碳的应用

2.5.1 催化剂

氮化碳在有机催化反应中具有诸多的应用。例如，催化加氢、烯烃氧化、醇的选择性氧化等。浙江大学王勇等[105]通过在介孔氮化碳上搭载尺寸为 3nm 左右的 Pd 纳米颗粒，在室温下即可实现苯酚加氢制环己酮（99%的转化率和96%的选择性）。65℃条件下，2小时内可实现99%的转化率和99%的选择性。氮化碳还可以作为性能优良的电催化剂。Liu等通过一步法将单原子 Co 引入氮化碳的次纳米尺寸的孔洞中形成 $Co-g-C_3N_4$/石墨烯的复合结构，可以形成与商业化的 Pt/C 催化剂相媲美的氧化还原催化剂[106]。乔世章等人通过自组装的方式将氮化碳与碳纳米管进行复合，形成三维多孔的复合材料。与 Ir 基贵金属催化剂相比，该三维多孔复合材料展现出更优异的电催化氧活性和稳定性[107]。他们还将氮化碳与二维层状结构材料碳化钛进行复合，复合体同样也展现出了良好的电催化氧活性和稳定性[108]。

2.5.2 氮源

700℃条件下，氮化碳可分解为高活性的碳和氮，因此可以作为碳源或者氮源用于合成含碳或者氮的化合物。以往，氮化物的合成多以氨气为氮源对金属盐、金属氧化物、碳材料进行氮化。近年来，研究人员开始用氮化碳或者合成氮化碳的前驱体（三聚氰胺、二聚氰胺、单氰胺、尿素）作为氮源在保护气氛中制备含氮材料[109]。此外，氮化碳还可以用来作为氮源和模板剂用于制备高效的电催化剂。张铁锐等[110] 近期通过在氮化碳表面包覆葡萄糖，然后高温煅烧的方式制备比表面积高达 $1440m^2/g$ 的氮掺杂的碳材料，实现了与 Pt/C 相当的电催化氧还原性能，且稳定性优于商用的 Pt/C 催化剂。

2.5.3 光催化

2.5.3.1 光催化水分解制氢气和氧气

利用光催化剂和太阳能催化水分解制氢气，是未来理想的能源获取方式，不用依赖于地球上有限的化石能源。氢气是一种单位能量密度很高的化学能源，高于大部分碳氢化合物能源（例如汽油和柴油）的单位能量密度（40～50MJ/kg）。结合其清洁、高效、可贮存和可运输等特点，氢气被认为是新世纪最理想的绿色能源。

传统的光解水催化剂主要是无机半导体或其复合物，$g\text{-}C_3N_4$ 作为一种无金属有机半导体材料，由于独特的电子和结构性质，其几乎具备了多相光催化剂的所有先决条件。$g\text{-}C_3N_4$ 拥有合适的电子结构和恰当的带隙（2.7eV），对应的光吸收边在 460nm，可以捕获可见光。这个带隙足够大而使水分解反应在热力学上可行。$g\text{-}C_3N_4$ 独特的微观结构使其拥有大量的表面终端缺陷和单原子，可以使电子定域化或锚定活性位点。更重要的是 $g\text{-}C_3N_4$ 的最高占据轨道和最低空轨道可将水的氧化和还原电位包含在内，也就是说最高占据轨道中的空穴有足够能力氧化水产生氧气，最低空轨道中的电子有足够能力还原水制氢。这对于有机半导体来说是十分难得的。$g\text{-}C_3N_4$ 作为一种高效、廉价的有机半导体，在光催化水分解反应的突破和应用始于 2009 年[111]。

在过去的 10 年间，基于 $g\text{-}C_3N_4$ 的光催化水分解纳米材料得到了飞速发展。图 2.15 展示了 $g\text{-}C_3N_4$ 光催化水分解制氢气和氧气的简化原理图。

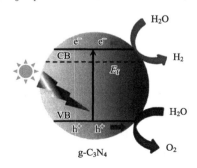

图 2.15　$g\text{-}C_3N_4$ 光催化水分解制氢气和氧气的原理图[111]

g-C_3N_4 吸收光产生光生电子-空穴对，光生载流子迁移到 g-C_3N_4 表面的活性位点，该过程会有很大一部分载流子复合，没有复合的光生电子和空穴就可以分别还原和氧化吸附在催化剂表面的水分子，产生氢气和氧气。即使没有贵金属助催化剂存在，g-C_3N_4 仍然可以在有适当牺牲试剂（电子受体或给体）存在的条件下光催化水分解制氢气和氧气，只是活性十分有限。

美国能源部宣称，通过光催化水分解制氢时，从太阳能到氢能的转化效率必须要等于或高于5%在经济上才是可行的。至今为止，最接近这一效率的光催化剂是一种碳量子点修饰的 g-C_3N_4 基催化剂。尽管 g-C_3N_4 有很多特性，但是可见光催化水分解只能产生 0.1～0.4mol/h 氢气，量子效率更是低于1%[112]。贵金属钼是最有效的一种产氢助催化剂，被广泛用来修饰 g-C_3N_4 基光催化剂，进而增强光催化效率。

2.5.3.2 光催化二氧化碳还原制有用化学品

最近研究者们在减少区域和全球二氧化碳排放方面付出了很多努力，急需一种突破性的技术能够将二氧化碳转化成能量存储产物。受自然界绿色植物的光合作用启发，光催化二氧化碳合成能量存储产物可以作为一种有效手段来减少化石能源的使用和缓解温室效应，进而达到太阳能的转化利用，起到了一石二鸟的作用。在这种人工光合作用途径中，光催化剂捕获二氧化碳和太阳光转化成碳氢化合物能源[113,114]。H_2O 存在下，该过程包含两个过程：二氧化碳还原半反应和水氧化半反应，来完成一个碳中性循环。二氧化碳分子具有极高的热力学稳定性，其在常温下很难被活化和还原。这些因素都使得光催化二氧化碳极具挑战。图 2.16 展示了半导体光催化剂在共催化剂存在条件下催化二

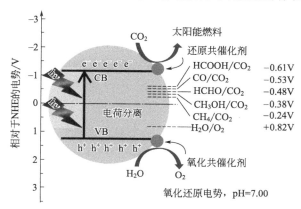

图 2.16　共催化剂辅助的半导体光催化剂催化二氧化碳还原制能源产物原理图[115]

氧化碳还原制备能源产物的机理图[115-117]。光催化二氧化碳还原是一个多电子转移过程，有多种可能的反应路径，会对应生成各种不同产物。因此，二氧化碳还原反应是一个复杂的过程包含多种途径和多种产物。产物选择性很大程度决定于半导体光催化剂的纳米结构设计和光敏复合材料的选择。Dong 等[118]用多孔 g-C_3N_4 作为光催化剂，在水蒸气存在条件下催化二氧化碳还原制备一氧化碳。

水存在条件下，块体 g-C_3N_4 和纳米片 g-C_3N_4 光催化 CO_2 还原制备 CH_4 和 CH_3CHO 的原理示意图，除此之外，Niu 等[119]采用硫脲作为硫源制备了一种硫掺杂的 g-C_3N_4，应用于光催化二氧化碳还原生成 CH_3CHO。DFT 计算证明由于硫掺杂，电子很容易从价带跃迁到杂化态或者从杂化态跃迁到导带。而且硫掺杂 g-C_3N_4 具有更窄的带隙，扩大了可见光的吸收范围。因此，硫掺杂 g-C_3N_4 相比于没有修饰的 g-C_3N_4 表现出更高的 CH_3CHO 产量（1.12nmol/g）。Qin 等[120]报道了一种巴比妥酸修饰的 g-C_3N_4 光催化剂，改善了 g-C_3N_4 的物理化学性质，并增强了可见光吸收，可以催化二氧化碳还原成一氧化碳。巴比妥酸和尿素的共聚作用构建了表面分子异质结，明显促进了光生电子-空穴的分离和迁移效率。通过 g-C_3N_4 纳米结构设计包括纳米结构修饰、共聚作用和元素掺杂等可以有效提高光催化二氧化碳还原性能，并调控产物选择性。

2.5.3.3 光催化降解污染物

随着工业化的不断发展和人口增长，大量的危险、有毒污染物被排向环境，严重破坏地球生态环境并威胁地球生物的生命健康。环境污染已经成为人类社会可持续发展必须要面对的一个严肃问题[121]。光催化技术被看作是一种非常有希望应用于环境净化的手段，因其具有廉价、高效、不会引起二次污染等优点。聚合物 g-C_3N_4 作为一种无金属、捕获可见光的光催化剂，展现了其在污染物降解方面的应用潜力[122,123]。图 1.17 展示了 g-C_3N_4 光催化降解污染物的机理示意图。

g-C_3N_4 吸收可见光产生光生电子/空穴对，高活性的光生电子和空穴迁移至催化剂表面引发最初始的还原和氧化反应。光生电子和吸附的分子氧反应生成超氧自由基（$\cdot O_2^-$），进而促进羟基自由基（$\cdot OH$）和氢质子（H^+）的生成[124]。羟基自由基是一种氧化能力极强的自由基可以和有机污染物反应使其彻底矿化变成二氧化碳和水。同时在溶液反应体系中，光生空穴可以和羟基

（OH—）反应生成·OH。除了·OH，·O_2^- 和空穴同样可以氧化有机污染物使其矿化[125]。总体来说光催化降解污染物包括两种类型：气相污染物降解和液相反应降解。

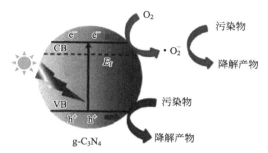

图 2.17　g-C_3N_4 在可见光照射下光催化降解污染物的机理示意图[126]

2.6　材料的拓展

石墨烯是由独特的碳的单原子层晶体结构所构成的，这种结构跟其他碳材料有着很明显的区别。更具体地说，石墨烯中的碳原子都是 sp^2 杂化并且紧密排列在这种晶体结构中。这种晶体结构就类似于石墨的不同维度上的结构，所以在很多年以前，研究者们都认为这种单原子层的晶体结构是不能脱离层与层之间的相互作用而单独存在的，而石墨烯也只能是一种假设。一直到 2004 年，当时英国曼彻斯特大学著名的物理学家安德烈·海姆和康斯坦丁·诺沃肖洛夫，在实验的过程中成功利用透明胶带从石墨中分离出石墨烯[126]。至此才证实了石墨烯是可以单独存在的，碳原子规整地排列在一个六边形的蜂窝晶格中，并且单层的石墨烯总是以不平整的涟漪状存在，其基本结构组成如图 2.18 所示[127]。

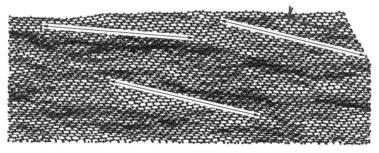

图 2.18　单原子层石墨烯示意图：箭头表示 8nm[127]

石墨烯具有高达 2630 m^2/g 理论比表面积，还具有较高的本征迁移率 [200000 $cm^2/(V \cdot s)$] 和高的导电性，这使得石墨烯能够提供多的反应活性场所并能够成为很好的电极材料。所以合成层状的石墨烯材料是目前研究者们研究的重点，而这一想法的难点就在于如何实现石墨烯材料的分层。

2008 年，Arne Thomas 提出因为 g-C_3N_4 材料在高温（>750℃）条件下会完全分解，不留下任何物质，所以 g-C_3N_4 可以作为牺牲模板来合成片层石墨烯材料。在此基础上李新昊等[128] 实现了利用化学一步法合成了纳米石墨烯材料（NG）（图 2.19 所示）。在合成的前期将双氰胺（DCDA）和葡萄糖在水溶液中混合均匀，然后在高于 800℃ 条件下焙烧得到 NG 材，当温度达到 600℃ 时，DCDA 通过缩聚反应得到 g-C_3N_4 结构，而葡萄糖分子则在氮化碳层状结构上铺展，当温度继续升高到大于 750℃ 后，葡萄糖分子进一步聚合而氮化碳结构完全分解，生成层状的石墨烯材料。此方法合成的 NG 材料在碱性条件下具有很好的氧还原能力，因此可以作为优异的电催化材料。

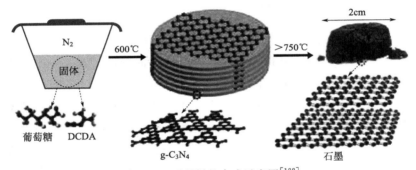

图 2.19　石墨烯的合成示意图[128]

为了进一步合成具有孔结构的石墨烯材料，李新昊等[129] 通过引入硼酸，利用氮化碳作为牺牲模板合成了多孔的 B、N 共掺杂的石墨烯材料（BNHG）（图 2.20 所示），该方法合成的 BNHG 材料在 85℃ O_2 的氛围中可以氧化胺生成亚胺，因此具有优良的化学催化的效果。

总的来说，无论是石墨相的氮化碳材料还是石墨烯材料，根据上文所介绍的优异的物理化学性能使得这些材料在很多领域都有应用，并且也是科研工作者们一直在研究的热门话题。就 g-C_3N_4 材料而言，尽管其稳定性优异，也具有合适的能带结构，体相 g-C_3N_4 材料比表面积只有 10 m^2/g，这一数值作为催化剂而言还是有待改善的，另外其聚合程度以及缺陷与合成条件、焙烧温度有着密切的关系，所以其可调控性也是目前研究的重点。对于石墨烯材料而

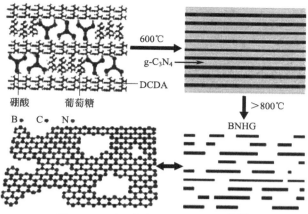

图 2.20 石墨烯材料的合成过程[129]

言，单层石墨烯具有很高的理论比表面积，但是由于其结构过于规整，也会影响其作为催化剂活性位点或者物质传输的能力。因此，改性的石墨烯材料也受到广泛的关注。

参考文献

[1] Kroke E, Schwarz M, Horathbordon E. Tri-s-triazine derivatives. Part I. from trichloro-tris-triazine tographitic C_3N_4 structures [J]. New Journal of Chemistry, 2002, 26 (5): 508-512.

[2] Wang X C, Maeda K, Thomas A, et al. A metal-free polymeric photocat alyst for hydrogen production from water under visible light [J]. Nature Materials, 2009, 8 (1): 76-80.

[3] Zhu C, Gong T, Xian Q, et al. Graphite-like carbon nitride coupled with tiny Bi_2S_3 nanoparticles as 2D/0D heterojunction with enhancedphotocat alytic activity [J]. Applied Surface Science, 2018, 444: 75-86.

[4] Wang K, Zhang G K, Li J, et al. 0D/2D Z-scheme heterojunctions of bismuth tantalate quantum dots/ultrathin g-C_3N_4 Nanosheets forHighly efficient visible light phot ocatalytic degradation of Antibiotics [J]. Acs Applied Materials &Interfaces, 2017, 9 (50): 43704-43715.

[5] Hu C C, Hung W Z, Wang M S, et al. Phosphorus and sulfur codoped g-C_3N_4 as an efficient metal-free photocatalyst [J]. Carbon, 2018, 127: 374-383.

[6] Ca C H. Carbon nitridefilms deposited from organic solutions by electrodeposition [J]. Diamond and Related Materials, 2009 (9-10): 1786-1789.

[7] Zimmerman J L, Williams R, Khabasheshku V N, et al. Synthesis of spherical carbon nitride nanostructures [J]. NanoLetters, 2001, 1 (12): 731-734.

[8] Takahara Y, Kondo J N, Takata T, et al. Mesoporous tantalum oxide. 1. Characterization and photocatalytic activity for the overall water decomposition [J]. Chemistry of Materials, 2001, 13 (4): 1194-1199.

[9] Thomas A, Fischer A, Goettmann F, et al. Graphitic carbon nitride materials: variation of structure and morphology and theiruseasmetal-freecatalysts [J]. Journal of Materials Chemistry, 2008, 18 (41): 4893-4908.

[10] Bojdys M J, Müller J-O, Antonietti M, et al. Ionothermal synthesis of crystalline, condensed, graphitic carbon nitride [J]. Chemistry-A European Journal, 2008, 14 (27): 8177-8182.

[11] Liu J, Zhang T, Wang Z, et al. Simple pyrolysis of urea into graphitic carbon nitride with recyclable adsorption and photocatalytic activity [J]. Journal of Materials Chemistry, 2011, 21 (38): 14398-14401.

[12] Zheng Y, Lin L, Ye X, et al. Helical graphitic carbon nitrides with photocatalytic and optical activities [J]. Angewandte Chemie, 2014, 53 (44): 11926-11932.

[13] Sun J, Zhang J, Zhang M, et al. Bioinspired hollow semiconductor nanospheres as photosynthetic nanoparticles [J]. Nature Communications, 2012, 3 (4): 1139-1142.

[14] Zhang J, Guo F, Wang X. An optimized and general synthetic strategy for fabrication of polymeric carbon nitride nanoarchitectures [J]. Advanced Functional Materials, 2013, 23 (23): 3008-3014.

[15] Zhao H M, Di C M, Wang L, et al. Synthesis of mesoporous graphitic $C-N_4$, using cross-linkedbimodal mesoporous SBA-15 as a hard template [J]. Microporous & Mesoporous Materials, 2015, 208: 98-104.

[16] Yan H. Soft-templating synthesis of mesoporous graphitic carbon nitride with enhanced photocatalyticHevolution under visiblelight [J]. Chemical Communications, 2012, 48 (28): 3430-3432.

[17] Cui Y, Ding Z, Fu X, et al. Construction of conjugated carbon nitride nanoarchitectures in solution at low temperatures for photoredox catalysis [J]. Angewandte Chemie, 2012, 124 (47): 11814-11818.

[18] Gu Q, Liao Y, Yin L, et al. Template-free synthesis of porous graphitic carbon nitride microspheres for enhanced photocatalytic hydrogen generationwith high stability [J]. Applied Catalysis B: Environmental, 2015, 165: 503-510.

[19] Cui Y, Tang Y, Wang X. Template free synthesis of graphitic carbon nitride hollow

spheres for photocatalytic degradation of organic pollutants [J]. Materials Letters, 2015, 161: 197-200.

[20] Whitesides G M, Mathias J P, Seto C T. Molecular self-assembly and nanochemistry: a chemical strategy for the synthesis of nanostructures [J]. Science, 1991, 254 (5036): 1312-1319.

[21] Shalom M, Inal S, Fettkenhauer C, et al. Improving carbon nitride photocatalysis by supramolecular preorganization of monomers [J]. Journal of the American Chemical Society, 2013, 135 (19): 7118-7121.

[22] Jun Y, Lee E Z, Wang X, et al. From melamine-cyanuric acid supramolecular aggregates to carbon nitride hollow spheres [J]. Advanced Functional Materials, 2013, 23 (29): 3661-3667.

[23] Gillan E G. Synthesis of nitrogen-rich carbon nitride networks from an energetic moleculer azide precursor [J]. Chem Mater, 2000, 12 (12): 3906-3912.

[24] Viang X, Maeda K, Thomas A, et al. A metal—free polymeric photocatalyst for hydrogen production from water under visible Light [J]. Nat Mater, 2009, 8 (1): 76-80.

[25] Deifallah M, Mcmillan P F, Corà F. Electronic and structural properties of twodimensional carbon nitride graphenes [J]. The Journal of Physical Chemistry C, 2008, 112 (14): 5447-5453.

[26] Wang X, Blechert S, Antonietti M. Polymeric graphitic carbon nitride for heterogeneous photocatalysis [J]. Acs Catalysis, 2012, 2 (8): 1596-1606.

[27] Zhao Z L, Wang X L, Shu Z, et al. Facile preparation of hollow-nanosphere based mesoporous $g-C_3N_4$ for highly enhanced visible-light-driven photocatalytic hydrogen evolution [J]. Applied Surface Science, 2018, 455: 591-598.

[28] Liu C Y, Huang H W, Ye L Q, et al. Intermediate-mediated strategy to horn-like hollow mesoporous ultrathin $g-C_3N_4$ tube with spatial anisotropic charge separation for superior photocatalytic H_2 evolution [J]. Nano Energy, 2017, 41: 738-748.

[29] Zhou C, Shi R, Shang L, et al. Template-free large-scale synthesis of $g-C_3N_4$ microtubes for enhanced visible light-driven photocatalytic H_2 production [J]. Nano Research, 2018, 11 (6): 3462-3468.

[30] Wang Y Y, Zhao S, Zhang Y W, et al. One-pot synthesis of K-doped $g-C_3N_4$ nanosheets with enhanced photocatalytic hydrogen production under visible-light irradiation [J]. Applied Surface Science, 2018, 440: 258-265.

[31] Wang J C, Cui Cx, Li Y, et al. Porous Mn doped $g-C_3N_4$ photocatalysts for enhanced synergetic degradation under visible-light illumination [J]. Journal of Hazardous Materials, 2017, 339: 43-53.

[32] Fang H B, Zhang X H, WuJ J, et al. Fragmented phosphorus-doped graphitic car-

bon nitride nanoflakes with broad sub-bandgap absorption for highly efficient visible-light photocatalytic hydrogen evolution [J]. Applied Catalysis B: Environmental, 2018, 225: 397-405.

[33] Di J, Xia J X, Yin s, et al. Preparation of sphere-like g-C_3N_4/BiOI photocatalysts via a reactable ionic liquid for visible-light-driven photocatalytic degradation of pollutants [J]. Journal of Materials Chemistry A, 2014, 15 (2): 5340-5342.

[34] Han M M, Wang H B, Zhao S Q, et al. One-step synthesis of CoO/g-C_3N_4 composites by thermal decomposition for overall water splitting without sacrificial reagents [J]. Inorganic Chemistry Frontiers, 2017, 4 (10): 1691-1696.

[35] Wang K, Li Q, Liu B, et al. Sulfur-doped g-C_3N_4 with enhanced photocatalytic CO_2—reduction performance [J]. Appl Catal B—Environ, 2015, 176-177: 44-52.

[36] Zhang P, Li X, Shao C, et al. Hydrothermal synthesis of carbon-rich graphitic carbon nitride nanosheets for photoredox catalysis [J]. Materials Chemistry A, 2015, 3 (7): 3281-3284.

[37] Guo S, Zhu Y, Yan Y, et al. Holey structured graphitic carbon nitride thin sheets with edge oxygen doping via photo-Fentonreaction with enhanced photocatalytic activity [J]. Applied Catalysis B: Environmental, 2016, 185: 315-321.

[38] She X, Liu L, Ji H, et al. Template-free synthesis of 2D porousultrathin nonmetal-doped g-C_3N_4 nanosheets with highly efficient photocatalytic H, evolution from water under visible light [J]. Applied Catalysis B: Environmental, 2016, 187 (15): 144-153.

[39] Xu C, Han Q, Zhao Y, et al. Sulfur-doped graphitic carbon nitride decorated with graphene quantum dots for an efficient metal-freeelectrocatalyst [J]. Journal of Materials Chemistry A, 2015, 3 (5): 1841-1846.

[40] Xu C, Han Q, Zhao Y, et al. Phosphorous-modified bulk graphitic carbon nitride _ facile preparation and application as an acid-basebifunctional and efficient catalyst for Co, cycloaddition withepoxides [J]. Carbon, 2016, 100: 81-89.

[41] Raziq F, Qu Y, Zhang X, et al. Enhanced cocatalyst-free visible-light activities for photocatalytic fuel production of g-C_3N_4 bytrapping holes and transferring electrons [J]. The Journal of Physical Chemistry C, 2016, 120 (1): 98-107.

[42] Han Q, Hu C, Zhao F, et al. One-step preparation of iodine-doped graphitic carbon nitride nanosheets as efficient photocatalysts forvisible light water splitting [J]. Journal of Materials Chemistry A, 2015, 3 (8): 4612-4619.

[43] Feng L, Zou Y, Li C, et al. Nanoporous sulfur-doped graphitic carbon nitride microrods: a durable catalyst for visible-light-drivenH, evolution [J]. International Journal of Hydrogen Energy, 2014, 39 (28): 15373-15379.

[44] Ma H, Li Y, Li S, et al. Novel P-O codoped g-C_3N_4 with large specific surfacearea:

hydrothermal synthesis assisted bydissolution-precipitation process and their visible light activityunder anoxic conditions [J]. Applied Surface Science, 2015, 357: 131.

[45] Tu W, Xu Y, Wang J, et al. Investigating the role of tunable nitrogen vacancies in graphitic carbon nitride nanosheets for efficient visible-light-driven H evolution and CO_2 reduction [J]. ACS Sustain Chem Eng, 2017, 5 (8): 7260-7268.

[46] Kang Y, Yang Y, Yin L-C, et al. An amorphous carbon nitride photocat-alyst with greatly extended visible-light-responsive range for photocatalytic hydrogen generation [J]. Adv Mater, 2015, 27 (31): 4572-4577.

[47] Zhang Y, Zong S, Cheng C, et al. Rapid high-temperature treatment on graphitic carbon nitride for excellent photocatalytic Hz-evolution performance [J]. Appl Catal B-Environ, 2018, 233: 80-87.

[48] Zhu Y P, Ren T Z, Yuan Z Y. Mesoporous phosphorus doped g-C_3N_4 nanostructured flowers with superior photocatalytic hydrogen evolution performance [J]. ACS Applied Materials & Interfaces, 2015, 7 (30): 16850-16856.

[49] Zhang M, Wang X. Two dimensional conjugated polymers with enhanced optical absorptionand charge separation for photocatalytic hydrogen evolution [J]. Energy Environ Sci, 2014, 7 (6): 1902-1906.

[50] Tong H, Ouyang S, Bi Y, et al. Nano-photocatalytic materials: possibilities and challenges [J]. Adv Mater, 2012, 24 (2): 229-251.

[51] Wang Y, Di Y, Antonietti M, et al. Excellent visible-light photocatalysis of fluorinated polymeric carbon nitride solids [J]. Chem Mater, 2010, 22 (18): 5119-5121.

[52] Yan S C, Li Z S, ZOU Z G. Photodegradation of rhodamine B and methyl orange over boron-doped g-C_3N_4 under visible light irradiation [J]. Langmuir, 2010, 26 (6): 3894-3901.

[53] Niu P, Yin L C, Yang Y Q, et al. Increasing the visible light absorption of graphitic carbon nitride (melon) photocatalysts by homogeneous self-modification with nitrogen vacancies [J]. Adv Mater, 2014, 26 (47): 8046-8052.

[54] Zhu Y P, Ren T Z, Yuan Z Y. Mesoporous phosphorus-doped g-C_3N_4 nanostructured flowerswith superior photocatalytic hydrogen evolution performance [J]. ACS Appl Mater Inter, 2015, 7 (30): 16850-16856.

[55] Gao L, Wen T, Xu J, et al. Iron-doped carbon nitride-type polymers as homogeneous organocatalysts for visible light-drivenhydrogen evolution [J]. ACS Applied Materials & Interfaces, 2016, 8 (1): 617-624.

[56] Yue B, Li Q, Iwai H, et al. Hydrogen production using zinc-doped carbon nitride catalyst irradiated with visible light [J]. Science & Technology of Advanced Materials, 2011, 12 (3): 34401.

[57] Hu s, Li F, Fan Z, et al. Band gap-tunable potassium doped graphitic carbon nitride

with enhanced mineralization ability [J]. Dalton Transactions, 2015, 44 (3): 1084-1092.

[58] Xiong T, Cen W, Zhang Y, et al. Bridging the g-C_3N_4 interlayers for enhanced photocatalysis [J]. ACS Catalysis, 2016, 6 (4): 2462-2472.

[59] Zhao J, Ma L, Wang H, et al. Novel band gap-tunable K-Na Co-doped graphitic carbon nitride prepared by molten salt method [J]. Applied Surface Science, 2015 (332): 625-630.

[60] Hu S, Ma L, You J, et al. Enhanced visible light photocatalytic performance of g-C_3N_4 photocatalysts co-doped with iron and phosphorus [J]. Applied Surface Science, 2014 (311): 164-171.

[61] Zhang S, Li J, Zeng M, et al. Bandgap engineering and mechanism study of nonmetal and metallon co-doped carbon nitride: C+Fe as an example [J]. Chemistry-A European Journal, 2014, 20 (31): 9805-9812.

[62] Chen X, Liu Q, Wu Q, et al. Incorporating graphitic carbon nitride (g-C_3N_4) quantum dots into bulk-heterojunction polymer solar cells leads to efficiency enhancement [J]. Advanced Functional Materials, 2016, 26 (11): 1719-1728.

[63] Wang W, Jimmy C Y, Shen Z, et al. G-C_3N_4 quantum dots: direct synthesis, upconversion properties and photocatalytic application [J]. Chemical communications, 2014, 50 (70): 10148-10150.

[64] Li Y, Lv K, Ho W, et al. Hybridization of rutile TiO_2 (rTiO_2) with g-C_3N_4 quantum dots (CNQDs): an efficient visible-light-driven Z-scheme hybridized photocatalyst [J]. Applied Catalysis B: Environmental, 2017, 202: 611-619.

[65] Kumar P, Thakur U K, Alam K, et al. Arrays of TiO_2 nanorods embedded with fluorine doped carbon nitride quantum dots (CNFQDs) for visible light driven water splitting [J]. Carbon, 2018, 137: 174-187.

[66] 郭莉, 张开来, 张鑫, 等. g-C_3N_4量子点修饰球形Bi_2WO_6及其光催化活性增强机制 [J]. 材料工程, 2019, 47 (11): 128-134.

[67] Eid K, Sliem M H, Abdullah A M. Unraveling template-free fabrication of carbon nitride nanorods codoped with Pt and Pd for efficient electrochemical and photoelectrochemical carbon monoxide oxidation at room temperature [J]. Nanoscale, 2019, 11 (24): 11755-11764.

[68] Sung S L, Tsai S H, Liu X W, et al. A novel form of carbon nitrides: Well-aligned carbon nitride nanotubes and their characterization [J]. Journal of Materials Research, 2000, 15 (2): 502-510.

[69] Huang Z, Li F, Chen B, et al. Porous and low-defected graphitic carbon nitride nanotubes for efficient hydrogen evolution under visible light irradiation [J]. RSC Advances, 2015, 5 (124): 102700-102706.

[70] Li H J, Qian D J, Chen M. Templateless infrared heating process for fabricating carbon nitride nanorods with efficient photocatalytic H_2 evolution [J]. ACS applied materials & interfaces, 2015, 7 (45): 25162-25170.

[71] K Xiao, L Chen, L Jiang, et al. Carbon nitride nanotube for ion transport based photo-rechargeable electric energy storage [J]. Nano Energy, 2020, 67: 104230.

[72] Chang Y, Liu Z, Shen X, et al. Synthesis of Au nanoparticle-decorated carbon nitride nanorods with plasmon-enhanced photoabsorption and photocatalytic activity for removing various pollutants from water [J]. Journal of hazardous materials, 2018, 344: 1188-1197.

[73] Liu B, Ye L, Wang R, et al. Phosphorus-doped graphitic carbon nitride nanotubes with amino-rich surface for efficient CO_2 capture, enhanced photocatalytic activity, and product selectivity [J]. ACS applied materials & interfaces, 2018, 10 (4): 4001-4009.

[74] Chong B, Chen L, Han D, et al. CdS-modified one-dimensional $g-C_3N_4$ porous nanotubes for efficient visible-light photocatalytic conversion [J]. Chinese Journal of Catalysis, 2019, 40 (6): 959-968.

[75] Deng Y, Tang L, Feng C, et al. Construction of plasmonic Ag and nitrogen-doped graphene quantum dots codecorated ultrathin graphitic carbon nitride nanosheet composites with enhanced photocatalytic activity: full-spectrum response ability and mechanism insight [J]. ACS applied materials & interfaces, 2017, 9 (49): 42816-42828.

[76] Liang Q, Li Z, Huang Z H, et al. Holey graphitic carbon nitride nanosheets with carbon vacancies for highly improved photocatalytic hydrogen production [J]. Advanced Functional Materials, 2015, 25 (44): 6885-6892.

[77] 许雪棠, 季璐璐, 蒙晶棉, 等. $g-C_3N_4$ 纳米片的制备及其光催化性能研究 [J]. 无机盐工业, 2018, 50 (04): 67-70.

[78] Niu P, Zhang L, Liu G, et al. Graphene-like carbon nitride nanosheets for improved photocatalytic activities [J]. Advanced Functional Materials, 2012, 22 (22): 4763-4770.

[79] Ding J, Liu Q, Zhang Z, et al. Carbon nitride nanosheets decorated with WO_3 nanorods: Ultrasonic-assisted facile synthesis and catalytic application in the green manufacture of dialdehydes [J]. Applied Catalysis B: Environmental, 2015, 165: 511-518.

[80] Ran J, Ma T Y, Gao G, et al. Porous P-doped graphitic carbon nitride nanosheets for synergistically enhanced visible-light photocatalytic H_2 production [J]. Energy & Environmental Science, 2015, 8 (12): 3708-3717.

[81] Shen Q H, Li N X, Bibi R, et al. Incorporating nitrogen defects into novel few-layer

[81] carbon nitride nanosheets for enhanced photocatalytic H_2 production. Applied Surface Science, 2020, 529: 147104.

[82] Zheng D, Wang X. Integrating CdS quantum dots on hollow graphitic carbon nitride nanospheres for hydrogen evolution photocatalysis [J]. Applied Catalysis B: Environmental, 2015, 179: 479-488.

[83] Chen C B, Li C X, Zhang Y J, et al. Cyano-rich mesoporous carbon nitride nanospheres for visible-light-driven photocatalytic degradation of pollutants [J]. Environmental Science: Nano, 2018, 5 (12): 2966-2977.

[84] Yang Y, Hu A, Wang X, et al. Nanopore enriched hollow carbon nitride nanospheres with extremely high visible-light photocatalytic activity in the degradation of aqueous contaminants of emerging concern [J]. Catalysis Science & Technology, 2019, 9 (2): 355-365.

[85] Qin Y, Li J, Yuan J, et al. Hollow mesoporous carbon nitride nanosphere/three-dimensional graphene composite as high efficient electrocatalyst for oxygen reduction reaction [J]. Journal of Power Sources, 2014, 272: 696-702.

[86] Li M, Zhang S, Liu X, et al. Polydopamine and barbituric acid Co-modified carbon nitride nanospheres for highly active and selective photocatalytic CO_2 reduction [J]. European Journal of Inorganic Chemistry, 2019, 2019 (15): 2058-2064.

[87] Liu H, Jin Z, Xu Z, et al. Fabrication of $ZnIn_2S_4$-g-C_3N_4 sheet-on-sheet nanocomposites for efficient visible-light photocatalytic H_2-evolution and degradation of organic pollutants [J]. RSC Advances, 2015, 5 (119): 97951-97961.

[88] Dong F, Ni Z, Li P, et al. A general method for type Ⅰ and type Ⅲ g-C_3N_4/g-C_3N_4, metal-free isotype heterostructures with enhancedvisible light photocatalysis [J]. New Joumal of Chemistry, 2015, 39 (6): 4737-4744.

[89] Yan J, Chen Z, Ji H, et al. Construction of a 2D graphene-like MoS_2/C_3N_4 heterojunction with enhanced visible-light photocatalytic activity and photoelectrochemical activity [J]. Chemistry-a European Journal, 2016, 22: 4764-4773.

[90] Shiraishi Y, Kofuji Y, Kanazawa S, et al. Platinum nanoparticles strongly associated with graphitic carbon nitride as efficient *co*-catalysts for photocatalytic hydrogen evolution under visible light [J]. Chemical Communications, 2014, 50 (96): 15255-15258.

[91] Li K, Zeng Z, Yan L, et al. Fabrication of platinum-deposited carbon nitride nanotubes by a one-step solvothermal treatment strategy and their efficient visible-light photocatalytic activity [J]. Applied Catalysis B: Environmental, 2015, 165: 428-437.

[92] Bhowmik T, Kundu M K, Barman S. Ultrasmall gold nanoparticles-graphitic carbon nitride composite: an efficient catalyst for ultrafast reductionof 4-nitrophenol and

removal of organic dyes from water [J]. RSC Advances, 2015, 5 (48): 38760-38773.

[93] Chang C, Fu Y, Hu M, et al. Photodegradation of bisphenol A by highly stable palladium-doped mesoporous graphite carbon nitride (Pd/mpg-C_3N_4) under simulated solar light irradiation [J]. Applied Catalysis B: Environmental, 2013, 142/143: 553-560.

[94] Bi L, Xu D, Zhang L, el al. Metal Ni-loaded g-C_3N_4 for enhanced photocatalytic H_2 evolution activity the change of surface bandbending [J]. Physical Chemistry Chemical Physics, 2015, 17 (44): 29899-29905.

[95] Lu Y, Chu D, Zhu M, et al. Exfoliated carbon nitride nanosheets decorated with NiS as an efficient noble-metal-free visible-light-driven photocatalyst for hydrogen evolution [J]. Physical Chemistry Chemical Physics, 2015, 17 (26): 17355-17361.

[96] xu Y, Xu H, Wang L, et al. The CNT modified white C_3N_4 composite photocatalyst with enhanced visible-light response photoactivity [J]. Dalton Transactions, 2013, 42 (21): 7604.

[97] Zhao G X, Huang X B, Federica F, et al. Facile structure design based on C_3N_4 for mediator-free Z-scheme watersplitting under visible light [J]. Catalysis Science & Technology, 2015, 5 (6): 3412-3422.

[98] Chen S, Hu Y, Meng S, et al. Study on the separation mechanisms of photogenerated electrons and holes for composite photocatalystsg-C_3N_4-WO_3 [J]. Applied Catalysis B: Environmental, 2014, 150-151: 564-573.

[99] Li H, Yu H, Quan X, et al. Uncovering the key role of Fermi level of electron mediator in Z-scheme photocatalyst by detecting chargetransfer process of wo_3-metal-g-C_3N_4 (metal = Cu, Ag, Au) [J]. ACS Applied Materials & Interfaces, 2016, 8 (3): 2111-2119.

[100] Qiao B, Wang A, Yang X, et al. Single-atom catalysis of CO oxidation using Pt_1/FeO_x [J]. Nature Chemistry [J]. Angewandte Chemie International Edition, 2015, 54 (38): 11265-11269.

[101] Vile G, Albani D, Nachtegaal M, et al. A stable single-site palladium catalyst for hydrogenations [J]. Angewandte Chemie International Edition, 2015, 54 (38): 11265-11269.

[102] Li X, Bi W, Zhang L, et al. Single-atom Pt as co-catalyst for enhanced photocatalytic H_2 evolution [J]. Advanced Materials, 2016, 28 (12): 2427-2431.

[103] Gao G, Jiao Y, Waclawik E R, et al. Single atom (Pd/Pt) supported on graphitic carbon nitride as an efficient photocatalyst for visible-light reduction of carbon dioxide [J]. Journal of the American Chemical Society, 2016, 138 (19): 6292-6297.

[104] Cao S W, Li H, Tong T, et al. Single-Atom engineering of directional charge trans-

[105] Wang Y, Yao J, Li H, et al. Highly selective hydrogenation of phenol and derivatives over a Pd@carbon nitride catalyst in aqueous media [J]. Journal of the American Chemical Society, 2011, 133 (8): 2362-2365.

[106] Liu Q, Zhang J. Graphene supported Co-g-C_3N_4 as a novel metal-macrocyclic electrocatalyst for the oxygen reduction reaction in fuel cells [J]. Langmuir, 2013, 29 (11): 3821-3828.

[107] Ma T Y, Dai S, Jaroniec M, et al. Graphitic carbon nitride nanosheet-carbon nanotube three-dimensional porous composites as high-performance oxygen evolution electrocatalysts [J]. Angewandte Chemie International Edition, 2014, 53 (28): 7281-7285.

[108] Ma T Y, Cao J L, Jaroniec M, et al. Interacting carbon nitride and titanium carbide nanosheets for high-performance oxygen evolution [J]. Angewandte Chemie International Edition, 2016, 55 (3): 1138-1142.

[109] Wu H, Li H, Zhao X, et al. Highly doped and exposed Cu (I) -N active sites within graphene towards efficient oxygen reduction for zinc-air batteries [J]. Energy & Environmental Science, 2016, 9 (12): 3736-3745.

[110] Yu H, Shang L, Bian T, et al. Nitrogen-doped porous carbon nanosheets templated from g-C_3N_4 as metal-free electrocatalysts for efficient oxygen reduction reaction [J]. Advanced Materials, 2016, 28 (25): 5080-5086.

[111] Wang X, Maeda K, Thomas A, et al. A metal-free poymeric photocatalyst for hydrogen production from water under visible light [J]. Nat Mater, 2008, 8: 76.

[112] Liu J, Liu Y, Liu N, et al. Metal-free efficient photocatalyst for stable visible water splitting via a two-electron pathway [J]. Science, 2015, 347 (6225): 970-974.

[113] Wang W H, Himeda Y, Muckerman J T, et al. CO hydrogenation to formate and methanol as an alternative to photo-and electrochemical CO_2 reduction [J]. Chem Rev, 2015, 115 (23): 12936-12973.

[114] Chang X, Wang T, Gong J. CO_2 photo-reduction: insights into CO_2 activationand reaction on surfaces of photocatalysts [J]. Energy Environ Sci, 2016, 9 (7): 2177-2196.

[115] Wang K, Li Q, Liu B, et al. Sulfur-doped g-C_3N_4 with enhanced photocatalytic CO_2-reduction performance [J]. Appl catal B: Environ, 2015, 176-177: 44-52.

[116] He Y, Wang Y, Zhang L, et al. High-Efficiency Conversion of CO_2 to Fuel over ZnO/g-CN_4 Photocatalyst [J]. Appl Catal B: Environ, 2015, 168-169: 1-8.

[117] Li K, Peng B, Peng T. Recent advances in heterogeneous photocatalytic CO_2 Conversion to solar fuels [J]. ACS Catal., 2016, 6 (11): 7485-7527.

[118] Dong G, Zhang L. Porous structure dependent photoreactivity of graphitic carbon nitride under visible light [J]. J Mater Chem, 2012, 22 (3): 1160-1166.

[119] Niu P, Yang Y, Yu J C, et al. Switching the selectivity of the photoreduction reaction of carbon dioxide by controling the band structure of a g-C_3N_4 Photocatalyst [J]. Chem Commun, 2014, 50 (74): 10837-10840.

[120] Qin J, Wang S, Ren H, et al. Photocatalytic reduction of CO_2 by graphitic carbon nitride polymers derived from urea and barbituric acid [J]. Appl Catal B: Environ, 2015, 179: 1-8.

[121] Su C, Ran X, Hu J, et al. Photocatalytic process of simultaneous desulfurization and denitrification of flue gas by TiO_2-polyacrylonitrile nanofibers [J]. Environ Sci Technol, 2013, 47 (20): 11562-11568.

[122] Humayun M, Qu Y, Raziq F, et al. Exceptional visible-light activities of TiO_2-coupled N-doped porous perovskite $LaFeO_3$ for 2,4-dichlorophenol decompositionand CO_2 conversion [J]. Environ Sci Technol, 2016, 50 (24): 13600-13610.

[123] Zheng Q, Durkin D P, Elenewski J E, et al. Visible-light-responsive graphitic carbon nitride: rational design and photocatalytic applications for water treatment [J]. Environ Sci Technol, 2016, 50 (23): 12938-12948.

[124] Wang D, Saleh N B, Sun W, et al. Next-generation multifunctional carbon-metal nanohybrids for energy and environmental applications [J]. Environ Sci Technol, 2019, 53 (13): 7265-7287.

[125] Ong W J, Yeong J J, Tan L L, et al. Synergistic effect of graphene as a Co-catalyst for enhanced daylight-induced photocatalytic activity of $Zn_{0.5}Cd_{0.5}S$ Synthesized via an improved one-pot Co-precipitation-hydrothermal strategy [J]. RSC Ad, 2014, 4 (103): 59676-59685.

[126] Novoselov K, Geim A K, Morozov S. Two-dimensional gas of massless dirac fermions in graphene [J]. Nature, 2005, 438 (7065): 197-200.

[127] Zhu Y, Murali S, Cai W, et al. Graphene and graphene oxide: synthesis, properties and applications [J]. Advanced Materials, 2010, 22 (35): 3906-3924.

[128] Li X H, Kurasch S, Kaiser U, et al. Synthesis of monolayer-patched graphene from glucose [J]. Angewandte Chemie International Edition, 2012, 51 (38): 9689-9692.

[129] Li X H, Antonietti M. Polycondensation of boron-and nitrogen-codoped holey graphene monoliths from molecules: carbocatalysts for selective oxidation [J]. Angewandte Chemie International Edition, 2013, 52 (17): 4572-4576.

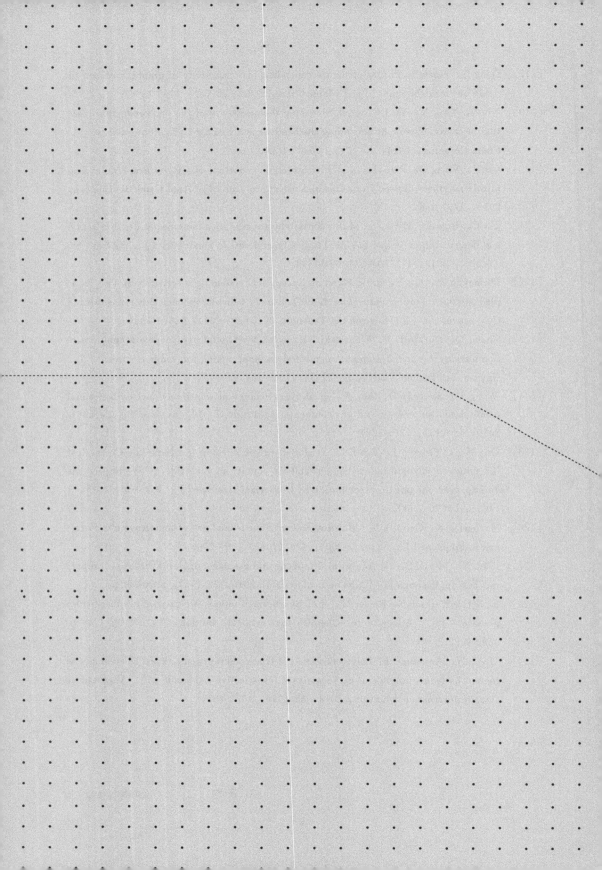

第3章 形貌调控氮化碳

3.1　剥离型多孔氮化碳的合成及性能
3.2　无模板法合成多孔氮化碳

石墨相氮化碳（g-C$_3$N$_4$）因带隙窄、电子结构独特、稳定性高、廉价易得等优点迅速成为光催化领域的研究热点。然而，原始氮化碳往往存在比表面积小、光响应范围窄、电子-空穴易复合等缺点。特殊结构 g-C$_3$N$_4$ 具有多级结构、可调节的载流子迁移路径，是显著提高 g-C$_3$N$_4$ 比表面积、改善其电子结构、促进电荷分离的有效手段。本章主要研究了相同剥离气氛下，不同前驱体及热剥离温度对氮化碳结构和光催化性能的影响以及无模板法制备的多孔氮化碳的光催化性能。

3.1 剥离型多孔氮化碳的合成及性能

光催化降解环境中的有机污染物是近年来出现的一种新型的有机污染物处理方法，研发高性能的光催化剂是光催化技术的核心内容之一。在众多光催化剂中，石墨相氮化碳（g-C$_3$N$_4$）作为一种新型的非金属可见光响应催化剂，因其制备成本低、易于合成、物理化学性质稳定、具有独特的类石墨相层状结构及可调节的电子能带结构等优点而备受关注[1-4]。目前，g-C$_3$N$_4$ 被普遍用于光催化处理水体污染、光解水产氢、光催化二氧化碳还原、光催化固氮、传感器及电池等科学研究中[5,6]。

热聚合法原料来源丰富，反应过程易控，实验设备要求低，是目前制备氮化碳最常用的方法[1,2,7,8]。热聚合法合成 g-C$_3$N$_4$ 的前驱体主要包括硫脲、尿素、双氰胺和三聚氰胺等[2,9]。然而，不同前驱体制备得到的氮化碳，其产率、结构和性能不尽相同。同时，由热聚合法得到的氮化碳多呈块状，存在比表面积小、可见光吸收能力弱、量子效率低等缺陷。幸运的是，g-C$_3$N$_4$ 类石墨相片层之间弱的范德华力使其易剥离成 2D 单层纳米片结构，从而使其比表面积得到大幅提高。g-C$_3$N$_4$ 的剥离方法有液相超声法、机械法、化学法及热剥离法等[10]。其中，热剥离法因操作简便、制备时间短且易于规模化的特点而被认为是制备高质量 g-C$_3$N$_4$ 薄层的最有效、最快速的方法。董永浩等[11]以三聚氰胺为前驱体，研究不同剥离温度对 g-C$_3$N$_4$ 形貌、结构及光催化性能的影响，发现当剥离温度为 550℃时，形成的 g-C$_3$N$_4$ 纳米片光催化性能最佳，与未经热剥离氮化碳相比，降解速率和降解效率均有明显提高。Niu 等[12] 采用热剥离法在 500℃空气气氛中热氧化腐蚀体相 g-C$_3$N$_4$，得到的 g-C$_3$N$_4$ 纳米片作为电极表现出较高的产氢速率。Dong 等[13] 在不同温度的氮气中处理硫脲衍生 g-C$_3$N$_4$，讨论了热剥落温度对织构、表面状态等的影响。F. F. Nuno

等[14]将二氰胺衍生氮化碳经热剥离制得的石墨碳氮化物用作光催化剂,在可见光下处理污水厂流出液中的有机微污染物,效果良好。虽然已有部分关于热剥离氮化碳方面的研究,但仍存在热剥离气氛不同、研究体系不全面等缺陷。因此系统考察相同剥离气氛下,剥离条件对不同前驱体所得氮化碳结构和光催化性能的影响对制备高效稳定的氮化碳催化剂至关重要。

本研究分别以尿素、双氰胺和三聚氰胺为前驱体,系统考察了相同剥离气氛下,不同前驱体及热剥离温度对氮化碳结构和光催化性能的影响。通过各种表征手段研究了前驱体、热剥离温度对其表面形态、晶体结构、比表面积和光催化性能的影响。系统考察了不同前驱体及热剥离温度对氮化碳结构和光催化性能的影响。

3.1.1 材料与方法

3.1.1.1 试剂与仪器

尿素、双氰胺、亚甲基蓝(粉末)、三聚氰胺、去离子水、无水乙醇均为分析纯。

3.1.1.2 样品制备

分别以尿素、双氰胺和三聚氰胺为前驱体,采用连续热剥离法合成g-C_3N_4 2D纳米薄片。步骤如下:将装有100g尿素的石英舟置于管式炉中部,在N_2气氛中于500℃恒温煅烧4h,升温速率为10℃/min。反应结束后,样品自然冷却至室温,充分研磨后得到淡黄色块状g-C_3N_4,记作UCN。分别以双氰胺和三聚氰胺为前驱体,按上述工艺制备得到的g-C_3N_4分别记作DCN和MCN。

将DCN和MCN在N_2气氛中分别再于500℃、550℃和580℃下恒温煅烧4h,升温速率为5℃/min,得到不同热剥离温度下双氰胺和三聚氰胺衍生g-C_3N_4 2D纳米薄片,分别标记为DCN-500、DCN-550、DCN-580和MCN-500、MCN-550、MCN-580。

3.1.1.3 表征

采用X射线衍射仪(APEXII,Bruker,日本)、场发射扫描电子显微镜(SU-70,Hitachi,日本)、透射电子显微镜(Tecnai G2 TF-30,Hitachi,日

本)、BET比表面积分析测试仪(ASAP-2020,Quantachrome Ins,美国)、X射线光电子能谱仪(K-Alpha$^+$,TMO,美国)、紫外-可见漫反射光谱仪(UV-4100,K-Alpha$^+$,TMO,美国)、光致发光测试光谱仪(Fluorolog 3-21,Hitachi,日本)对样品的物相、形貌、表面组成、结构及光学性质进行分析表征。

3.1.1.4 光催化性能评价

采用350W氙灯作为辐照光源,通过样品对MB溶液的光催化降解率来评价样品的光催化性能。将0.1g光催化剂超声分散在100mL浓度为10mg/L的MB溶液中,在黑暗条件下剧烈搅拌0.5h,达到吸附解吸平衡后打开氙灯进行光催化反应。每隔一定时间,抽取3mL上清液,以10000r/min的速度离心10min,得待测液,测定其吸光度。

3.1.2 结构与表征

3.1.2.1 晶体结构和形貌分析

不同样品的XRD图谱如图3.1所示。从图中可以看出,所有样品的XRD图谱相似,均在13.1°和27.4°附近出现特征峰[15-18],分别对应于g-C_3N_4的(100)和(002)晶面(标准卡JCPDS87-1526)。这说明,不同前驱体制得的样品均具有相似的晶体结构。同时表明,热剥离处理不会破坏

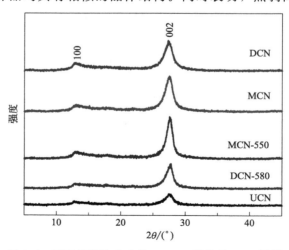

图3.1 不同前驱体合成的g-C_3N_4样品的XRD图谱

氮化碳的晶体结构。与其他样品相比，UCN（002）晶面的峰强度更弱，宽度更宽，说明尿素作为前驱体对 g-C$_3$N$_4$ 晶体生长有一定的抑制作用，UCN 样品的层间堆积结构的有序度较低，层间结构更松散。因此也具有较大的比表面积。该结果与 BET 的结果一致。位于 13.1°附近的峰是氮化碳层内 s-三嗪结构周期性排列形成的（100）晶面的特征峰。由图 3.1 可知，UCN 在 13.1°的峰最弱，说明 UCN 的片层尺寸较小，共轭体的长度较短。经过连续热剥离的 DCN-580 和 MCN-550 样品，（002）晶面的衍射峰从 27.42°偏移至 27.74°，且强度变弱。说明在热剥离过程中氮化碳的层间范德华力被削弱，氢键被破坏，氮化碳层间堆积结构被破坏，层数增多，层间距减小，片层变薄[19]。

g-C$_3$N$_4$ 样品的 TEM 和 HRTEM 图像如图 3.2 所示。经过热聚合的 UCN 由一些比较松散的弯曲 2D 纳米薄片构成［图 3.2(a)］，而 MCN 和 DCN 呈致密的块状堆积结构［图 3.2(b) 和 (c)］。这说明以尿素为前驱体形成的 g-C$_3$N$_4$ 结构更为松散，可以直接形成 2D 纳米薄片。但其产率极低，仅为 3%。由图 3.2(d) 和 (e) 可以看出，经过连续热剥离的 MCN-550 出现了疏松的 2D 纳米薄层结构，DCN580 形成了由部分重叠和相互连接的弯曲薄片构成的 2D 纳米薄片层。这是因为热剥离过程中，g-C$_3$N$_4$ 的含氧官能团分解并产生大量气体，产生足够的压力以克服石墨相片层之间的范德华力和氢键，使堆积的片层结构得以剥离，片层变薄，表现出典型的 2D 纳米片状构型[19]。很显然，热剥离可有效提高 g-C$_3$N$_4$ 的比表面积，增大表面反应活性位点。图 3.2(f) 显示了 DCN-580 在 HRTEM 下的晶格条纹，可以看出，DCN-580 的晶格条纹对应共轭芳香层堆积相的 g-C$_3$N$_4$（002）晶面，晶格间距为 0.332nm，样品结晶良好。经计算得出，连续热剥离得到的 DCN-580 和 MCN-550 产率分别为 32.5% 和 36.8%。

3.1.2.2　BET 比表面积分析

样品的 N$_2$ 吸附-脱附等温线如图 3.3(a) 所示。所有样品均为Ⅲ型等温线和 H3 型滞后环[18]。吸附曲线在低压端（$P/P_0=0.0\sim0.1$）靠近 X 轴，说明材料与 N$_2$ 之间的吸附作用力较弱。在高压端（$P/P_0=0.9\sim1.0$），相对压力越高，吸附能力均越好。其中，体积吸附量提升最为明显的是 UCN，曲线接近线性变化，表明其存在丰富的介孔结构。在图 3.3(a) 中，所有样品均呈现出明显而细长的 H3 型滞后环，说明样品中的孔类型为片状结构堆积而成的

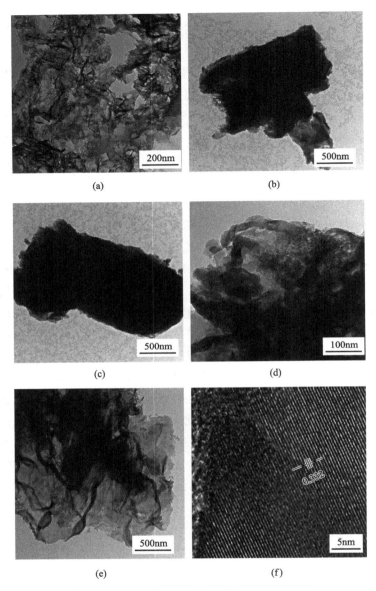

图 3.2 g-C_3N_4 样品的 TEM 和 HRTEM 图像

狭缝孔，这与氮化碳具有的片层结构的事实一致。对比热剥离前后样品的滞后环不难发现，热剥离样品 DCN-580 和 MCN-550 的滞后环更为陡峭，说明 DCN-580 和 MCN-550 具有更为丰富的孔结构和孔隙率。

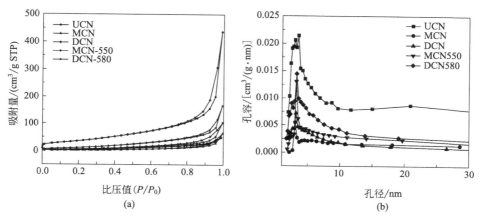

图 3.3 煅烧样品的 N_2 吸附等温线曲线（a）和孔径分布曲线（b）

表 3.1 样品的比表面积和孔结构

样品名称	比表面积 /(m²/g)	孔容 /[cm³/(g·nm)]	平均孔径 /nm
UCN	133.6	0.68	15.5
DCN	19.1	0.08	9.5
MCN	9.72	0.07	12.3
MCN-500	24.4	0.13	11.5
MCN-550	26.1	0.16	13.2
MCN-580	32.1	0.17	14.1
DCN-500	32.4	0.18	14.3
DCN-550	31.6	0.17	14.4
DCN-580	48.8	0.26	16.6

样品的孔径分布曲线如图 3.3（b）所示，所有样品的孔径集中分布在 2.5~6.5nm。样品的孔隙大小、孔隙体积、比表面积如表 3.1 所示。显然，经过热剥离后，样品的比表面积均增大，且热剥离温度越高，样品比表面积、平均孔径和孔隙体积越大。这是由于在热剥离过程中，含氧官能团分解产生的大量气体一方面使 g-C_3N_4 被侵蚀，纳米片表面产生大量的孔洞，另一方面大量气体产生压力使堆积的片层结构得以剥离。纳米片上的孔洞和较高的比表面积使氮化碳的活性位点数量显著增加，有利于提升其光催化性能。

3.1.2.3 XPS分析

对不同前驱体和不同热剥离温度下合成的 g-C_3N_4 样品（如 UCN、MCN、DCN、MCN-550 和 DCN-580）的光催化性能进行评价，样品的 XPS 如图3.4所示。所有样品的 C 1s 图谱均有两个特征峰 [图3.4(a_1)~(e_1)]，分别位于 284.6eV 和 288.0eV 附近[20]，对应杂质碳峰和 g-C_3N_4 中三嗪环 sp^2 杂化碳峰（N—C≡N）。由图3.4(a_2)~(e_2)可以看出，在样品的 N1s XPS 图谱中，一个主峰均可分为 4 个特征峰，分别位于 398.5eV、399.9eV、400.9eV 和 404.1eV 附近，分别对应芳香三均三嗪环的 sp^2 杂化氮（C—N≡C）、叔氮 [N—$(C)_3$]、游离氨基官能团（NH 或 NH_2）及杂环化合物中的电荷效应或正电荷定位[20]。与 MCN 和 DCN 相比，MCN-550 和 DCN-580 的 sp^2 杂化碳峰和 N—$(C)_3$ 对应的氮峰均向低能量方向发生轻微偏移，说明 C—N≡C 中的 C 原子和 N—$(C)_3$ 官能团中 N 原子的化学环境均发生了变

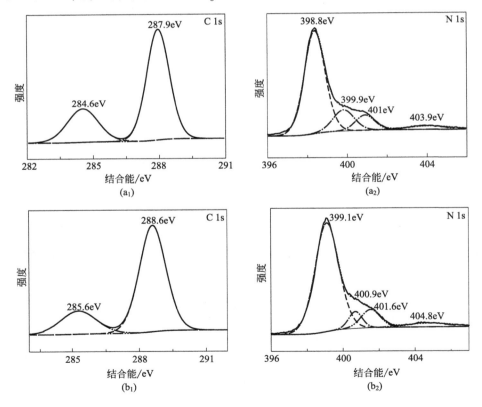

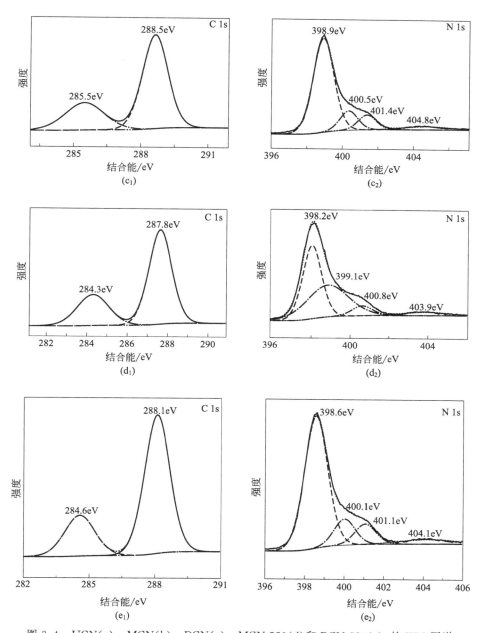

图 3.4 UCN(a)、MCN(b)、DCN(c)、MCN-550(d)和 DCN-580(e) 的 XPS 图谱

化。这是因为,在连续热剥离过程中,N—(C)$_3$ 官能团中的部分 C 损失,碳上的电子脱离碳键发生电子重排,分布在附近的 C 原子(C—N=C)和 N

原子[N—(C)$_3$]上,导致 N 原子和 C 原子周围的电子云密度增加,结合能降低。

3.1.3 光催化性能

3.1.3.1 不同前驱体和热剥离温度对催化性能的影响

对不同前驱体和不同热剥离温度下合成的 g-C$_3$N$_4$ 样品的光催化性能进行评价(如图 3.5)。在 100mL 浓度为 10mg/L 的 MB 溶液中加入 0.1g g-C$_3$N$_4$,使用 350W 氙灯和 420nm 滤光片作为辐照光源。悬浮液在黑暗中剧烈搅拌 0.5h,达到吸附-解吸平衡后打开氙灯进行光催化反应。定期收集 3mL 悬浮液,以 10000r/min 离心 10min,取待测液测量其吸光度值,得出 MB 降解率。

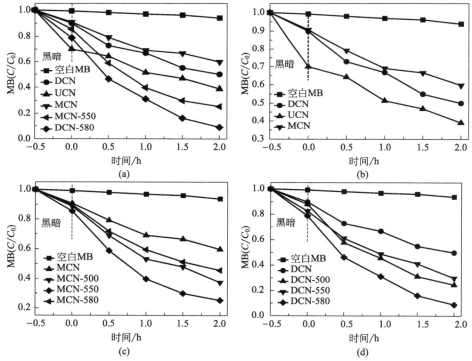

图 3.5 热聚合和连续热剥离样品的光降解对比曲线(a)、不同前驱体热聚合 g-C$_3$N$_4$ 的光降解曲线(b)及三聚氰胺前驱体和双氰胺前驱体 g-C$_3$N$_4$ 在不同热剥离温度下的光降解曲线(c)和(d)

由图 3.5 可知，与 DCN 和 MCN 相比，所有剥离型 g-C_3N_4 都表现出了较好的光催化活性（其 MB 降解率如表 3.2 所示）。这说明连续热剥离形成的比表面积较大 2D 纳米薄片结构使得光激子很容易迁移到光催化剂表面，提高了光生 e^-/h^+ 的分离效率。较大的比表面积意味着表面活性位点越多，进而有利于提高光催化效率。此外，连续热剥离拓展了材料对可见光吸收范围，使其捕获更多的光激子，提高了光利用率。如图 3.5（b）所示，三种前驱体合成的 g-C_3N_4 中，UCN 光催化活性较好，这是因为 UCN 片层较小，具有最大的比表面积［图 3.5(a) 中表现出较好的吸附性能］，能提供更多的表面反应活性位点和更大的光收集面积。在所有样品中，DCN-580 表现出最高的光催化活性，这是因为 DCN-580 的带隙最小，比表面积较大，光生 e^-/h^+ 分离效率最高。虽然 UCN 比表面积最大，但 PL 光谱证明了其光生 e^-/h^+ 复合率最高，所以光催化效率不如 MCN-550 和 DCN-580。

3.1.3.2 循环光催化性能

为了考察 DCN-580 的稳定性，研究者选用 DCN-580 对 MB 溶液进行了多次光降解实验，如图 3.6 所示。每次测试后，对 DCN-580 进行离心和干燥，进行再次使用。结果表明，DCN-580 样品经过 4 次循环后，其光催化降解率仍可保持在 90%，表现出了良好的稳定性和重复使用性。

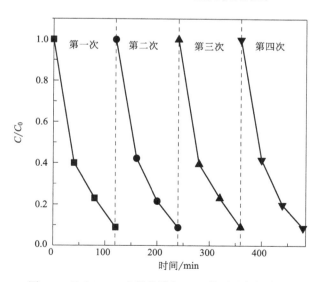

图 3.6 DCN-580 光催化降解 MB 的可重复性实验

3.1.4 光催化机理

3.1.4.1 UV-vis 光谱

图 3.7 显示了样品的 UV-vis 光谱和 $(ah\nu)^{1/2}$ 与光子能量 ($h\nu$) 图。从图 3.7 可以看出,所有样品在可见光区都具有明显的吸收。与 UCN 样品相比,所有样品的吸收边缘都发生了明显的红移。此外,与 DCN 和 MCN 相比,经过连续热剥离的 DCN-580 和 MCN-550 的吸收边均有所红移。这说明连续热剥离形成的 2D 纳米薄片结构可以拓展 g-C_3N_4 的可见光吸收范围,进而提高可见光的利用率[21]。由图 3.7 还可以看出,在所有样品中,DCN-580 的红移现象最为显著。这与 DCN-580 表现出最优异光催化性能的结果一致。

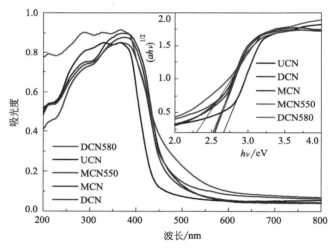

图 3.7 样品的紫外-可见吸收光谱

半导体的直接带隙可以用以下公式计算:

$$(ah\nu)^{1/2} = A(h\nu - E_g) \tag{3.1}$$

式中,$h\nu$ 表示光子能量;h 是普朗克常数;ν 表示光子频率;a 是吸收系数;E_g 是直接带隙;A 是能量无关常数。g-C_3N_4 光催化剂的带隙值如表 3.2 所示,直接带隙大小顺序为:DCN-580＜MCN-550＜MCN＜DCN＜UCN。即 DCN-580 的带隙值最小,对可见光的利用率最高。

表 3.2　不同样品的带隙值和 MB 去除率

样品	UCN	DCN	MCN	MCN-550	DCN-580
带隙值/eV	2.67	2.56	2.54	2.51	2.33
降解率/%	61.1	50.1	40.3	74.7	91.1

3.1.4.2　PL 光谱

图 3.8 为室温下合成样品的 PL 光谱，激发波长为 370nm。PL 光谱可以用于测定半导体光催化剂中光生电子和光生空穴的复合程度[22]。由图可知，PL 光谱强度大小顺序是：DCN-580＜MCN-550＜MCN＜DCN＜UCN。PL 强度与光生 e^-/h^+ 复合率成正比。换言之，PL 强度越高，光生 e^-/h^+ 复合率越高，光催化性能越差。显然，热剥离后的 $g\text{-}C_3N_4$ 的 PL 峰强下降，其中 DCN-580 衰减程度最大；此外，与 MCN、DCN 相比，MCN-550 和 DCN-580 的 PL 峰均发生红移，其中 DCN-580 表现最为明显。其 PL 峰的位置由 460nm 红移至 480nm 处，意味着电子迁移可以发生在更长波长范围内，这是因为连续热剥离形成的 2D 纳米薄层显著缩短了光生载流子传播的距离，促使更多的光致电子迁移到 $g\text{-}C_3N_4$ 表面，有效提高了达到纳米片表面的光生 e^-/h^+ 分离的数量。

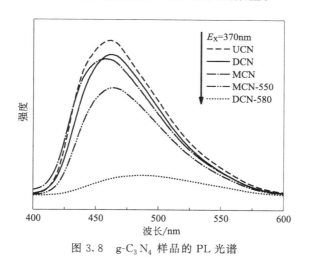

图 3.8　$g\text{-}C_3N_4$ 样品的 PL 光谱

3.1.4.3　光催化机理

基于上述分析，图 3.9 描述了二氰胺在不同反应温度和时间下的织构演变。氧气在热氧化过程中起着至关重要的作用，它是一把"剪刀手"，负责在高温下将大块的纳米薄片裁剪成超薄的薄片，并将其剥落。首先在500℃下对二氰胺进行充气，然后进行逐层氧化，并在580℃下获得一层片状多孔结构的g-C_3N_4，这可能是层的外围氨基，使层间的弱范德华力不够稳定，无法抵抗高温下空气中的氧化。随着反应时间的继续延长，热剥落发生得更彻底，使层的厚度和尺寸进一步减小。需要注意的是，在纳米片中产生了大量的平面内纳米孔，这些孔主要归因于三叠氮基序，纳米片中的三叠氮基序逐渐受到氧的攻击，并显示出中等的碳空位。

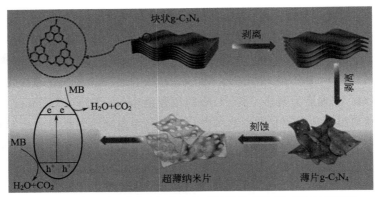

图3.9 二氰胺在不同反应温度和时间下的织构演变及降解机理

各种热剥离g-C_3N_4吸收光子能量，使价带中的电子获得足够的能量转移到导带中，而空穴留在价带中。一些被分离的电子和空穴会重新结合，其他的会参与光催化反应。导带上的电子将O_2还原为·O_2^-，·O_2^-再将有机染料分解为H_2O和CO_2等。价带上的h^+也具有光催化作用，可直接氧化有机物。光催化降解MB反应的过程描述如下：

$$\text{DCN-580} \xrightarrow{h\nu} \text{DCN-580}(e^- + h^+) \tag{3.2}$$

$$\text{DCN-580}(e_{cb}^-) + O_2 \longrightarrow \text{GFNT} + \cdot O_2^- \tag{3.3}$$

$$\cdot O_2^- + \text{MB} \longrightarrow CO_2 + H_2O \tag{3.4}$$

$$h^+ + \text{MB} \longrightarrow CO_2 + H_2O \tag{3.5}$$

3.2 无模板法合成多孔氮化碳

近年来，化石资源的日益短缺以及工业快速发展带来的环境污染问题已经成为世界各国普遍面临并亟待解决的重大问题[23-25]。半导体光催化技术因其能耗低、易操作、环境友好等优点，在处理难降解有机污染物和净水深度处理方面发挥着越来越重要的作用[24]。其中，类石墨相氮化碳（g-C_3N_4）作为一种新型的可见光催化剂，因其独特的电子结构、优异的热稳定性和化学稳定性、廉价易得等优点而备受关注[26-28]。

热聚合法由于简单易行而成为近年来制备 g-C_3N_4 的主要方法[29]。然而，热聚合法制备的 g-C_3N_4 多为密实的块状结构，层状结构团聚严重，导致比表面积较低、光生载流子分离能力和光电催化活性大大减弱[30-32]。因此，需要进行改性处理[33]。针对 g-C_3N_4 的改性和优化方法主要就是通过非金属、金属掺杂和共掺杂改性[34]，设计不同形貌的 g-C_3N_4[35]，对其进行分子结构优化[36] 等。在众多方法中，设计制备多孔 g-C_3N_4 有利于增强可见光吸收能力，扩大光响应波长，提高比表面积，促进光生载流子的有效分离[37,38]。目前，模板法仍是制备多孔 g-C_3N_4 的主要方法。但是，模板法或后期需用强酸或强碱溶液移除模板或是需加入各种表面活性剂，均不利于环保。因此，探索无模板法制备多孔 g-C_3N_4 具有重要的意义。

本研究以硫脲为碳源制备了块状 g-C_3N_4，采用 NaOH 溶液对其进行了常压处理。利用强碱的作用来消减 g-C_3N_4 的层间氢键作用力，进而破坏热聚合 g-C_3N_4 的块状结构，从而获得了大比表面积的 g-C_3N_4。经过不同浓度的碱溶液处理后的 g-C_3N_4 光降解亚甲基蓝的效率较块状 g-C_3N_4 有显著提高。

3.2.1 材料与方法

3.2.1.1 样品制备

称取 10g 硫脲放入石英舟中，然后置于管式炉中部，在空气中以 550℃ 加热 4h，升温速率为 10℃/min。反应结束后样品自然冷却至室温后研磨，获得块状氮化碳，记作 SCN。取 1g SCN 分别置于 30mL 浓度分别为 0.1mol/L、0.2mol/L、0.3mol/L、0.4mol/L 的 NaOH 溶液中，在 95℃ 下搅拌 9h，反应结束后，将样品过滤、烘干，研磨成粉。所得样品分别标记为 SCN0.1、SCN0.2、SCN0.3 和 SCN0.4。选用双氰胺作为前驱体，采用相同的程序制备得到不同氢氧化钠处理的样品，分别标记为 DCN0.1、DCN0.2、DCN0.3 和 DCN0.4，研磨成粉末以便于进行下一步操作。

3.2.1.2 表征

采用 Nova450 场发射扫描电镜对样品进行形貌分析。样品晶型采用透射电子显微镜（Tccnai G2 TF-30，Hitachi，日本）测定，加速电压 160kV。样品的 BET 比表面积、孔径分布和孔容采用气体吸附仪（ASAP-2020，Quantachrome Ins，美国）测定。测试条件：N_2 作为吸附质，测试温度 77K。样品的光吸收性能采用紫外-可见吸收光谱（UV-4100，K-Alpha$^+$，TMO，美国）进行测定。样品光生载流子分离效率采用光致发光光谱（Fluorolog3-21，Hitachi，日本）在室温下测定，氙灯为激发光源（$\lambda=325nm$）。

3.2.1.3 光催化测试

以带有 $\lambda>400nm$ 滤光片的 350W Xe 灯光源为光源，通过光降解亚甲基蓝溶液的效率来表征样品的光催化性能。将 0.1g 氮化碳样品分散于 100mL 浓度为 10mg/L 的亚甲基蓝（MB）溶液中，无光照条件下磁力搅拌器搅拌 30min 以达到吸附脱附平衡，然后打开氙灯开始光催化降解反应。每隔 10min 取 3mL 悬浮液离心分离，然后取上层清液测定其吸光度，进而计算样品对 MB 的降解率。

3.2.2 结构与表征

3.2.2.1 XRD 分析

图 3.10 为 SCN、SCN0.1、SCN0.2、SCN0.3 的 XRD 图谱。从图 3.10 可以看出，所有样品均在 13.9°和 27.5°出现了衍射峰。这说明，碱处理并没有改变氮化碳原有的晶型结构。其中，27.5°的衍射峰强度最高，为共轭芳香物层间堆积特征峰，对应氮化碳的（002）晶面。13.9°的衍射峰归属于类石墨相的层内三嗪环的周期性排列，对应氮化碳的（100）面。但是，通过对比不难发现，经过 NaOH 溶液处理过后，随着碱浓度的增加，样品在 $2\theta=27.5°$ 的衍射峰逐渐向高角度方向偏移。这是因为，NaOH 溶液破坏了 SCN 的层间结构和分子间的氢键，进而导致氮化碳的层间距增大。碱处理后氮化碳在 $2\theta=13.9°$ 处的峰强也有所降低，说明 NaOH 不仅破坏了层间作用力，也在一定程度上破坏了氮化碳的层内网络状结构[38]。

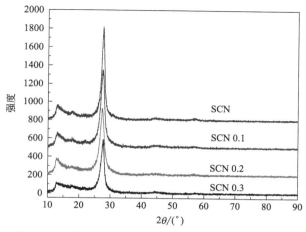

图 3.10　不同浓度 NaOH 溶液处理氮化碳的 XRD 图

3.2.2.2　SEM 和 TEM 分析

图 3.11(a) 和 (b) 为 SCN 的 SEM 和 TEM 图。从 SCN 的 SEM 图中可以看出，SCN 是一个整体，体积较大，有明显的层状结构，表面光滑，但片层之间呈聚集状；图 3.11 (c) 和 (d) 为 SCN0.3 的 SEM 图和 TEM 图。从 SEM 图中可以看出，SCN0.3 的体积更加分散，拥有多孔结构且孔数很多。这是因为，NaOH 使氮化碳分子层间的氢键被破坏，样品被氢氧化钠溶液解离产生更加多孔的结构[39]。实验中发现，随着碱浓度的增加，所得样品的蓬松程度逐渐提升。这是因为，分子层间的氢键被破坏，氢键的破坏使样品更加疏松，疏松的体积和多孔的结构更有利于目标物的附着，提升 SCN 的光催化效率。对比 SCN 和 SCN0.3 的 TEM 照片可以看出，SCN 的结构呈现大片层结构，且片层完整。而在 SCN0.3 的片层结构中可以观察到大量的孔洞结构，且结构较为松散。说明，经 NaOH 溶液处理后的样品为多孔结构。

3.2.2.3　BET 分析

图 3.12 为 SCN、SCN0.3 的 N_2 吸附脱附等温线。其中，SCN 的吸附脱附曲线为Ⅲ曲线，表现为 H3 型滞后环。氮化碳在高压端的 N_2 吸附量明显增大，这是因为由氮化碳的片层结构发生堆积形成了狭缝孔。在高压端时，大量的 N_2 进入了狭缝孔，故表现出 N_2 高吸附量。SCN0.3 的吸附脱附曲线表现

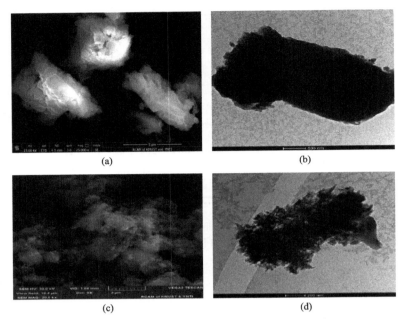

图 3.11　SCN 和 SCN0.3 的 SEM 和 TEM 照片

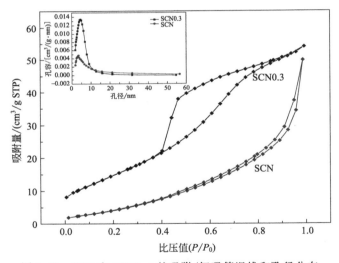

图 3.12　SCN 和 SCN0.3 的吸附/解吸等温线和孔径分布

为Ⅳ型曲线，表现为 H2 型滞后环。H2 型滞后环一般认为由多孔吸附质的吸附引起[40]。由表 3.3 可以看出，SCN 具有较大的孔径和较小的孔容，其特征符合狭缝孔的特点。对比而言，SCN0.3 较 SCN 展示出了较小的孔径、较大的孔容和更高的比表面积。其比表面积为 SCN 的 3 倍。SCN0.3 的 BET 特征也进一步说明了经 NaOH 溶液处理后的氮化碳具有多孔结构。

表 3.3 SCN 和 SCN0.3 的比表面积和孔结构

样品名称	比表面积/(m²/g)	孔径/nm	孔容/[cm³/(g·nm)]
SCN	19.01	9.45	0.077
SCN0.3	57.14	3.96	0.086

3.2.3 光催化性能

3.2.3.1 碳源对氮化碳光催化性能的影响

硫脲分子结构要比双氰胺的分子结构更小且含有两个氨基,加热聚合后由硫脲得到的类石墨相氮化碳（g-C_3N_4）应比由双氰胺得到的类石墨相氮化碳（g-C_3N_4）更加疏松。可以从图 3.13 中看出,以硫脲为原料合成的氮化碳的光催化降解效率略高于以二氰胺为原料合成的氮化碳。

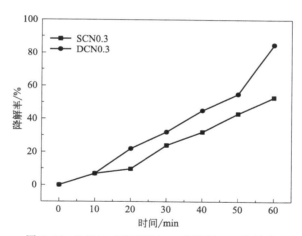

图 3.13 DCN0.3 和 SCN0.3 光降解 MB 的效率

3.2.3.2 碱液浓度对光催化性能的影响

图 3.14 为不同浓度 NaOH 溶液处理样品的光催化降解性能曲线（a）和降解动力学曲线（b）。从图中可以看出,随着氢氧化钠浓度的增加,氮化碳吸附和光催化降解 MB 的能力均逐渐增强。当 NaOH 溶液浓度为 0.3mol/L

时，SCN0.3 的光催化效率达到最大值 93.0%，为 SCN 的 1.78 倍。其一级反应速率常数 k_{app} 为 0.4507，是 SCN 的 2.91 倍。氮化碳吸附和光催化降解的提高主要归因于 SCN0.3 片层变薄、多孔结构和增大的比表面积。前者大大提高了光生载流子从 g-C_3N_4 内部向表面迁移的速度和产量。同时，SCN0.3 具有的较大比表面积使其具有更多的活性位点，因而又有效提高了 g-C_3N_4 的吸附能力。由图可知，NaOH 溶液的优选浓度范围为 0.2～0.3mol/L。

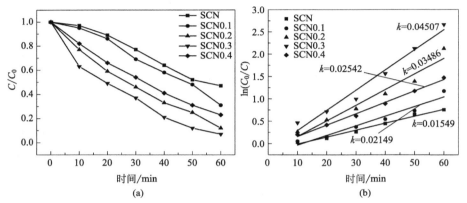

图 3.14　NaOH 溶液处理后样品光催化降解 MB 的性能曲线（a）和降解动力学曲线（b）

3.2.4　光催化机理

3.2.4.1　PL 分析

PL 荧光光谱的强度与光生载流子的复合效率有关。光生载流子的复合率越高，对应的 PL 荧光光谱的强度越低。图 3.15 为 370nm 激发波长下经不同浓度 NaOH 溶液处理后样品的 PL 光谱。结合图 3.15 可知，样品 SCN、SCN0.1 和 SCN0.3 的荧光曲线形状类似，发射峰的范围均在 460nm 左右，与文献值接近[30-32]。对比 SCN、SCN0.1 和 SCN0.3 的 PL 强度可知，经 NaOH 溶液处理后样品的 PL 强度明显下降。其中，SCN0.3 样品发射强度较弱，这说明 SCN0.3 中光生电子和空穴发生了有效迁移，复合率显著降低。这是由于，经 NaOH 溶液处理后，SCN0.3 的片层间距增大，片层变薄。较薄的片层厚度大大加快了光生载流子从 g-C_3N_4 内部移动到表面的速度，减少了传递过程中的能量损耗。因此 SCN0.3 表现出了较低的 PL 强度。

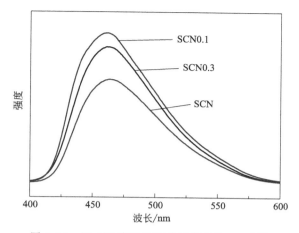

图 3.15 NaOH 溶液处理前后样品的 PL 光谱

3.2.4.2 NaOH 剥离机理

将 g-C_3N_4 分散到 NaOH 溶液后，OH^- 会渗入 g-C_3N_4 层间隙，对层间氢键造成破坏，层与层之间被剥离开，由紧密堆积变疏松。OH^- 在对层间的氢键造成破坏的同时，也会对 C—NH—C 进行攻击，使部分层内的链状结构遭到破坏，并且部分 OH^- 会与受到破坏的 g-C_3N_4 进行结合，取代部分 N—H。另外，NaOH 溶液不仅可以破坏 g-C_3N_4 层间的作用力，同样可以破坏层内的作用力，因此在碱处理的过程中，会有小尺寸 g-C_3N_4 被剥离下来、纳米尺寸的 g-C_3N_4 产生，另外多孔的存在也导致带隙增加。

参考文献

[1] 韩莹莹，何伟培，李泊林，等. 氮化碳的制备及光催化分解水制氢性能研究 [J]. 合成材料老化及应用, 2018. 47 (4): 83-86.

[2] 李娟，赵丹，马占强. 石墨相氮化碳基复合光催化剂的研究进展 [J]. 人工晶体学报, 2018, 47 (7): 1491-1499.

[3] Tian N, Zhang Y, Li X, et al. Precursor-reforming protocol to 3D mesoporous g-C_3N_4 established by ultrathin self-doped nanosheets for superior hydrogenevolution [J].

Nano Energy, 2017, 38: 72-81.

[4] Xiao J, Xie Y, Li C, et al. Enhanced hole-dominated photocatalytic activity of doughnut-like porous g-C_3N_4 driven by down-shifted valance band maximum [J]. Catalysis Today, 2018, 307: 147-153.

[5] Tian J, Q Liu, Ge C. et al. Ultrathin graphitic carbon nitride nanosheets: a low-cost, green, and highly efficient electrocatalyst toward the reduction of hydrogen peroxide and its glucose biosensing application [J]. Nanoscale, 2013, 5 (19): 8921-8924.

[6] Niu P, Yang Y, Yu J C, et al. Switching the selectivity of the photoreduction reaction of carbon dioxide by controlling the band structure of a g-C_3N_4 photocatalyst [J]. Chem Commun (Camb), 2014, 50 (74): 10837-10840.

[7] Lin Z, Lin L, Wang X, et al. Thermal nitridation of triazine motifs to heptazine-based carbon nitride frameworks for use in visible light photocatalysis [J]. Chinese Journal of Catalysis, 2015, 36 (12): 2089-2094.

[8] 莫惠媚, 周开欣, 刘伟涛, 等. 不同前驱体对 g-C_3N_4 微观结构及光催化性能的影响 [J]. 广东石油化工学院学报, 2019, 29 (1): 23-27.

[9] 张雪, 洪远志, 时君友, 等. 不同前驱体制备石墨相氮化碳及其可见光催化重整木质素制氢性能研究 [J]. 林产工业, 2020. 57 (7): 1-5.

[10] 李俊怡, 梁峰, 田亮, 等. 类石墨相氮化碳纳米片的制备研究进展 [J]. 化学通报, 2018. 81 (5): 387-393.

[11] 董永浩, 马爱琼, 李金叶, 等. 热剥离法制备含缺陷 g-C_3N_4 纳米片及光催化性能 [J]. 稀有金属, 2019, 45 (1): 47-54.

[12] Niu P, Zhang L, Liu G, et al. Graphene-like carbon nitride nanosheets for improved photocatalytic activities [J]. Advanced Functional Materials, 2012. 22 (22): 4763-4770.

[13] Dong F, Li Y, Wang Z, et al. Enhanced visible light photocatalytic activity and oxidation ability of porous graphene-like g-C_3N_4 nanosheets via thermalexfoliation [J]. Applied Surface Science, 2015, 358: 393-403.

[14] Moreira, Nuno F F, Sampaio M J, et al. Metal-free g-C_3N_4 photocatalysis of organic micropollutants in urban wastewater under visiblelight [J]. Applied Catalysis B: Environmental, 2019, 248: 184-192.

[15] 孟雅丽, 陈丹, 宋文乔, 等. 类石墨结构氮化碳的合成及其应用 [J]. 广州化工, 2010, 38 (3): 91-93.

[16] 李莉莉. 前驱体对 g-C_3N_4 微观结构及其协同光催化性能的影响研究 [D]. 北京: 中

国地质大学（北京），2017.

[17] Lv H, Ji G, Yang Z, et al. Enhancement photocatalytic activity of the graphite-like C_3N_4 coated hollow pencil-like ZnO [J]. J Colloid Interface Sci, 2015, 450: 381-387.

[18] Sun J, Zhang J, Zhang M, et al. Bioinspired hollow semiconductor nanospheres as photosyntheticnanoparticles [J]. Nature Communications, 2012, 3 (1): 1-7.

[19] Fan C, Feng Q, Xu G, et al. Enhanced photocatalytic performances of ultrafine g-C_3N_4 nanosheets obtained by gaseous stripping with wetnitrogen [J]. Applied Surface Science, 2018, 427: 730-738.

[20] Gu Q, Gao Z, Zhao H, et al. Temperature-controlled morphology evolution of graphitic carbon nitride nanostructures and their photocatalytic activities under visible light [J]. RSC Advances, 2015, 5 (61): 49317-49325.

[21] Yan J, Zhou C, Li P, et al. Nitrogen-rich graphitic carbon nitride: Controllable nanosheet-like morphology, enhanced visible light absorption and superior photocatalyticperformance [J]. Colloids and Surfaces A: Physicochemical and Engineering Aspects, 2016, 508: 257-264.

[22] Chen Y, Huang W, He D, et al. Construction of heterostructured g-C_3N_4/Ag/TiO_2 microspheres with enhanced photocatalysis performance under visible-light irradiation [J]. ACS Appl Mater Interfaces, 2014, 6 (16): 14405-14414.

[23] Fujishima A, Honda K. Electrochemical photolysis of water at a semiconductorelectrode [J]. nature, 1972, 238 (5358): 37-38.

[24] Jiang J, Li H, Zhang L. New insight into daylight photocatalysis of AgBr@ Ag: synergistic effect between semiconductor photocatalysis and plasmonicphotocatalysis [J]. Chemistry-A European Journal, 2012, 18 (20): 6360-6369.

[25] Pelaez M, Nolan N T, Pillai S C, et al. A review on the visible light active titanium dioxide photocatalysts for environmentalapplications [J]. Applied Catalysis B: Environmental, 2012, 125: 331-349.

[26] Wang X, Maeda K, Thomas A, et al. A metal-free polymeric photocatalyst for hydrogen production from water under visiblelight [J]. Nature materials, 2009, 8 (1): 76-80.

[27] Ding F, Yang D, Tong Z, et al. Graphitic carbon nitride-based nanocomposites as visible-light driven photocatalysts for environmentalpurification [J]. Environmental Science: Nano, 2017, 4 (7): 1455-1469.

[28] Li Y, Ouyang S, Xu H, et al. Targeted exfoliation and reassembly of polymeric carbon nitride for efficient photocatalysis [J]. Advanced Functional Materials, 2019, 29 (27): 1901024.

[29] Yao X X, Zhang W J, Huang J L, et al. Enhanced photocatalytic nitrogen fixation of Ag/B-doped g-C_3N_4 nanosheets by one-step in-situ decomposition-thermal polymerizationmethod [J]. Applied Catalysis A: General, 2020 (prepublish).

[30] Huang J X, Li D G, Li Y, et al. (Ultrathin Ag_2WO_4-coated P-doped g-C_3N_4 nanosheets with remarkable photocatalytic performance for indomethacin degradation) [J]. Nanotechnology Weekly, 2020.

[31] Patnaik S, Sahoo D P, Parida K. Recent advances in anion doped g-C_3N_4 photocatalysts: A review [J]. Carbon, 2021, 172.

[32] Wang Y Y, Zhang X, Liu Y J, et al. Crystallinity and phase controlling of g-C_3N_4/CdS hetrostructures towards high efficient photocatalytic H_2 generation [J]. International Journal of Hydrogen Energy, 2019, 44 (57).

[33] Deng Y, Tang L, Feng C, et al. Construction of plasmonic Ag and nitrogen-doped graphene quantum dots codecorated ultrathin graphitic carbon nitride nanosheet composites with enhanced photocatalytic activity: full-spectrum response ability and mechanisminsight [J]. ACS applied materials & interfaces, 2017, 9 (49): 42816-42828.

[34] Faisal M, Mohammed J, Farid A, et al. Au nanoparticles-doped g-C_3N_4 nanocomposites for enhanced photocatalytic performance under visible lightillumination [J]. Ceramics International, 2020.

[35] Zhong Q D, Lan H Y, Zhang M M, et al. Preparation of heterostructure g-C_3N_4/ZnO nanorods for high photocatalytic activity on different pollutants (MB, RhB, Cr (Ⅵ) and eosin) [J]. Ceramics International, 2020, 46 (8).

[36] Shen Q H, Li N X, Rehana B B, et al. Incorporating nitrogen defects into novel few-layer carbon nitride nanosheets for enhanced photocatalytic H_2 production [J]. Applied Surface Science. 2020, 529: 147104.

[37] Zhang W D, Zhao Z W, Dong F, et al. Solvent-assisted synthesis of porous g-C_3N_4 witheff icient visible-light photocatalytic performance for NO removal [J]. Science Direct, 2017, 38 (2): 372-378.

[38] Liu X Y, Yang L R, Wu X Y. Bul k g-C_3N_4 exfoliated by NaOH under normal pressure and its photocatalytic performance [J]. Journal of Functional Materials, 2019, 3 (50): 03195-03200.

[39] Zhang Q, Liu S Z, Zhang Y C, et al. Enhancement of the photocatalytic activity of g-C_3N_4 via treatment in dilute NaOH aqueous solution [J]. Materials Letters, 2016, 171.

[40] Liang Q, Li Z, Huang Z H, et al. Holey graphitic carbon nitride nanosheets with carbon vacancies for highly improved photocatalytic hydrogenproduction [J]. Advanced Functional Materials, 2015, 25 (44): 6885-6892.

第4章

单元素掺杂氮化碳

4.1　层状可调铁掺杂氮化碳及其性能
4.2　珊瑚状Fe掺杂g-C_3N_4材料及其性能
4.3　P掺杂氮缺陷g-C_3N_4及其性能

有机半导体类石墨相氮化碳 g-C_3N_4 具有原材料成本低、易于合成、独特的电子能带结构等优点，最重要的是其具有可见光活性，因此作为一种可见光催化剂在光催化领域被广泛应用。但是原始氮化碳的结晶性差，未改性的氮化碳光催化材料量子效率低（0.1%），这主要是由于体相中载流子的分离效率低下，极易重新复合。影响载流子分离效率的因素主要包括：比表面积、结晶性、能带结构、体相/表面结构、形貌等。研究人员围绕以上的关键因素，通过不同手段对氮化碳实现各种形式的改性，改善其光催化性能，改性手段包括：掺杂、异质结结构、纳米结构、单原子催化等。

掺杂是调变半导体电子结构的最有效手段之一，通过把其他杂原子引入到半导体结构中，调控其导电性、光学性质、磁性等物理性质，进而达到调变电子结构的目的。本章主要研究了不同单元素掺杂对氮化碳结构和光催化性能的影响。

4.1 层状可调铁掺杂氮化碳及其性能

在全球环境污染问题日益严重、能源短缺日益凸显的今天，光催化技术因安全高效、绿色、环保、无二次污染等优点而在降解有机污染物、光解水制氢制氧、有机合成等方面备受关注。在以往研究的众多光催化材料中，以 3-s-三嗪为基本结构单元的类石墨相氮化碳 (g-C_3N_4)，因其理化性质稳定、禁带宽度较窄 (2.7eV)、对可见光响应、无毒、电子结构独特且易于调控等优点，成为近些年来光催化领域的研究热点[1-3]。然而，由常规热缩聚法制备的 g-C_3N_4 多呈致密的块状堆积结构，其比表面积小、光生载流子寿命短、电子空穴对易快速复合等缺点极大地限制了氮化碳在光催化领域的应用。相比之下，g-C_3N_4 二维多孔纳米片结构展示出较高的比表面积和更多的活性位点。同时，二维纳米片的超薄结构还极大地缩短了光生电子和空穴迁移到材料表面的路径。目前，已有一些成功制备 g-C_3N_4 二维纳米片的方法，如液相剥离方法[4]、机械剥离方法[5]、超临界剥离方法[6] 和热剥离法[7-9] 等。在这些方法中，热剥离法被认为是制备高质量 g-C_3N_4 薄层的最有效和快速的途径。在加热过程中，g-C_3N_4 的含氧官能团分解并产生大量气体，产生足够的压力以克服石墨烯片之间的范德华力，并进一步扩展片层以形成多孔框架[10]。

其他多种改性方法如元素掺杂法（Fe、P、Cu 和 B）[11-14]、贵金属表面修饰（Ag、Au）[15,16]、与其他半导体复合形成异质结（TiO_2、WO_3）[17,18] 等亦常用于提高 g-C_3N_4 光催化反应效率。其中，离子掺杂法是改善 g-C_3N_4 电子结构和表面性质的较简单有效的手段。到目前为止，铁元素作为最有前景的掺杂元素之一，在 g-C_3N_4 掺杂方面受到越来越多的关注[19]。Fe^{3+} 还被广泛应用于芬顿（Fenton）反应中。芬顿反应是一种高效且经济的废水高级氧化技术，在酸性条件下，均相溶液体系中的 Fe^{2+} 可以催化分解双氧水，产生羟基自由基[20]。羟基自由基具有强氧化性和高反应活性，可以无选择性地氧化降解有机污染物。然而，液相铁离子导致的铁泥、腐蚀性反应环境（一般 pH<3）及无法实现活性组分与反应溶液分离等问题限制了均相 Fenton 在污水处理方面的广泛应用[21]。较均相芬顿体系而言，多相芬顿催化剂因以固体催化剂代替 pH 工作范围温和、不产生铁泥等优点而受到研究者的关注[22]，其最大的特点是固相化自由金属离子，形成固体催化剂。

本节以二氰胺为前驱体，以九水硝酸铁为铁源，通过调节煅烧时间和掺杂比例制备了一系列热剥离型 Fe 掺杂 g-C_3N_4（Fe-CN），考察铁掺杂量和热剥离时间对 Fe-CN 结构、形貌的影响。同时以亚甲基蓝（MB）溶液为模拟污染物，并通过外加 H_2O_2 构建了光催化芬顿/光-芬顿协同体系，考察了中性环境下固相 Fe-CN 在芬顿体系中催化性能，筛选了性能高效的 Fe-CN 光催化材料。

4.1.1　材料与方法

4.1.1.1　试剂与仪器

二氰胺、九水硝酸铁、无水乙醇、过氧化氢（97%，质量分数）、亚甲基蓝，均为分析纯，购自国药集团化学试剂有限公司。

X 射线衍射仪（XRD，LabX6000 型），日本岛津公司生产；扫描电子显微镜（FEI SEM，Apreo 型），捷克 FEI 公司；透射电子显微镜（TEM，TECNAI-10 型），日本日立公司；物理吸附仪（BET，BETA201A 型），北京冠测精电仪器设备有限公司；紫外-可见分光光度计（Lambda750）；傅里叶红外光谱仪（FT-IR，ALPHA 型），德国布鲁克公司；X 射线光电子能谱仪（XPS，AXISULTRADLD 型），日本岛津公司。

4.1.1.2　样品制备

（1）g-C_3N_4 制备

以二氰胺为前驱体，将装有 10g 前驱体的石英舟置于管式炉中部，在氮气气氛中 550℃ 恒温煅烧 4h，升温速率为 10℃/min。反应结束后，样品自然冷却至室温，充分研磨后得到淡黄色 g-C_3N_4，记作 CN。

（2）Fe-CN 的制备

分别称取 0.0144g、0.0434g、0.0723g、0.1013g Fe$(NO_3)_3$·9H_2O 溶于 40mL 去离子水中，加入 2g CN，超声 15min 后置于 100℃ 油锅中，使水分缓慢蒸干。将得到的固体放入 100℃ 烘箱中干燥 6h，研磨后放入石英舟中，再置于管式炉中于 550℃ 条件下焙烧 2~4h。气氛为空气，升温速率为 5℃/min。反应结束自然冷却后取出，得到不同掺杂比例和不同焙烧时间的 Fe-CN 催化剂，将所得产物研磨至细腻均匀，分别记作 x% Fe-yh，其中 x% 表示铁离子的质量分数，y 表示焙烧时间。

4.1.1.3 光催化性能测试

研究选取 10mg/L 的亚甲基蓝溶液作为模型污染物。准确称量 0.02g 样品于 100mL 模型污染物中，在无光环境下充分搅拌 30min，使吸附-脱附达到平衡。在体系中加入 0.2mL H_2O_2 开启芬顿反应，每隔 10min 取样 3mL，放入离心机中以 10000r/min 离心 5min，取上层清液测其吸光度。相同实验条件下，使用 350W 氙灯作为光催化反应的辐照光源进行光芬顿反应。

4.1.2 结构与表征

4.1.2.1 SEM 和 TEM 分析

为了表征样品的形貌，分别对其进行扫描电镜和透射电镜分析，如图 4.1。其中，图 4.1(a)、(c) 分别为由直接热缩聚法制备得到 CN 的 SEM 和 TEM 照片。从图 4.1(a) 中可以看出，由直接热缩聚法得到 CN 为片状堆叠的块状颗粒，片层之间连接紧密，呈现明显的团聚现象。由图 4.1(c) 可以看出，CN 呈现典型的片状结构，颜色深浅不一是由片状间堆积的层数不同引起，且片层上无孔洞结构。图 4.1(b) 和 (d) 分别为铁掺杂量为 0.5%，热剥离时间为 3h 时样品 0.5%Fe-3h 的 SEM 和 TEM 照片。由 SEM 照片可以看出，样品 0.5%Fe-3h 呈现明显的银耳状片层结构，片层厚度薄且片层间无明显的堆积现象，整体结构蓬松。图 4.1(d) 显示 0.5%Fe-3h 呈片层结构，且片层较薄，片层上可以观察到少量的孔洞结构。0.5%Fe-3h 的 SEM 和 TEM 照片均表明，铁离子的引入使得 g-C_3N_4 粉体的微观形貌发生了变化,同时样品表面多孔结构增加。这可能是由于掺杂铁后在二次高温焙烧过程中 Fe 对片层结构的腐蚀及 g-C₃N₄ 的含氧官能团分解产生的气体对片层造成了冲击。薄层结构和多孔结构有利于增大 CN 的比表面积,增加活性反应位点,使污染物可以更好地吸附在材料表面,从而更有利于污染物的降解,提高其光催化性能[10]。

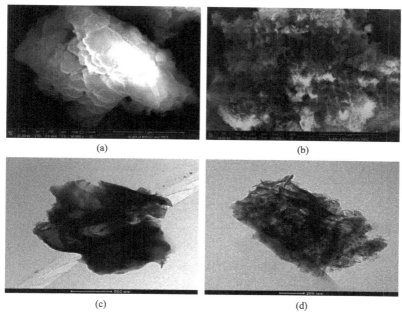

图 4.1　CN 样品的 SEM 图像 (a)、0.5%Fe-3h 样品的 SEM 图像 (b)、CN 样品的 TEM 图像 (c) 和 0.5%Fe-3h 样品的 TEM 图像 (d)

4.1.2.2　XRD 和 IR 分析

样品 CN 和 Fe-CN 的 XRD 图谱如图 4.2 所示。由图可知,纯 CN 及不同条件下制备得到的 Fe-CN 均在 13.9°和 27.5°处出现两个特征衍射峰,分别对应 g-C₃N₄ 的 (100) 晶面和 (002) 晶面,分别是由石墨相层间堆垛的周期性排列和层内共轭芳香物层间堆积引起[23]。掺铁后的 Fe-CN 与 CN 的特征衍射峰大致相同,说明 Fe 的掺杂并没有改变 CN 的基本结构单元。从图 4.2 中可以看出,随着铁离子掺杂量的增加,Fe-CN 在 (002) 晶面处吸收峰由尖锐逐步趋于平缓,同时峰位向高角度移动。这是由于 Fe 的掺杂减弱了石墨相氮化碳层间的范德华力,使层间距变宽,晶粒尺寸减小,结晶度降低。同样,

Fe-CN 在（001）晶面处的峰强也明显减弱，说明氮化碳面内的三均三嗪环其周期性排列的规整性降低，这与掺铁后片层上形成的孔洞结构有关。对比不同二次焙烧时间下 Fe-CN 样品的 XRD 图谱可以发现，随着焙烧时间的延长，Fe-CN 在（001）和（002）晶面处的峰强均有所减弱。图 4.2 中未发现 Fe、氧化铁、碳化铁等铁物种衍射峰，这表明掺杂的铁离子可能以金属卟啉或者金属酞菁中的 Fe—N 键的形式掺杂到 $g-C_3N_4$ 的骨架中[24,25]。

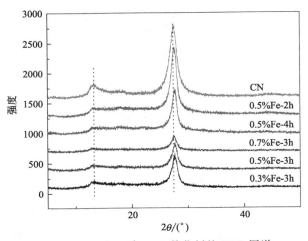

图 4.2　CN 和 x‰Fe-yh 催化剂的 XRD 图谱

二次煅烧时间为 3h 的 Fe-CN 和 CN 的 FT-IR 谱图如图 4.3。在 $g-C_3N_4$ 的红外光谱中，吸收峰主要集中在 $808cm^{-1}$、$1240\sim1650cm^{-1}$ 和 $2800\sim$

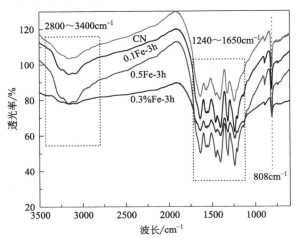

图 4.3　x‰Fe-3h 系列光催化剂的 FT-IR 图谱

3400cm^{-1} 三个区域,分别对应三嗪环结构的弯曲振动峰[26]、芳香碳氮杂环化合物的伸缩振动峰[27]和N—H键的伸缩振动吸收峰[28]。x%Fe-3h样品的红外特征吸收峰与g-C$_3$N$_4$基本一致,没有观察到新的特征峰,说明Fe的掺杂并没有改变g-C$_3$N$_4$的基本骨架结构。这是由于掺杂进入g-C$_3$N$_4$体相的铁离子与g-C$_3$N$_4$层内的吡啶N原子形成配位键,Fe被锚定在七嗪环内,故而不影响g-C$_3$N$_4$的基本骨架结构[24]。

4.1.2.3 BET分析

表4.1所示为Fe-CN的BET测试结果。从表4.1可以看出,掺杂Fe后CN的比表面积明显增大,且当Fe掺杂量为0.5%时,0.5%Fe-3h的比表面积达最大值74.02m^2/g。这是因为,Fe的掺杂使氮化碳呈现出明显的银耳状片层结构,片层变薄,g-C$_3$N$_4$颗粒粒径减小,团聚现象明显弱化,从而使得样品的比表面积增加。但当掺杂量过多时,Fe^{3+}难以进入到g-C$_3$N$_4$晶格中,因此反而使得样品的比表面积有所减小[29,30]。从图4.4可以看出,CN和0.5%Fe-3h样品对应的等温吸附曲线均为Ⅲ型[31],但在低压端(P/P_0=0.0~0.1)CN较0.5%Fe-3h更靠近X轴,且相对平缓,说明CN与氮气间的相互作用力较0.5%Fe-3h弱。这是因为,0.5%Fe-3h样品的片层结构上有孔洞存在,N$_2$分子以单层或多层吸附于孔内,使得其在低压时依靠微孔自身的强吸附能力而存在一定的吸附量。由表4.1可知,Fe-CN的孔隙直径范围为9~14nm。由图4.4可以看到0.5%Fe-3h呈现

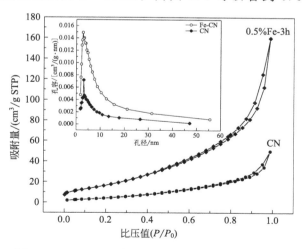

图4.4 CN和0.5%Fe-3h催化剂的BET测试结果

出明显而细长的 H3 型滞后环，而 H3 型的孔隙多为层状结构引起的狭缝孔，对应于石墨相氮化碳的层状结构。对比不同焙烧时间下样品的比表面积可以发现，焙烧时间的增长不会持续增加样品的表面积。这是因为，随着焙烧时间的延长，氮化碳片层上的孔洞尺寸持续增大，部分片层结构发生崩解[32]。

表 4.1　Fe-CN 的比表面积、孔容、孔径

样品名称	比表面积/(m^3/g)	孔容/[cm^3/(g·nm)]	孔径/nm
CN	19.021	0.07724	9.4459
0.3%Fe-3h	58.7386	0.131292	13.5241
0.5%Fe-3h	74.0241	0.170239	13.6598
0.7%Fe-3h	68.0498	0.159523	12.5887
0.5%Fe-2h	67.4521	0.141530	9.2318
0.5%Fe-4h	38.5022	0.125704	9.8323

4.1.2.4　XPS 分析

XPS 是常用的分析催化剂表面元素组成和价态变化的表征手段。为了进一步研究样品中 Fe 的存在状态，对 0.5%Fe-3h 样品中的 C 1s、N 1s 及 Fe 2p 进行了 XPS 分析，其结果如图 4.5 所示。图 4.5(a) 中的 0.5%Fe-3h 样品 C 1s 的 XPS 谱图主要存在两个特征峰，分别位于 284.08eV 和 287.38eV 附近。其中 284.08eV 的峰归属为环状结构中 sp^2 杂化的 C 原子（N—C=N），287.38eV 的峰归属为 sp^3 杂化的 C 原子 [C—(N)$_3$]。图 4.5 (b) 中的 0.5%Fe-3h 样品的 N1s 图谱可分为一个主峰和三个特征峰，其中结合能为 396.94eV 的峰归属为 sp^2 杂化的 N 原子（C—N=C），398.68eV 的峰可能归属为连接环状结构的 N 原子 [N—(C)$_3$] 或者层状结构边缘的氨基中的 N 原子 [(C)$_2$—N—H]，399.58eV 的峰归属为芳香环中连接三个 C 原子的 N 原子[33]。图 4.5 (c) 为 0.5%Fe-3h 样品的 Fe 2p 能级 XPS 图谱，Fe 2p 在 708.91eV 和 722.58eV 处有两个特征宽峰，这是 Fe 2p$_{3/2}$ 与 Fe 2p$_{1/2}$ 的典型信号[20,22]，并且每个峰都可以分为 Fe^{3+} 和 Fe^{2+} 两个峰。这表明在二次焙烧热过程中，掺杂的 Fe^{3+} 被还原为 Fe^{2+} [34]，证实了 Fe 成功地掺杂于 CN 材料中。由 Fe 2p 能级 XPS 图谱计算得出 Fe^{2+}/Fe^{3+} 的比例为 1.57。

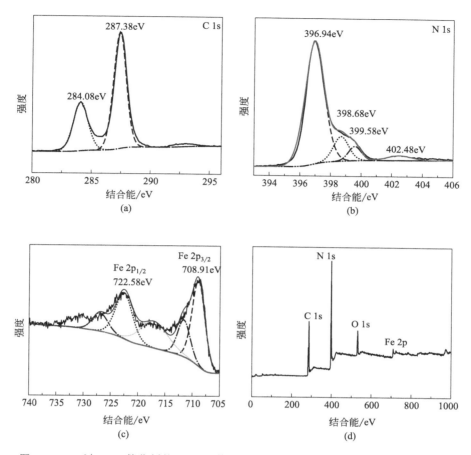

图 4.5　0.5%Fe-3h 催化剂的 XPS 图谱 C1s（a）、N1s（b）、Fe2p（c）和全谱（d）

图 4.6 是样品 0.5%Fe-3h 在光芬顿（a）和芬顿（b）循环 3 次后的 Fe 2p XPS 谱图。根据 XPS 可以确定各样品中 Fe^{2+}/Fe^{3+} 的比例。在新鲜材料、三次光芬顿和三次芬顿后的样品中，Fe^{2+}/Fe^{3+} 的比例分别为 1.57、1.52 和 0.98。这是因为，在光芬顿反应中，Fe^{3+} 能够捕获 $g-C_3N_4$ 中的光生电子被还原为 Fe^{2+}，同时 Fe^{2+} 可被 H_2O_2 氧化为 Fe^{3+}，从而保持体系中 Fe^{2+}/Fe^{3+} 的动态平衡。而在芬顿反应中，Fe^{2+} 被 H_2O_2 氧化为 Fe^{3+} 后，Fe^{3+} 不能捕获 $g-C_3N_4$ 中的光生电子，无法被还原为 Fe^{2+}。因此，在经历芬顿反应后，Fe^{2+}/Fe^{3+} 的比例下降。

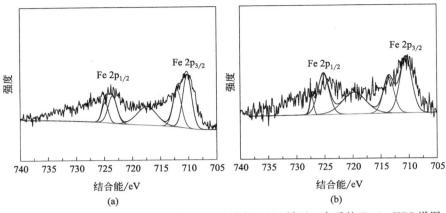

图 4.6 样品 0.5%Fe-3h 在光芬顿（a）和芬顿（b）循环 3 次后的 Fe 2p XPS 谱图

4.1.3 光催化性能

4.1.3.1 Fe 掺杂量对光催化性能的影响

图 4.7(a) 是 CN 和 x%Fe-3h 样品随光照时间变化降解 MB 的活性曲线，其中 0.5%Fe-3h 的光催化性能最佳。0.5%Fe-3h 较薄的片层和孔洞结构使得光生电子和空穴迁移到颗粒表面的距离大大缩短，有利于提高光生载流子的分离效率。同时，较薄的片层结构和孔洞结构能促进入射光在层间的多次反射，进而明显提高材料对光的吸收，从而产生更多的光生电子-空穴[35]。当掺杂量大于 0.5% 时降解效率反而出现回弹，这是由于掺杂量过多会使得铁离子难以

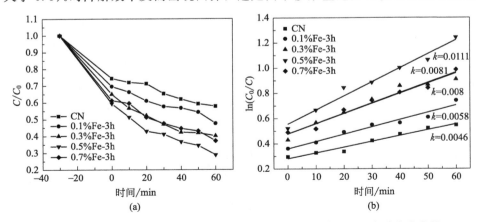

图 4.7　CN 和 x%Fe-3h 的光催化降解 MB 的性能（a）及其一级反应动力学曲线（b）

进入 g-C_3N_4 晶格中[36]。图 4.7（b）为各样品降解 MB 溶液的一阶反应速率常数 k，其中样品 0.5%Fe-3h 的 k 值最大为 0.0111，是纯 g-C_3N_4 的 2.41 倍。

4.1.3.2 光芬顿和暗芬顿催化性能

图 4.8(a)～(d) 是 0.5%Fe-yh 样品进行光芬顿与芬顿降解 MB 的活性曲线。光芬顿下 0.5%Fe-3h 样品的降解性能几乎达到 100%，0.5%Fe-3h 的铁离子对 H_2O_2 的分解具有类似 Fenton 的催化活性，可见光下的降解效率远高于无光照下的降解效率。0.5%Fe-3h 光芬顿在所有样品中具有最高的活性，这表明铁掺杂可以增强类光 Fenton 活性。同时电子在铁离子和 g-C_3N_4 轨道上的转移降低了电子-空穴对的复合，并且均匀地分布在 g-C_3N_4 的 Fe^{3+} 为 H_2O_2 的吸附提供了较高的比表面积。对于暗条件下的样品，不存在半导体光催化过程中的 Fe 与 g-C_3N_4 间的电子转移，Fe^{2+} 仅被 H_2O_2 氧化成 Fe^{3+}，这

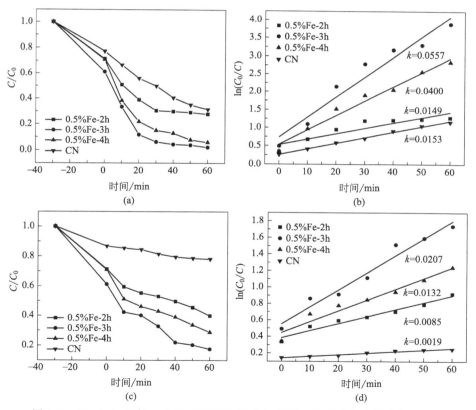

图 4.8　CN 和 0.5%Fe-xh 的光芬顿性能（a）及其一级反应动力学曲线（b）、芬顿性能（c）以及一级反应动力学曲线（d）

使得Fe^{2+}/Fe^{3+}比例下降，因此反应活性与稳定性下降。而在光芬顿反应中，Fe^{3+}迅速捕获g-C_3N_4光催化反应生成的光生电子还原为Fe^{2+}，使得Fe^{2+}/Fe^{3+}比例趋于稳定，提升了催化剂的反应活性与稳定性[36]。

4.1.3.3 反应产物分析

为了探究光芬顿和芬顿条件下MB的降解机理，对光芬顿和芬顿条件下MB的分解进行了全过程UV-vis光谱，如图4.9所示。由图4.9可知，随着降解的进行，MB在664nm处的特征吸收峰的强度由于脱甲基的作用逐渐降低并发生轻微蓝移[37]，表明MB被逐渐降解。当光芬顿反应进行到75min时，MB在664nm的吸收峰已基本消失，说明MB基本都被降解。对比于芬顿反应的吸收光谱，相同反应时间下光芬顿溶液表现出更低的吸收峰强度，说明光芬顿的降解效率优于芬顿体系。降解过程中间产物的吸收峰在200nm、245nm和300nm处，其中200nm处为MB经历了噻嗪环开环降解生成了苯同系物的特征峰[38]。在240nm处出现的强吸收峰是由于30min黑暗吸附-脱附平衡后，Fenton体系下加入了H_2O_2[40]。

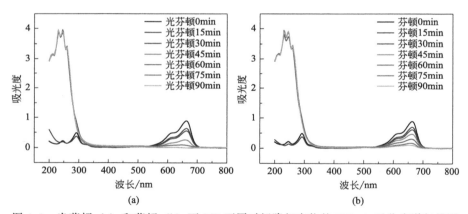

图4.9 光芬顿（a）和芬顿（b）下MB不同时间降解产物的UV-vis吸收光谱扫描图

根据亚甲基蓝（MB）的结构，选择ESI（＋）作为电离方式对MB及光降解30min和60min之后的产物进行了MS图谱分析，如图4.10所示。从图4.10中可以看到，光芬顿催化30min后，MS图谱中质荷比为352和366的峰已经消失，说明在光芬顿的降解作用下MB大分子已降解为苯的同系物[38]。光芬顿60min时，体系中主要为NO_3^{2-}、SO_3^{2-}、SO_4^{2-}等小分子中间产物以及CO_2和H_2O[39]。

为了进一步证明掺杂进入 g-C$_3$N$_4$ 体相的铁离子与 g-C$_3$N$_4$ 层内的吡啶 N 原子形成配位键，Fe 被锚定在七嗪环内，对降解 60min 后的溶液进行了铁离子和亚铁离子的检测，检测结果如图 4.11 所示。实验分别选取邻菲罗啉分光光度法和磺基水杨酸分光光度法检测亚铁离子和铁离子，形成的对应络合物的特征吸收峰分别位于 510nm 和 420nm 处。由图 4.11 可知，经芬顿和光芬顿后溶液体系在 510nm 处和 420nm 处并未出现吸收峰，说明溶液中没有释放的铁离子或亚铁离子。

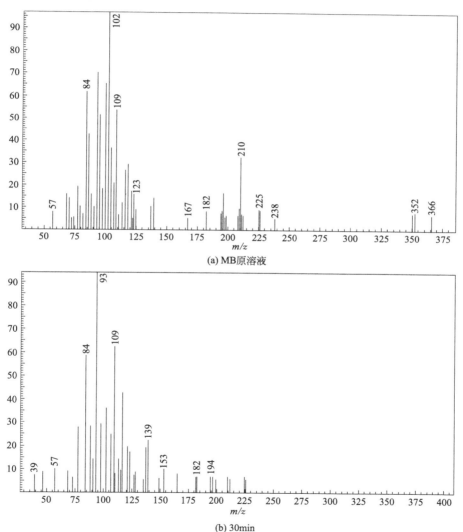

图 4.10

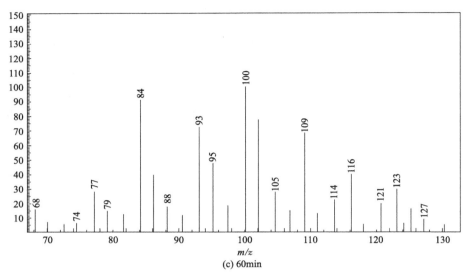

图4.10 MB原溶液（a）以及光芬顿反应30min（b）和60min（c）后产物的MS图谱

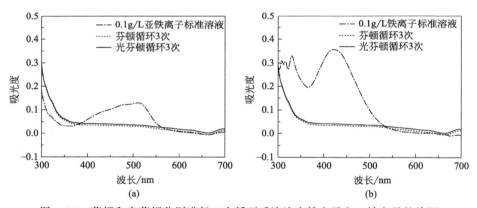

图4.11 芬顿和光芬顿分别进行3次循环后溶液中铁离子和亚铁离子的检测

4.1.4 光催化机理

4.1.4.1 UV-vis

图4.12为制备样品的UV-vis漫反射谱图。由图可知，掺杂Fe后，Fe-CN的吸收边发生显著"红移"，同时其在200～700nm范围内的光吸收强度也显著提高。说明Fe的掺入拓宽了CN的光吸收范围和吸收强度，提高了光的

利用率。由半导体禁带求导公式[36]求得 CN 和 0.5%Fe-3h 禁带宽度分别为 2.78eV 和 2.34eV，说明 Fe 的引入改变了 CN 的能带结构，降低了其带隙能。带隙的减小进一步说明了 Fe-CN 具有比 CN 更宽的光响应范围和更高的光利用率，因此表现出优异的光催化活性。

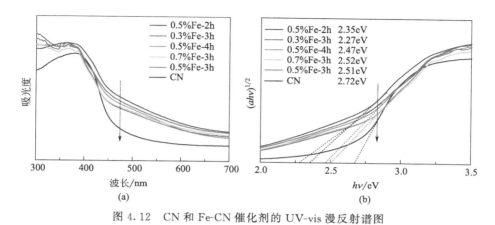

图 4.12　CN 和 Fe-CN 催化剂的 UV-vis 漫反射谱图

图中箭头所指方向与图例顺序对应一致

4.1.4.2　光催化机理

根据以上分析测试结果，提出了可见光促进 Fe-CN 光芬顿反应性能的机理。图 4.13 为 0.5%Fe-3h 光芬顿降解 MB 溶液的机理图。在光芬顿过程中，与 H_2O_2 反应形成 Fenton 体系的 Fe^{2+} 来源有两种路径。一是，在可见光照射下热剥离型 Fe-CN 被激发产生光生电子（e^-）和光生空穴（h^+）[式(4.1)]。光生电子被锚定在氮化碳七嗪环骨架上的 Fe^{3+} 捕获并还原为 Fe^{2+} [式(4.2)][36]。二是，Fe^{3+} 还可与体系中的 H_2O_2 反应生成 Fe^{2+} 和超氧酸自由基（$HO_2\cdot$）[30]。以上两种路径为体系中的 Fe^{2+} 提供了丰富的来源。Fe^{2+} 通过与系统中外加的 H_2O_2 进一步反应生成 Fe^{3+} 和具有强氧化性的羟基自由基（·OH），氧化降解有机物[式(4.4)和式(4.7)][40]。以上 Fe^{2+}/Fe^{3+} 间的动态循环保证了光芬顿体系中 Fe^{2+}/Fe^{3+} 的氧化还原动态平衡，提高了 Fenton 反应速率。因此，Fe^{2+} 的快速再生以及保持体系稳定的 Fe^{2+}/Fe^{3+} 比例是 Fe-CN 催化剂在光芬顿反应中具有较高活性和稳定性的原因。与此同时，式(4.3)中生产的 $HO_2\cdot$ 发生相互反应生成 O_2 和 H_2O_2 继续参与反应[式(4.6)][41]。

由于氮化碳导带的还原电位为 -1.1eV，比还原 O_2（-0.33eV）所需的电

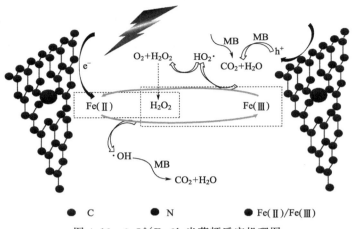

● C ● N ● Fe(Ⅱ)/Fe(Ⅲ)

图 4.13　0.5%Fe-3h 光芬顿反应机理图

位小[36]。因此，e^- 可以还原 O_2 产生具有高活性的 O_2^- ［式(4-5)］，直接氧化降解 MB ［式(4.5)和式(4.7)］。光生空穴 h^+ 不能与 H_2O 反应生成·OH，因为氮化碳价带的位置约为 1.83eV，比 H_2O/·OH (2.7eV) 更负[35]，但 h^+ 可以直接将 MB 降解为 H_2O 和 CO_2 ［式(4.7)］。

$$\text{Fe-CN} \xrightarrow{h\nu} \text{Fe-CN}(e^- + h^+) \tag{4.1}$$

$$\text{Fe}^{3+} + e^- \longrightarrow \text{Fe}^{2+} \tag{4.2}$$

$$\text{Fe}^{3+} + H_2O_2 \longrightarrow \text{Fe}^{2+} + HO_2\cdot + H^+ \tag{4.3}$$

$$\text{Fe}^{2+} + H_2O_2 \longrightarrow \text{Fe}^{3+} + \cdot OH + OH^- \tag{4.4}$$

$$O_2 + e^- \longrightarrow O_2^- \tag{4.5}$$

$$2HO_2\cdot \longrightarrow H_2O_2 + O_2 \tag{4.6}$$

$$O_2^-/\cdot OH/h^+ \longrightarrow CO_2 + H_2O \tag{4.7}$$

4.2　珊瑚状 Fe 掺杂 g-C_3N_4 材料及其性能

近年来，随着各个行业的快速发展，人类赖以生存的各种环境正在日益恶化，尤其是水环境[42]。传统的水污染治理措施不仅成本高、效率低，还有可能会造成二次污染[43,44]。光催化技术能够在光照条件下对有机污染物进行有效降解，这是一种很有前景的"绿色技术"[45,46]。

石墨相氮化碳具有价格低廉、易制备、无毒、且性能稳定的优点[47,48]。

但用直接热聚合法得到的氮化碳比表面积较小,光生电子空穴复合率较高,极大地影响了氮化碳的光催化性能[49]。需要对其缺陷进行改善,从而提高光催化性能[50]。

本研究通过元素掺杂改性的方式,制备得到一系列不同 Fe 掺杂量的珊瑚状 $g\text{-}C_3N_4$。采用 XRD、BET、SEM、光催化降解亚甲基蓝等手段研究样品的形貌、结构和光催化等性能。研究得出:铁元素掺杂量为 0.7% 的 $g\text{-}C_3N_4$ 光催化性能最好,其在 1.5h 内对亚甲基蓝的降解率最高达 90.02%,是未掺杂 $g\text{-}C_3N_4$ 样品的 1.77 倍。掺杂样品呈珊瑚状多孔结构,纯度与结晶度较高,其比表面积明显增大,可吸收光源范围也随之增大。

4.2.1 材料与方法

4.2.1.1 试剂与仪器

二氰胺、九水硝酸铁、无水乙醇、过氧化氢(97%,质量分数)、亚甲基蓝,均为分析纯,购自国药集团化学试剂有限公司。

X 射线衍射仪(XRD,LabX6000 型),日本岛津公司生产;扫描电子显微镜(FEI SEM,Apreo 型),捷克 FEI 公司;透射电子显微镜(TEM,TECNAI-10 型),日本日立公司;物理吸附仪(BET,BETA201A 型),北京冠测精电仪器设备有限公司;紫外-可见分光光度计(Lambda750);傅里叶红外光谱仪(FT-IR,ALPHA 型),德国布鲁克公司;X 射线光电子能谱仪(XPS,AXISULTRADLD 型),日本岛津公司。

4.2.1.2 样品制备

(1) $g\text{-}C_3N_4$ 的制备

首先,精确称取 2.5g 三聚氰胺、2.5g 三聚氰酸,与 30mL 蒸馏水充分混合均匀后,超声振荡处理 15min。然后,将混合物移至 80℃ 的油浴锅中,持续加热直至烧杯中水分蒸干。接着,将产物放入 75℃ 的烘箱干燥 2h,反应结束后将其研磨后置于管式炉中煅烧。以 10℃/min 的升温速率加热至 500℃,并恒温 2h。再以 2℃/min 的升温速率加热至 550℃,恒温 2h。待冷却后取出样品充分研磨,得到淡黄色粉末状 $g\text{-}C_3N_4$ 光催化剂。

(2) 珊瑚状 Fe 掺杂 $g\text{-}C_3N_4$ 的制备

首先,精确称取 0.1125g 的 $Fe(NO_3)_3 \cdot 9H_2O$ 于 100mL 甲醇溶剂中,加

入 2.5g 三聚氰胺和 2.5g 三聚氰酸，充分混合均匀后于 65℃回流 3h（甲醇溶液沸点）。待回流结束，在水浴锅中自然冷却至室温。将得到的黄色沉淀物，用乙醚洗涤两次后在 75℃真空干燥 2h。接着放入设定好参数的管式炉里煅烧。以 10℃/min 的升温速率加热至 500℃，恒温 3h。最后，取出样品将其充分研磨，得到浅棕红色粉末状的 Fe 掺杂 g-C_3N_4 光催化剂，标记为 Fe-CN。以此方法再次精确称取 0.048g、0.0803g、0.1125g、0.1607g 的 Fe（NO_3）$_3$·9H_2O，分别制备得到四组不同 Fe 掺杂量的 Fe-CN 光催化剂。其中，三聚氰胺制备氮化碳的产率为 45%，Fe 的质量含量分别占氮化碳质量的 0.3%、0.5%、0.7%、1.0%，分别标记为 $Fe_{0.3}$-CN、$Fe_{0.5}$-CN、$Fe_{0.7}$-CN、$Fe_{1.0}$-CN。

4.2.1.3　光催化性能测试

研究选取 10mg/L 的亚甲基蓝溶液作为模型污染物。准确称量 0.02g 样品于 100mL 模型污染物中，在无光环境下充分搅拌 30min，使吸附-脱附达到平衡。在体系中加入 0.2mL H_2O_2 开启芬顿反应，每隔 10min 取样 3mL，放入离心机中以 10000r/min 离心 5min，取上层清液测其吸光度。相同实验条件下，使用 350W 氙灯作为光催化反应的辐照光源进行光芬顿反应。

4.2.2　结构与表征

4.2.2.1　XRD 分析

实验采用 XRD 对所得样品进行了物相特征分析，纯 g-C_3N_4、$Fe_{0.3}$-CN 和 $Fe_{0.7}$-CN 的 X 射线衍射图如图 4.14 所示。

由图 4.14 可知，实验制备的所有样品（纯 g-C_3N_4、$Fe_{0.3}$-CN 和 $Fe_{0.7}$-CN）均出现石墨相氮化碳的两个明显特征峰，没有其他衍射峰出现，说明制备得到的样品中不含有其他杂质，纯度较高，结晶好。其中，纯 g-C_3N_4 样品在 $2\theta=13°$和 28°左右的衍射峰，分别对应 g-C_3N_4 的（100）和（002）晶面指数。在 28°时的特征衍射峰强度最高，是由氮化碳层与层之间相互叠加的特殊结构导致形成的。在 13°时有一个较弱的衍射峰，主要是因为氮化碳在缩聚过程中，三嗪环结构的有序性排列。$Fe_{0.3}$-CN 和 $Fe_{0.7}$-CN 两者的特征衍射峰均在 $2\theta=28°$左右，对应 g-C_3N_4 的（002）晶面指数，说明铁的掺杂并没有破坏 $Fe_{0.3}$-CN 和 $Fe_{0.7}$-CN 中 g-C_3N_4 的晶相结构。另外，$Fe_{0.3}$-CN 和 $Fe_{0.7}$-CN 的

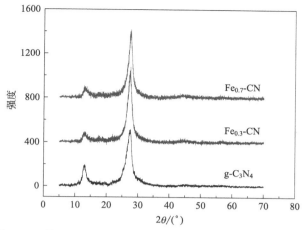

图4.14 纯 $g-C_3N_4$、$Fe_{0.3}$-CN 和 $Fe_{0.7}$-CN 的 X 射线衍射图

出峰位置基本相同,但相较之下,$Fe_{0.7}$-CN 的特征衍射峰强度要高于 $Fe_{0.3}$-CN,证实 0.7% 含量 Fe 掺杂得到的光催化剂的效果最佳。XRD 谱图 4.14 中,$Fe_{0.7}$-CN (002) 晶面的衍射峰出现微弱的偏移,说明当向氮化碳结构中掺杂铁元素后,Fe 能有效与 $g-C_3N_4$ 相结合,从而扰动其晶体结构,导致晶胞参数变大,相邻的晶面间距也增大。其次,$Fe_{0.7}$-CN 的衍射峰变宽,说明 Fe 的存在会与 $g-C_3N_4$ 三均三嗪结构中的原子发生诱导效应,从而导致其结晶度下降。

4.2.2.2 SEM 分析

研究采用 SEM 对 $Fe_{0.7}$-CN 进行了形貌分析,图 4.15(a) 和 (b) 分别为 $Fe_{0.7}$-CN 在放大倍率为 120000 和 300000 下的 SEM 照片。

图4.15 $Fe_{0.7}$-CN 的扫描电镜图

由图 4.15 可知，实验制备的 $Fe_{0.7}$-CN 呈现珊瑚状多孔结构，片状表面较光滑，且珊瑚片层间没有粘连团聚现象，分散性较好。同时可以看出，样品片层较薄，且片层中有许多不均匀的开放孔洞。这是因为三聚氰胺-三聚氰酸超分子具有自组装特性，且被证明更容易转化为 CN，具有类似热缩聚法制备的氮化碳在分子水平上的排列。在自组装过程中，不同的溶剂会产生不同的微观结构。在本研究中，三聚氰胺-三聚氰酸超分子在甲醇中形成了珊瑚状结构。另外，样品呈多孔状结构，相较于传统 $g-C_3N_4$，其比表面积明显增大。在降解有机污染物方面，比表面积增大，反应活性位点增加，利于与污染物接触时将大量污染物吸附在材料表面，有效提升其催化性能。

4.2.2.3 BET 分析

$g-C_3N_4$ 和 $Fe_{0.7}$-CN 样品的比表面积和孔结构，见图 4.16。

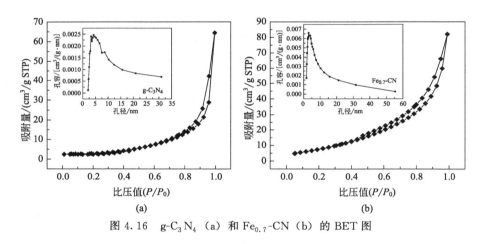

图 4.16　$g-C_3N_4$（a）和 $Fe_{0.7}$-CN（b）的 BET 图

如图 4.16 所示，$g-C_3N_4$ 和 $Fe_{0.7}$-CN 的吸附-脱附曲线呈现Ⅳ型等温曲线和 H3 型滞后环。Ⅳ型等温曲线表明，材料与氮有较弱作用力。同时，出现毛细凝聚现象的分压值越大，表明样品的孔径越大；在图 4.16 中可以看出，样品 $g-C_3N_4$ 出现毛细凝聚现象的分压值较 $Fe_{0.7}$-CN 更大。即前者的孔径应大于后者，这与表中孔径数据相互印证。H3 型滞后环被认为是片状结构堆积形成的狭缝孔。从图 4.16 可知，样品 $Fe_{0.7}$-CN 呈现分散性较好的珊瑚片层结构，珊瑚片层结构堆积进一步形成狭缝孔。由表 4.2 所示，$g-C_3N_4$ 的比表面积仅为 9.726m^2/g，$Fe_{0.7}$-CN 的比表面积为 31.408m^2/g。这说明，通过 Fe 元素掺杂和三聚氰胺-三聚氰酸超分子在甲醇中形成了珊瑚状结构有效增大了

$Fe_{0.7}$-CN 的比表面积。一般来说,光催化剂材料的比表面积大,不仅可以增加其与有机污染物的接触面积,还可以增加对反应物的吸附与传输能力,有效提升降解效率。故 $Fe_{0.7}$-CN 应具有更优异的光催化性能。

表 4.2 $g-C_3N_4$ 和 $Fe_{0.7}$-CN 的比表面积和孔隙大小

样品	比表面积/(m^2/g)	孔隙大小/nm
$g-C_3N_4$	9.726	23.973
$Fe_{0.7}$-CN	31.408	10.874

4.2.3 光催化性能

光催化剂的性能关系到对有机污染物的降解效率。为了研究 Fe 元素掺杂后对光催化性能的影响,本实验利用紫外-可见分光光度计仪器,以亚甲基蓝(MB)溶液模拟有机污染物,借助氙灯模拟可见光源,在波长 664nm 处检测。$g-C_3N_4$、$Fe_{0.3}$-CN、$Fe_{0.5}$-CN、$Fe_{0.7}$-CN、$Fe_{1.0}$-CN 随光照条件变化的亚甲基蓝活性曲线如图 4.17 所示。

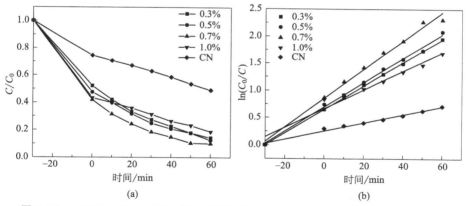

图 4.17 $g-C_3N_4$、$Fe_{0.3}$-CN、$Fe_{0.5}$-CN、$Fe_{0.7}$-CN、$Fe_{1.0}$-CN 的 MB 活性曲线图

如图 4.17 所示,相较于纯 $g-C_3N_4$,样品 $Fe_{0.3}$-CN、$Fe_{0.5}$-CN、$Fe_{0.7}$-CN、$Fe_{1.0}$-CN 的光催化性能均有明显增强。其中,$Fe_{0.7}$-CN 的催化活性最优,说明元素掺杂对纯 $g-C_3N_4$ 的催化效果有一定的提升,但是其催化活性并不会随着掺杂含量的增加而增加,有一个最佳掺杂量。图 4.17(b) 的直线斜率为速率常数 k,通过计算 $g-C_3N_4$、$Fe_{0.3}$-CN、$Fe_{0.5}$-CN、$Fe_{0.7}$-CN、$Fe_{1.0}$-CN 的速率常数分别为 $0.016997min^{-1}$、$0.03346min^{-1}$、$0.03918min^{-1}$、$0.04822min^{-1}$、

$0.03203min^{-1}$，$Fe_{0.7}$-CN 的 k 值最大，是纯 g-C_3N_4 的 2.837 倍。一方面，$Fe_{0.7}$-CN 光催化性能的提高与其比表面积的增大有着直接关系。另一方面，掺杂于 g-C_3N_4 上的 Fe^{3+} 物种与 g-C_3N_4 之间存在着界面电荷转移效应，有利于增强催化剂对可见光的吸收，降低光生载流子的复合速率，进而提高 $Fe_{0.7}$-CN 光催化性能。

4.3 P 掺杂氮缺陷 g-C_3N_4 及其性能

随着我国化工产业快速发展，大量有机废液排向江河湖泊，水体污染状况越来越严重。面对严峻形势，光催化降解有机污染物作为一种新兴的绿色净化环境技术，引起了科研人员的广泛关注[51,52]。石墨相氮化碳（g-C_3N_4）是一种新型非金属半导体光催化剂[53]，具有可见光响应、易于制备、成本低廉、电子能级结构易调控的特点[54]。但是，在光催化反应中快速复合的光致电子-空穴对和低可见光利用率极大地限制了 g-C_3N_4 的光催化效率[55]。

元素掺杂是一种常见的材料改性手段，被大量研究证明是弥补其缺陷的有效途径。其中，非金属磷元素（P）属于ⅤA元素，最外层含 5 个电子，与 g-C_3N_4 复合形成的杂质半导体在能级结构中相比空穴具有高电子浓度，可增强光催化活性[56]。但是，磷改性的块状 g-C_3N_4 仍然经历相对缓慢的反应动力学。除了元素掺杂，缺陷修饰也是常见的改性手段。缺陷调制可以同时调节表面活性中心、电子结构和电荷载流子行为[57]。例如，Zhang[58] 通过在三聚氰胺热聚合过程中加入 $NaHCO_3$，合成了具有氮缺陷的石墨氮化碳材料，结果证明其独特的氮缺陷电子-空穴对提高了 g-C_3N_4 的光催化活性；陈闽南[59] 通过硝酸辅助高温缩聚三聚氰胺的方法合成了氮缺陷石墨型氮化碳光催化材料，显现出较大的比表面积、较细的粒度以及扩大的可见光吸收范围；沈少华[60] 采用简易固体混合法结合快速升温策略，在惰性气氛下煅烧 g-C_3N_4 与硼氢化钠的混合物，成功将硼元素与氮缺陷同时引入到 g-C_3N_4 分子结构中，并证明了 B 元素与 N 缺陷的同时引入可以提高石墨相氮化碳的光吸收能力和载流子效率，从而增强产氢性能。基于以上研究可以推断，采取非金属元素磷（P）掺杂与 N 缺陷联合修饰的策略对于形成具有捕获电子能力的中带隙态 g-C_3N_4 具有理论上的可行性。

本文系统研究了混合前驱体、P 掺杂量、掺杂温度等条件对 g-C_3N_4 形貌、结构、物相组成以及光催化性能的影响。确定混合硫脲、二氰二胺的最佳配比，最佳 P 元素掺杂量以及 P 掺杂氮缺陷的最佳温度，并且采用多种分析仪器对所制备的样品进行表征。

4.3.1 材料与方法

4.3.1.1 试剂与仪器

硫脲、二氰胺、磷酸氢二铵 $(NH_4)_2HPO_4$、RhB、乙醇、去离子水等均为分析纯。

4.3.1.2 样品制备

（1）石墨相氮化碳的制备

以硫脲和二氰胺作为混合前驱体，使用热聚合法合成多孔纳米 $g\text{-}C_3N_4$ 光催化剂。将 5g 双氰胺与一定质量的硫脲加入到 20mL 去离子水中，充分搅拌均匀后，置其于 100℃ 的油锅中，待水分蒸干后将其送入烘箱中。将烘干后的前驱体在研钵中研磨至细粉末后置于石英舟内，送至管式炉中于开放环境下煅烧。程序设定为：自 30～350℃，升温速率 10℃/min，共计 32min；自 350～550℃，升温速率 5℃/min，共计 40min；550℃恒温加热 4h。反应完毕后，得到淡黄色的氮化碳粉末。根据硫脲用量的不同（0、6.79g、18.07g），产物分别标记为 DS、DS60% 和 DS80%。

（2）磷掺杂石墨相氮化碳的制备

将 5g 二氰胺、6.79g 硫脲与一定质量的 $(NH_4)_2HPO_4$ 加入到 20mL 去离子水中，搅拌均匀后置于 100℃ 油锅中，待水分蒸干后再将其送入烘箱中烘干。将烘干后的前驱体在研钵中研磨 15min 后放入石英舟中，并置管式炉中于开放环境下煅烧（温度程序设置与上述石墨相氮化碳相同）。反应完毕后，得到淡黄色的氮化碳粉末。调节 $(NH_4)_2HPO_4$ 的用量分别为 0.18g、0.53g、0.89g，分别得到 P 掺杂含量分别为 1%、3%、5% 的样品，分别标记为 DS60%-1%、DS60%-3% 和 DS60%-5%。

（3）磷掺杂氮缺陷石墨相氮化碳的制备

将 1g DS60%-5% 样品置于石英舟中，待管式炉预热至 650℃ 后将石英舟送入炉中央，然后分别在 650℃、680℃、700℃ 下高温煅烧 5min 后迅速取出，在室温下冷却即得磷掺杂氮缺陷石墨相氮化碳。所得样品分别标记为 DS60%-

5%-650、DS60%-5%-680、DS60%-5%-700。

4.3.1.3 表征

采用傅里叶变换红外光谱仪（Great10，天津瑞捷，中国）、X射线衍射仪（LabX6000，Shimadzu，日本）、场发射扫描电子显微镜（Nova450，FEI，荷兰）、BET比表面积分析测试仪（A201A型，北京冠测，中国）、X射线光电子能谱仪（K-Alpha$^+$，TMO，美国）、紫外-可见漫反射光谱仪（UV-4100，K-Alpha$^+$，TMO，美国）对样品的物相、形貌、表面组成、结构及光学性质进行分析表征。

4.3.1.4 光催化实验

采用350W氙灯作为辐照光源，以样品对MB溶液的光催化降解率来评价样品的光催化性能。将0.1g光催化剂超声分散在100mL浓度为10mg/L的MB溶液中，在黑暗条件下剧烈搅拌0.5h，达到吸附解吸平衡后打开氙灯进行光催化反应。每隔一定时间，抽取3mL上清液，以10000r/min的速度离心10min，得待测液，测定其吸光度。

4.3.2 结构与表征

4.3.2.1 XRD分析

图4.18(a)为DS、DS60%和DS60%-5%的XRD图谱，图4.18(b)为不同高温快速处理条件下的氮缺陷修饰P/g-C_3N_4对应的XRD图谱。由图4.18(a)可以看出，以不同煅烧温度制备得到的g-C_3N_4均有两个特征峰，分别位于衍射角13.2°和27.4°附近。微弱的衍射峰是由g-C_3N_4的类石墨相层状结构引起，对应g-C_3N_4的（100）晶面。最强的衍射峰由g-C_3N_4层间共轭芳香环的周期性排列引起，对应g-C_3N_4的（002）晶面[14]。掺杂P元素后，两个特征峰的位置基本没有发生改变，表明磷酸氢二铵的加入不会对g-C_3N_4晶相形成产生影响。图4.18(b)中，随着热处理的温度升高，两个特征峰的峰强均出现衰弱的趋势。其中，（002）峰的强度降低可归因于氰基的形成破坏了聚合物胍链之间的氢键，导致层的波动，从而破坏周期性堆叠结构[61,62]。同时，强度降低的（100）峰源自高温热腐蚀N原子对共轭芳环的轻微破坏，FTIR

结果也证明了这一点。

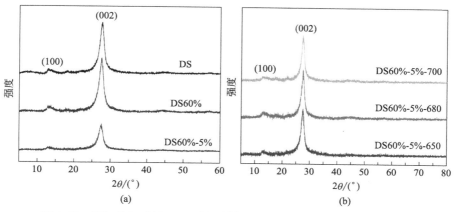

图 4.18　DS、DS60%和 DS60%-5%的 XRD 图谱（a）和在不同高温热处理（650℃、680℃、700℃）的 DS60%-5%的 XRD 图谱（b）

4.3.2.2　FTIR 分析

图 4.19 为不同氮化碳样品的 FTIR 图谱。图中各个峰值对应的结构为：N—H 键的伸缩振动峰，位于 $3000 \sim 3300 \mathrm{cm}^{-1}$[63]；N—H 键的形变峰，位于 $883 \mathrm{cm}^{-1}$ 处；CN 杂环化合物中的 C—N 键与 C=N 键的伸缩振动峰，介于 $1200 \sim 1700 \mathrm{cm}^{-1}$ 之间；代表 $g-C_3N_4$ 的三嗪结构的特征峰，位于 $810 \mathrm{cm}^{-1}$ 处。以上各个峰的位置与徐[64]等使用一步法制备的 P 掺杂石墨

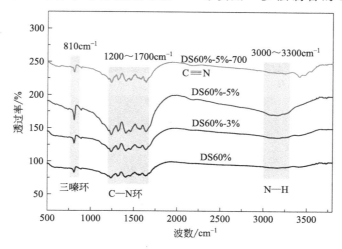

图 4.19　不同氮化碳样品的 FTIR 图谱

相氮化碳的红外峰位置基本一致，仅因实验条件与原料的不同而出现了微量的位移。

对比 DS60％、DS60％-3％和 DS60％-5％的红外谱图，石墨相氮化碳对应的各特征峰位置基本一致，仅在强度上有所不同。这归因于非金属掺杂破坏了石墨相氮化碳的对称性，同时非金属元素具有高电离能和电负性，易与石墨相氮化碳中的原子之间产生化学键，进而使不同化学键结构在数目上出现了微量的变化。此外，掺杂 P 后的样品在 950cm^{-1} 处出现了一个微弱的峰，此峰应为 P—N 键的伸缩振动峰[65]。所以，P 元素的掺杂并未改变石墨相氮化碳原本的分子结构。

CN 的快速热处理改性引起了 FTIR 信号的一些变化。首先，高温热处理使得位于 810cm^{-1} 处的尖峰变宽和减弱，表明七嗪环受到了影响；第二，明显出现了中心位置在 2175cm^{-1} 的新峰，对应 C≡N [66，67]。因此可判断 g-C_3N_4 部分芳香骨架上出现了 N 空位[66]。

4.3.2.3　SEM 分析

对以三种不同处理方式制备的光催化剂进行扫描形貌分析，图 4.20 中 (a)～(d) 分别是 DS、DS60％、DS60％-5％、DS60％-5％-700 的样品表面形

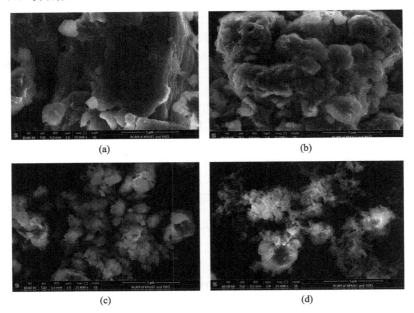

图 4.20　DS、DS60％、DS60％-5％、DS60％-5％-700 的扫描电镜图

貌的扫描电镜图。从图中可清晰地看出，由双氰胺和硫脲混合制备的 DS 呈现出带有石墨相氮化碳特征的芳香片层，且紧密地堆积形成块状结构。经 P 元素掺杂的 g-C_3N_4（DS60%-5%），结构变得更加分散，无序度增加，同时表面出现大量孔洞。这是因为经过高温煅烧处理后，快速膨胀的气体可克服石墨相片层间的范德华力，并产生剥离作用使样品厚度大幅减小，最终形成带有弯曲边缘的二维超薄片状结构。一般认为，松散连接的柔韧性片状 g-C_3N_4 在光催化降解过程中更易于光吸收及电荷转移。

4.3.2.4 BET 分析

对光催化剂样品的比表面积、孔容、孔径等进行分析表征，探究其催化性能。

图 4.21 为不同比例 P-CN 催化剂的 BET 测试结果图，由图 4.21 可以看出，未进行 P 掺杂的石墨相氮化碳的等温吸附曲线呈Ⅲ型，其低压区趋向 X 轴，说明氮气与材料作用力弱。三种样品的等温线在较高相对压力区域没有表现出吸附饱和，按照 IUPAC 的分类，可确定为 H3 型回滞环，说明样品均存在片状粒子堆积形成的狭缝孔。值得注意的是，当相对压力 P/P_0 为 0.90～1.0 时，样品 DS60%、DS60%-5% 和 DS60%-5%-700 的滞后环逐渐向高压端移动。这是因为，掺磷和高温快速处理可使样品的层状结构更加疏松，狭缝孔尺度变得更宽，对应的孔容也逐渐增大；而且处理后样品的微孔数量增多，使滞后环向高压端移动。

DS60%-5% 和 DS60%-5%-700 的 BET 比表面积分别为 37.4730m^2/g

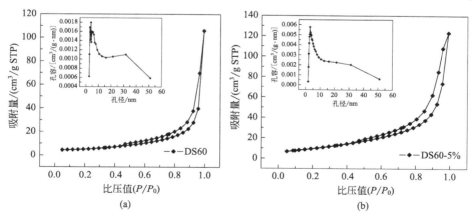

图 4.21

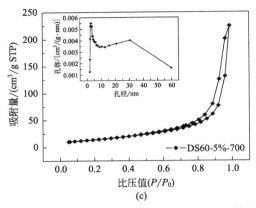

图 4.21 不同比例 P-CN 催化剂的 BET 测试结果

和 $52.3958m^2/g$，分别是 DS60% 的 2.08 倍和 2.91 倍（表 4.3）。这是因为磷酸氢二铵高温热分解可产生大量的气体（主要是氨气），气体冲蚀作用使材料表面形成更多的孔洞。高比表面积促进更多活性表面位点的生成，进而提高光催化剂对污染物的降解和吸附，这也是光催化性能增强的原因之一。

表 4.3　BET 比表面积、样品孔容和平均孔径数据

样品名称	比表面积 /(m^2/g)	孔容 /[$cm^3/(g \cdot nm)$]	平均孔径 /nm
DS60%	18.0068	0.16447	2.5372
DS60%-5%	37.4730	0.191552	13.6536
DS60%-5%-700	52.3958	0.349376	18.6309

4.3.2.5　XPS

XPS 是研究化合物的元素组成与化学键信息的图谱。图 4.22(a) 表明 DS60% 是由 C、N 两元素和少量 O 元素组成。图 4.22(b) 是样品的 C 1s 高分辨谱：分为两个峰，峰值中心均位于 288.2eV 和 284.6eV 附近[68,69]。其中主峰 284.6eV 是 N—C==N 结构中 sp^2 杂化 C 原子的键能，288.2eV 附近的特征峰则归属于 C—N==C 键中的 C 原子。图 4.22(c) 是样品的 N 1s 高分辨谱：拟合为四个峰，峰值中心位于 398.5eV、400.1eV、401.1eV 和 403.9eV 附

近[52,53,68]，分别对应芳香三均三嗪环结构中 sp^2 杂化的 N 原子（C—N=C）、游离氨基的 N 原子（N—H）、N—(C)$_3$ 以及 π-π* 卫星峰（电荷效应）。值得注意的是，高温热处理后样品 DS60% 和 DS60%-0.7 的 398.5eV 峰偏移向更高结合能（398.6eV），表明七嗪环中 N 原子周围的电子密度降低，这是由共价键合结构中缺少 N 原子造成的。

图 4.22(b)(c) 中 C、N 两元素的 XPS 结果基本保持一致，表明掺 P 并未改变 DS60%-0.7% 和 DS60%-0.7%-700 石墨相氮化碳的基本结构。图 4.22(d) 显示样品含有 P 元素，P 2p 的峰均值在 133.5eV，证明 P 元素以 P^{5+} 存在[70]，对应 P—N 键键能，而非结合能偏低的 P—C 键[65]。

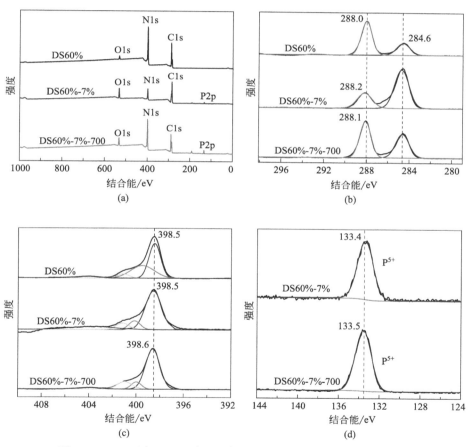

图 4.22 DS60%、DS60%-0.7% 及 DS60%-0.7%-700 的 XPS 图谱
(a) 全谱；(b) C 1s；(c) N 1s；(d) P 2p

4.3.3 光催化性能

4.3.3.1 前驱体配比对光催化性能的影响

图 4.23 为不同前驱体混合比例下所得 g-C_3N_4 的光催化降解 RhB 的性能以及一阶动力学曲线。由图 4.23 可以看出，DS60% 的降解率最高，为 63.37%，进而确定最佳的前驱体掺杂比例为 60% 的硫脲与 40% 的二氰胺。

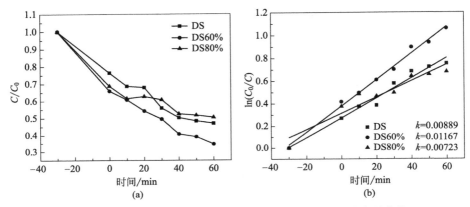

图 4.23 混合比例对样品光催化性能的影响及其一阶动力学曲线

Li 假设反应遵循一级动力学，获得反应速率常数 k[71]。降解过程可用以下方程式表达[71,72]：

$$-\ln C/C_0 = kt$$

式中，C_0、C 分别是 RhB 的初始浓度和降解后的浓度；t 是反应时间。k 值可以反映其光催化降解速率及光催化降解性能。由图 4.23 可知，DS60% 的 k 值为 0.01167，分别为 DS 和 DS80% 的 1.3 倍和 1.61 倍。

掺杂硫脲的混合前驱体氮化碳拥有更高的比表面积和更高的未配对电子密度，因此硫脲混合前驱体可以提供更多的活性位点，有利于光催化反应的进行。但是，如果硫脲掺杂过量，使得 g-C_3N_4 中捕获光生电子的位点间距减小，进而成为空穴与电子复合的中心，因此电子与空穴复合的概率反而变大，不利于光催化活性的提高。

4.3.3.2 P掺杂量对样品光催化性能的影响

图4.24是不同掺杂比例的P/g-C_3N_4可见光下的光催化性能图。从图中可以看出,掺杂P原子后提升了CN的光催化性能,其中5%掺杂比例的P/g-C_3N_4提升最多,从DS60%的63.37%提升至77.52%。这是由于P原子的掺杂扰乱了g-C_3N_4的对称结构,价带底得到了提升,缩小了带隙能量;同时阴离子的掺入不容易形成复合中心,使得P掺杂的g-C_3N_4的光催化效率得到一定程度上的提升。然而,当P的掺杂量过多时,杂质P掺杂的位置变深,杂质点反而容易成为激子复合位点,因此,导致光催化性能降低。故选取DS60%-5%作为后续实验的材料。

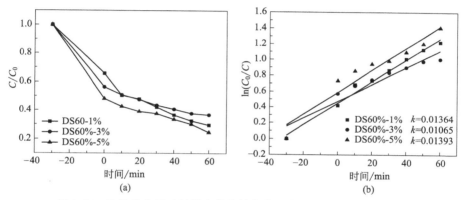

图4.24 P的掺杂量对材料光催化性能的影响及其一阶动力学曲线

4.3.3.3 二次煅烧温度对样品光催化性能的影响

图4.25是氮缺陷P/g-C_3N_4可见光催化性能图。从图中可以看出,在不同温度下进行了高温快速处理后,样品的光催化效果有进一步提升。当热处理温度为700℃时,样品DS60%-5%-700的光催化最优。其在60min时对RhB降解效率为96.15%,较DS60%-5%提升了约1.24倍。氮缺陷修饰一方面使得P掺杂的g-C_3N_4结构变得疏松,孔隙率增大,提高了催化剂的比表面积,增加了表面的催化活性位点;另一方面,氮缺陷通过捕获效应抑制电荷载流子的复合,而P原子的引入有效降低了石墨相氮化碳的带隙宽度,导致电子分离和跃迁的能力增强,相应地催化氧化能力得到提升,进而提高了P/g-C_3N_4的光催化效率。

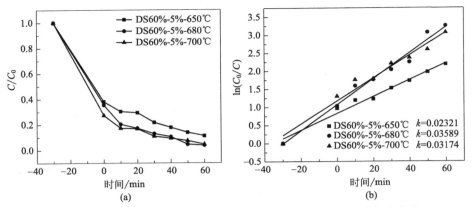

图 4.25 二次煅烧温度对样品光催化性能的影响（a）及其一阶动力学曲线（b）

4.3.4 光催化机理

4.3.4.1 UV-vis 分析

图 4.26(a) 为样品紫外-可见光漫反射光谱，可看出石墨相氮化碳的吸收光的主要范围在 200～400nm[51,73]。与 DS 相比，DS60％和 DS60％-5％的谱图出现轻微红移，表明双氰胺-硫脲混合前驱体和掺磷可以有效拓宽 g-C_3N_4 的可见光吸收范围。注意，DS60％-5％-700 谱图除了有明显的红移外，光吸收边的吸收率也明显增加[67]。大量研究表明吸收率的提高可归因于石墨相氮化碳骨架上的氮空位[67,74,75]。因此，氮缺陷显著改善了石墨相氮化碳对可见光的吸收，促使更多的光生载流子跃迁，光利用率明显提高。

$$ah\nu = A(h\nu - E_g)^{\frac{n}{2}} \qquad (4.8)$$

式中，a、h、ν、A 为吸收系数、普朗克常数、入射光频率和常数[76]；$n=4$[77]。

通过将 UV-vis DRS 光谱转换成 $(ah\nu)^{1/2}$-$h\nu$ 图谱，采用 Tauc plot 法可以求得光催化剂的带隙值（E_g）。从图 4.26（b）中可以看出，DS、DS60％-5％、DS60％-5％ 和 DS60-5％-700 催化剂的带隙值分别为 2.512eV、2.455eV、2.437eV 和 2.404eV。上述结果表明，改变混合前驱体（双氰胺与硫脲）的质量配比对催化剂禁带宽度的降低发挥着重要的作用。此外，当掺磷量为5%以及700℃高温热煅烧处理后,将P原子引入石墨相氮化碳的骨架中,可以有效调整电子能级结构,进一步降低g-C₃N₄带隙能量。

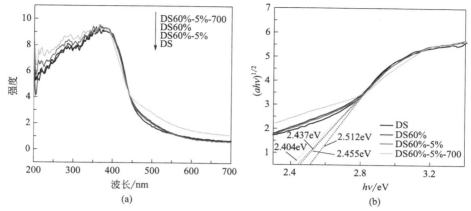

图4.26 样品的UV-vis光谱(a)和$(ah\nu)^{1/2}$-$h\nu$的曲线(b)

4.3.4.2 光催化机理

基于以上分析,本研究提出了DS60%-5%-700催化降解RhB机理,如图4.27所示。在光的照射下,原本处于价带的电子被激发进入导带同时留下空穴,电子在中带隙态的作用下加速分离和转移。最后,转移到g-C₃N₄表面的空穴(h^+)和光生电子(e^-)发生一系列的氧化还原反应:

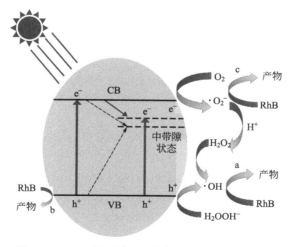

图4.27 DS60%-5%-700降解RhB污染物机理图

$$g\text{-}C_3N_4 \xrightarrow{h\nu} g\text{-}C_3N_4(h^+ + e^-) \qquad (4.9)$$

$$h^+ + H_2O \longrightarrow \cdot OH + H^+ \qquad (4.10)$$

$$h^+ + HO^- \longrightarrow \cdot OH \qquad (4.11)$$

$$e^- + O_2 \longrightarrow \cdot O_2^- \longrightarrow H_2O_2(\text{质子化}) \longrightarrow \cdot OH \qquad (4.12)$$

$$\cdot OH + RhB \longrightarrow H_2O + CO_2 \qquad (4.13)$$

$$h^+ + RhB \longrightarrow H_2O + CO_2 \qquad (4.14)$$

$$\cdot O_2^- + RhB \longrightarrow H_2O + CO_2 \qquad (4.15)$$

参考文献

[1] Dat A, Pham C T N, Ngoc T N, et al. One-step synthesis of oxygen doped g-C_3N_4 for enhanced visible-light photodegradation of Rhodamine B [J]. Journal of Physics and Chemistry of Solids, 2021, 151: 109900.

[2] Xu Y, Ge F, Chen Z, et al. One-step synthesis of Fe-doped surface-alkalinized g-C_3N_4 and their improved visible-light photocatalytic performance [J]. Applied Surface Science, 2019, 469: 739-746.

[3] Pelaez M, Nolan N T, Pillai S C, et al. A review on the visible light active titanium dioxide photocatalysts for environmental applications [J]. Applied Catalysis B: Environmental, 2012, 125: 331-349.

[4] Yang S, Gong Y, Zhang J, et al. Exfoliated graphitic carbon nitride nanosheets as efficient catalysts for hydrogen evolution under visible light [J]. Adv Mater, 2013, 25: 2452-2456.

[5] Zhu K, Wang K, Meng A, et al. Mechanically exfoliated g-C_3N_4 thin nanosheets by ball milling as high performance photocatalysts [J]. RSC Adv, 2015, 5: 56239-56243.

[6] Cai M, Thorpe D, Adamson D H, et al. Methods of graphite exfoliation [J]. J Mater Chem, 2012, 22: 24992-25002.

[7] Niu P, Zhang L, Liu G, et al. Graphene-like carbon nitride nanosheets for improved photocatalytic activities [J]. Adv Funct Mater, 2012, 22: 4763-4770.

[8] Li C, Sun Z, Zhang W, et al. Highly efficient g-C_3N_4/TiO_2/kaolinite composite with novel three-dimensional structure and enhanced visible light responding ability towards ciprofloxacin and S. aureus [J]. Applied Catalysis B: Environmental, 2018, 220:

272-282.

[9] Yang L, Liu X, Liu Z, et al. Enhanced photocatalytic activity of g-C_3N_4 2D nanosheets through thermal exfoliation using dicyandiamide as precursor [J]. Ceramics International, 2018, 44 (17): 20613-20619.

[10] 蒋丽, 高慧慧, 曹茹雅, 等. 三维大孔 g-C_3N_4 吸附和光催化还原 U (VI) 性能研究 [J]. 无机材料学报, 2020, 35 (3): 359.

[11] Hu S, Ma L, You J, et al. Enhanced visible light photocatalytic performance of g-C_3N_4 photocatalysts co-doped with iron and phosphorus [J]. Applied surface science, 2014, 311: 164-171.

[12] Feng J, Zhang D, Zhou H, et al. Coupling P nanostructures with P-doped g-C_3N_4 as efficient visible light photocatalysts for H_2 evolution and RhB degradation [J]. ACS Sustainable Chemistry & Engineering, 2018, 6 (5): 6342-6349.

[13] Sarkar S, Sumukh S S, Roy K, et al. Facile one step synthesis of Cu-g-C_3N_4 electrocatalyst realized oxygen reduction reaction with excellent methanol crossover impact and durability [J]. Journal of colloid and interface science, 2020, 558: 182-189.

[14] Thorat N, Yadav A, Yadav M, et al. Ag loaded B-doped-g-C_3N_4 nanosheet with efficient properties for photocatalysis [J]. Journal of environmental management, 2019, 247: 57-66.

[15] Li Z, Wang J, Zhu K, et al. Ag/g-C_3N_4 composite nanosheets: synthesis and enhanced visible photocatalytic activities [J]. Materials Letters, 2015, 145: 167-170.

[16] Fu Y, Huang T, Jia B, et al. Reduction of nitrophenols to aminophenols under concerted catalysis by Au/g-C_3N_4 contact system [J]. Applied Catalysis B: Environmental, 2017, 202: 430-437.

[17] Zhou B, Hong H, Zhang H, et al. Heterostructured Ag/g-C_3N_4/TiO_2 with enhanced visible light photocatalytic performances [J]. Journal of Chemical Technology & Biotechnology, 2019, 94 (12): 3806-3814.

[18] Ding J, Liu Q, Zhang Z, et al. Carbon nitride nanosheets decorated with WO_3 nanorods: Ultrasonic-assisted facile synthesis and catalytic application in the green manufacture of dialdehydes [J]. Applied Catalysis B: Environmental, 2015, 165: 511-518.

[19] Yu Y, Cheng S, Wang L, et al. Self-assembly of yolk-shell porous Fe-doped g-C_3N_4 microarchitectures with excellent photocatalytic performance under visible light [J]. Sustainable Materials and Technologies, 2018, 17: e00072.

[20] Ma J, Yang Q, Wen Y, et al. Fe-g-C_3N_4/graphitized mesoporous carbon composite as an effective Fenton-like catalyst in a wide pH range [J]. Applied catalysis B: environmental, 2017, 201: 232-240.

[21] Hou X, Huang X, Jia F, et al. Hydroxylamine promoted goethite surface Fenton

[22] Hu J, Zhang P, An W, et al. In-situ Fe-doped g-C_3N_4 heterogeneous catalyst via photocatalysis-Fenton reaction with enriched photocatalytic performance for removal of complex wastewater [J]. Applied Catalysis B: Environmental, 2019, 245: 130-142.

[23] Wang X, Maeda K, Thomas A, et al. A metal-free polymeric photocatalyst for hydrogen production from water under visiblelight [J]. Nature materials, 2009, 8 (1): 76-80.

[24] Tonda S, Kumar S, Kandula S, et al. Fe-doped and-mediated graphitic carbon nitride nanosheets for enhanced photocatalytic performance under naturalsunlight [J]. Journal of Materials Chemistry A, 2014, 2 (19): 6772-6780.

[25] Anandan S, Vinu A, Mori T, et al. Photocatalytic degradation of 2,4,6-trichlorophenol using lanthanum doped ZnO in aqueoussuspension [J]. Catalysis Communications, 2007, 8 (9): 1377-1382.

[26] Han Q, Wang B, Gao J, et al. Atomically thin mesoporous nanomesh of graphitic C_3N_4 for high-efficiency photocatalytic hydrogen evolution [J]. ACS nano, 2016, 10 (2): 2745-2751.

[27] Shi L, Liang L, Wang F, et al. Higher yield urea-derived polymeric graphitic carbon nitride with mesoporous structure and superior visible-light-responsive activity [J]. ACS Sustainable Chemistry & Engineering, 2015, 3 (12): 3412-3419.

[28] Zhang M, Jiang W, Liu D, et al. Photodegradation of phenol via C_3N_4-agar hybrid hydrogel 3D photocatalysts with free separation [J]. Applied Catalysis B: Environmental, 2016, 183: 263-268.

[29] 曹雪娟, 单柏林, 邓梅, 等. Fe 掺杂 g-C_3N_4 光催化剂的制备及光催化性能研究 [J]. 重庆交通大学学报 (自然科学版), 2019, 38 (11): 52-57.

[30] Guo T, Wang K, Zhang G, et al. A novel α-Fe_2O_3@ g-C_3N_4 catalyst: synthesis derived from Fe-based MOF and its superior photo-Fenton performance [J]. Applied Surface Science, 2019, 469: 331-339.

[31] Wu X, Cheng J, Li X, et al. Enhanced visible photocatalytic oxidation of NO by repeated calcination of g-C_3N_4 [J]. Applied Surface Science, 2019, 465: 1037-1046.

[32] Li Y, Wang M Q, Bao S J, et al. Tuning and thermal exfoliation graphene-like carbon nitride nanosheets for superior photocatalytic activity [J]. Ceramics International, 2016, 42 (16): 18521-18528.

[33] Ge L, Han C. Synthesis of MWNTs/g-C_3N_4 composite photocatalysts with efficient visible light photocatalytic hydrogen evolution activity [J]. Applied Catalysis B: Environmental, 2012, 117: 268-274.

[34] Bicalho H A, Lopez J L, Binatti I, et al. Facile synthesis of highly dispersed Fe(Ⅱ)-doped g-C_3N_4 and its application in Fenton-like catalysis [J]. Mol Catal, 2017, 435: 156-165.

[35] Dong G, Zhang L. Porous structure dependent photoreactivity of graphitic carbon nitride under visiblelight [J]. Journal of Materials Chemistry, 2012, 22 (3): 1160-1166.

[36] Sahar S, Zeb A, Liu Y, et al. Enhanced Fenton, photo-Fenton and peroxidase-like activity and stability over Fe_3O_4/g-C_3N_4 nanocomposites [J]. Chinese Journal of Catalysis, 2017, 38 (12): 2110-2119.

[37] 张嵚, 程晓迪, 徐观军, 等. UV/TiO_2降解亚甲基蓝染料废水的动力学特性及影响因素 [J]. 江西农业大学学报, 2012, 34 (6): 1273-1280.

[38] 李芳柏, 古国榜. 亚甲基蓝溶液的光催化脱色及降解 [J]. 环境污染与防治, 1999, 21 (6): 1-4.

[39] Yuan R, Guan R, Shen W, et al. Photocatalytic degradation of methylene blue by a combination of TiO_2 and activated carbon fibers [J]. Journal of Colloid and Interface Science, 2005, 282 (1): 87-91.

[40] Kehrer J P. The haber-weiss reaction and mecha-nisms of toxicity [J]. Toxicology, 2000, 149 (1): 43-50.

[41] Li Y, Ouyang S, Xu H, et al. Constructing solid-gas-interfacial fenton reaction over alkalinized-C_3N_4 photocatalyst to achieve apparent quantum yield of 49% at 420 nm [J]. Journal of the American Chemical Society, 2016, 138 (40): 13289-13297.

[42] 杭子清. 简析光催化技术及其研究现状 [J]. 资源节约与环保, 2021 (2): 122-123.

[43] 余刚, 杨志华, 祝万鹏, 等. 染料废水物理化学脱色技术的现状与进展 [J]. 环境科学, 1994 (4): 75-79, 96.

[44] 王颖, 杨传玺, 王小宁, 等. 二维光催化材料研究进展 [J]. 有色金属科学与工程, 2021, 12 (2): 30-42.

[45] 冯旭峰, 李梦耀, 赵林, 等. g-C_3N_4/TiO_2/$BiPO_4$的制备及光催化性能研究 [J]. 应用化工, 2021.

[46] 夏泽林, 刘世民, 郭玉, 等. TiO_2制备改性及光催化应用研究进展 [J]. 中国陶瓷工业, 2020, 27 (01): 41-45.

[47] 李克斌. g-C_3N_4及其复合材料的制备及光催化性能研究 [D]. 南京: 南京理工大学, 2017.

[48] 尹双凤, 区泽堂, 李华明. 魅力光催化剂 [J]. 物理化学学报, 2020, 36 (03): 7-8.

[49] 郑雪萍. TiO_2光催化与超亲水性薄膜的研究 [D]. 昆明: 昆明理工大学, 2004.

[50] Groenewolt M, Antonietti M. Synthesis of g-C_3N_4 nanoparticles in mesoporous silica host matrices [J]. Advanced Materials, 2005, 17 (14): 1789-1792.

[51] 彭小明,罗文栋,胡玉瑛,等.磷掺杂的介孔石墨相氮化碳光催化降解染料[J].中国环境科学,2019,39(8):3277-3285.

[52] 曾黔.元素掺杂对石墨相氮化碳的影响及光催化性能的研究[D].江苏:江苏科技大学,2020.

[53] 唐荣,丁任丽,郑诗瑶.磷掺杂石墨相氮化碳的制备及对磺胺噻唑的可见光催化性能研究[J].生态与农村环境学报,2019.35(3):377-384.

[54] 苏跃涵,王妍霏,张钱新,等.二维超薄 $g-C_3N_4$ 的制备及其光催化性能研究[J].中国环境科学,2017,37(10):3748-3757.

[55] 李莉莉,陈翠柏,兰华春,等.$g-C_3N_4$ 协同光催化还原 Cr(Ⅵ)及氧化磺基水杨酸[J].环境科学,2017,38(4):1483-1489.

[56] 马元功,魏定邦,赵静卓,等.磷掺杂石墨相氮化碳及其光催化性能研究[J].化工新型材料,2020,48(4):196-201.

[57] Shen M, Zhang L, Wang M, et al. Carbon-vacancy modified graphitic carbon nitride: enhanced CO_2 photocatalytic reduction performance and mechanism probing [J]. Journal of Materials Chemistry A, 2019, 7 (4): 1556-1563.

[58] Zhang H Z, Feng L J, Li C H, et al. Preparation of graphitic carbon nitride with nitrogen-defects and its photocatalytic performance in the degradation of organic pollutants under visible light [J]. Journal of Fuel Chemistry and Technology, 2018, 46 (7): 871-878.

[59] 陈闽南,陶红,宋晓峰,等.硝酸辅助合成氮缺陷石墨型氮化碳材料及光谱学分析[J].光谱学与光谱分析,2020,40(7):2159-2163.

[60] Zhao D, Dong C L, Wang B, et al. Synergy of dopants and defects in graphitic carbon nitride with exceptionally modulated band structures for efficient photocatalytic oxygen evolution [J]. Adv Mater, 2019, 31 (43): 1903545.

[61] Kang Y, Yang Y, Yin L C, et al. Selective breaking of hydrogen bonds of layered carbon nitride for visible light photocatalysis [J]. Adv Mater, 2016, 28 (30): 6471-6477.

[62] Kang Y, Yang Y, Yin L C, et al. An amorphous carbon nitride photocatalyst with greatly extended visible-light-responsive range for photocatalytic hydrogen generation [J]. Adv Mater, 2015, 27 (31): 4572-4577.

[63] Yu H, Shi R, Zhao Y, et al. Alkali-assisted synthesis of nitrogen deficient graphitic carbon nitride with tunable band structures for efficient visible-light-driven hydrogen evolution [J]. Adv Mater, 2017, 29 (16).

[64] Zan X U, Xue-Gang Y U, Yan S, et al. One-pot synthesis of phosphorus doped $g-C_3N_4$ with enhanced visible-light photocatalytic activity [J]. Journal of Inorganic Materials, 2017, 32 (2): 155-162.

[65] Zhang, Antonietti Y M. Photocurrent generation by polymeric carbon nitride solids: an initial step towards a novel photovoltaic system [J]. Chem Asian J, 2010, 5 (6):

[66] Mo Z, Xu H, Chen Z, et al. Self-assembled synthesis of defect-engineered graphitic carbon nitride nanotubes for efficient conversion of solar energy [J]. Applied Catalysis B: Environmental, 2018, 225: 154-161.

[67] Niu P, Qiao M, Li Y, et al. Distinctive defects engineering in graphitic carbon nitride for greatly extended visible light photocatalytic hydrogen evolution [J]. Nano Energy, 2018, 44: 73-81.

[68] Liu D, Zhang S, Wang J, et al. Direct Z-scheme 2D/2D photocatalyst based on ultrathin g-C_3N_4 and WO_3 nanosheets for efficient visible-light-driven H_2 generation [J]. ACS Appl Mater Interfaces, 2019, 11 (31): 27913-27923.

[69] 张旭,杨绍斌. 磷掺杂石墨相氮化碳的制备及其在锂硫电池中的应用 [J]. 复合材料学报, 2020: 38-42.

[70] Dake L S, Baer D R, Friedrich D M. Auger parameter measurements of phosphorus compounds for characterization of phosphazenes [J]. Journal of Vacuum Science & Technology A: Vacuum, Surfaces, and Films, 1989, 7 (3): 1634-1638.

[71] Li X, Wang D, Cheng G, et al. Preparation of polyaniline-modified TiO_2 nanoparticles and their photocatalytic activity under visible light illumination [J]. Applied Catalysis B: Environmental, 2008, 81 (3-4): 267-273.

[72] Hu S, Ma L, You J, et al. A simple and efficient method to prepare a phosphorus modified g-C_3N_4 visible light photocatalyst [J]. RSC Adv, 2014, 4 (41): 21657-21663.

[73] 苏海英,陈平,王盈菲,等. g-C_3N_4/TiO_2 复合材料光催化降解布洛芬的机制 [J]. 中国环境科学, 2017, 37 (1): 195-202.

[74] Tu W, Xu Y, Wang J, et al. Investigating the role of tunable nitrogen vacancies in graphitic carbon nitride nanosheets for efficient visible-light-driven H_2 evolution and CO_2 reduction [J]. ACS Sustainable Chemistry & Engineering, 2017, 5 (8): 7260-7268.

[75] Niu P, Yin L C, Yang Y Q, et al. Increasing the visible light absorption of graphitic carbon nitride (melon) photocatalysts by homogeneous self-modification with nitrogen vacancies [J]. Adv Mater, 2014, 26 (47): 8046-8052.

[76] Zhang S, Hu C, Ji H, et al. Facile synthesis of nitrogen-deficient mesoporous graphitic carbon nitride for highly efficient photocatalytic performance [J]. Applied Surface Science, 2019, 478: 304-312.

[77] Li X L, Wang H, Joshua T, et al. Simultaneous nitrogen doping and reduction of graphene oxide [J]. Journal of the American Chemical Society, 2009, 131: 15939-15944.

第5章 双元素共掺杂氮化碳

5.1 铁磷共掺杂氮化碳及其光催化性能研究
5.2 Ag-P共掺杂石墨相氮化碳的结构和性能
5.3 Gd-P共掺杂g-C_3N_4及其可见光降解性能
5.4 B-P共掺杂多孔氮化碳的制备及光催化性能

石墨相氮化碳（g-C_3N_4）是一种带隙在 2.7eV 左右的非金属聚合物半导体。近年来，g-C_3N_4 已成为光催化半导体材料研究的热点。但其无定形聚合物的特性使电子-空穴对复合速率快，而且只能吸收波长低于 460nm 的光。元素掺杂是一种简单易操作的策略。晶格掺杂是改造 g-C_3N_4 固有能带结构和内部晶格结构以拓展光吸收波长和促进载流子分离最有效的方法。通常金属阳离子掺杂驱动了中间杂质能级在晶格中形成，而非金属阴离子掺杂会抬高价带边缘，增强共掺杂样品的可见光吸收。本章主要研究了不同元素共掺杂对 g-C_3N_4 结构和性能的影响以及相关机理。

5.1 铁磷共掺杂氮化碳及其光催化性能研究

近年来，一种无金属光催化剂石墨氮化碳（g-C_3N_4）因其在分解水制氢[1]、分解有机污染物[2] 以及可见光下的有机合成[3] 等方面的应用前景而受到人们的广泛关注。g-C_3N_4 具有适中的带隙，因此可以吸收高达 450nm 的光。但 g-C_3N_4 光生电子-空穴对的复合率高，导致其光催化性能较低。为了解决这一问题，人们做了很多尝试，如元素掺杂、构建异质结复合材料[4]。在各种策略中，元素掺杂是最有效、最方便的方法之一。

铁元素作为最有前景的掺杂元素之一，在 g-C_3N_4 掺杂方面受到越来越多的关注。Fe 掺杂后的 g-C_3N_4 具有更宽的光吸收范围，从而导致更好的光催化苯氧化性能[5]。Wang 等[6] 报道 Fe 掺杂 g-C_3N_4 随着 Fe 含量的增加，对长波波长的光吸收扩大。磷掺杂氮化碳可有效地减小 g-C_3N_4 的带隙以提高光催化性能，Bellardita 等[7] 的研究表明 P/g-C_3N_4 的带隙可低至 2.55eV，显著提高了材料对可见光的利用率。Wang 等[8] 的研究结果表明 P/g-C_3N_4 在 30min 时对罗丹明的降解率是 g-C_3N_4 的 1.5 倍。基于以上 Fe 和 P 掺杂的优点，可以期待 Fe/P 共掺杂对于改善 g-C_3N_4 高电荷复合率这一固有缺陷或可起到协同加强的作用。

以双氰胺单体、硝酸铁和磷酸氢二铵为前驱体，制备了一系列 Fe、P 共掺杂的 g-C_3N_4 催化剂，考察了该催化剂在可见光下光催化降解甲基成 MO 的活性和稳定性，详细讨论了掺杂对催化剂结构性质、光学性质和光催化性能的影响，提出了 P 和 Fe 的可能机理和掺杂位置。

5.1.1 材料与方法

5.1.1.1 试剂

二氰胺、尿素、九水硝酸铁、磷酸氢二铵、对苯醌、叔丁醇、乙二胺四乙酸二钠、亚甲基蓝、无水乙醇均为分析纯，购自国药集团化学试剂有限公司。蒸馏水为实验室自制。

5.1.1.2 样品制备

（1）$g-C_3N_4$ 的制备

将 5g 双氰胺放入坩埚，然后置于管式炉，在空气中以 500℃ 加热 4h，升温速率为 5℃/min，然后自然冷却到室温获得 $g-C_3N_4$，标记为 DCN。

（2）$Fe/g-C_3N_4$ 催化剂的制备

在搅拌状态下，将 1g DCN 加入到 30mL 去离子水中，加入 0.1443g $Fe(NO_3)_3 \cdot 9H_2O$，超声振荡 15min 后，在 100℃ 水浴或油浴条件下加热至水分慢慢蒸干，得到的固体放入烘箱中 100℃ 干燥。将干燥后的固体研磨后放入坩埚中 550℃ 下焙烧 3h（升温速率为 5℃/min），制备的催化剂记为 Fe-CN。

（3）P/Fe-CN 的制备

在搅拌状态下，将 1g Fe-CN 加入到 30mL 去离子水中，再加入计算量的 $(NH_4)_2 \cdot HPO_4$，超声振荡 15min 后在 100℃ 下加热至水分蒸干，得到的固体放入烘箱中 100℃ 干燥。将干燥后的固体研磨后放入管式炉中在 550℃ 下在 N_2 气氛下加热 4h，速率为 5℃/min，制备的催化剂记为 P/Fe-CN。将所得产物研磨成粉即得到不同磷掺量下的铁磷共掺杂氮化碳，记作 $x\%$P/Fe-CN。实验中分别制备了 1%P/Fe-CN、3%P/Fe-CN、5%P/Fe-CN、7%P/Fe-CN。采用相同操作，制备了磷掺杂量为 5% 的磷掺杂氮化碳，记作 P-CN。

5.1.1.3 表征

采用 X 射线衍射仪（APEXII，Bruker，日本）、场发射扫描电子显微镜（Nova450，FEI，荷兰）、透射电子显微镜（Tccnai G2 TF-30，Hitachi，日本）、BET 比表面积分析测试仪（ASAP-2020，Quantachrome Ins，美国）、X 射线光电子能谱仪（K-Alpha$^+$，TMO，美国）、紫外-可见漫反射光谱仪

(UV-4100，K-Alpha$^+$，TMO，美国）对样品的物相、形貌、表面组成、结构及光学性质进行分析表征。

5.1.1.4 光催化实验

选用 MO 溶液作为降解用污染物测试光催化降解活性。即取 0.1g 光催化剂超声分散在 100mL 浓度为 10mg/L 的 MO 溶液中，在黑暗条件下达到吸附解吸平衡（剧烈搅拌 0.5h），再打开氙灯进行光催化反应。每隔一定时间，抽取 3mL 上清液，以 10000r/min 的速度离心 10min，得待测液，测定其吸光度。

5.1.2 结构与表征

5.1.2.1 XRD 分析

各光催化剂的 XRD 谱图如图 5.1 所示。g-C_3N_4 在 27.3℃处的典型（002）层间堆积峰[9]，对应的层间距离为 $d=0.32$nm，而在 13.1℃处的峰代表的是平面内结构堆积基序（100）[10]，周期为 0.675nm。掺铁后的 P-CN、Fe-CN 以及 5%P/Fe-CN 与 DCN 的特征衍射峰大致相同，说明掺杂并没有改变 CN 的基本结构单元。但是从图 5.1 中可以看出，掺杂后样品在（002）晶面处的吸收峰由尖锐逐步趋于平缓，同时峰位向高角度移动。这是由于掺杂减弱了石墨相氮化碳层间的范德华力，使层间距变宽，晶粒尺寸减小，结晶度降低[11]。同样，掺杂后的样品在（001）晶面处的峰强也明显减弱，说明氮化碳

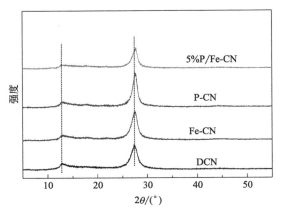

图 5.1 纯 DCN 及掺杂样品的 XRD 图

面内的三均三嗪环其周期性排列的规整性降低。图 5.1 中未发现 Fe、氧化铁、碳化铁等铁物种衍射峰，这表明掺杂的铁离子可能以金属卟啉或者金属酞菁中的 Fe—N 键的形式掺杂到 g-C_3N_4 的骨架中[12,13]。

5.1.2.2　SEM 和 TEM 分析

氮化碳掺杂前后的扫描电镜照片如图 5.2 所示。其中，图 5.2(a) 为由直接热缩聚法制备得到 CN 的 SEM 照片。从图 5.2(a) 中可以看出，二氰胺直接热缩聚得到的样品 DCN 呈现典型的片状堆叠结构，层间堆积紧密。图 5.2(b) 为 Fe-CN 的扫描电镜，由 SEM 照片可以看出，样品 Fe-CN 呈现明显的银耳状片层结构，片层薄而疏松。相比 DCN 和 Fe-CN，磷掺杂后的样品 P-CN 改善了未掺杂样品 DCN 的紧密片层结构，但是其松散程度较 Fe-CN 稍弱。共掺杂样品 5％P/Fe-CN 的形貌较好地体现了 Fe 和 P 单掺杂的特点，即在银耳状片层结构上有少量次松散结构。因此，由 SEM 照片可以看出，Fe 和 P 单掺杂及共掺杂打开了原始氮化碳紧密的片层结构和团聚状态，有利于氮化碳比表面积的提高及光催化性能的提升。

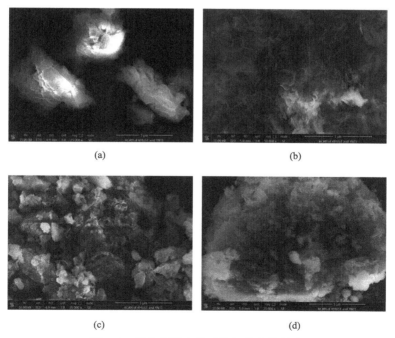

图 5.2　氮化碳掺杂前后的扫描电镜照片
(a) DCN；(b) Fe-CN；(c) P-CN；(d) 5％P/Fe-CN

图 5.3 为 DCN（a）及 5%P/Fe-CN（b）的透射电镜照片。从图中可以看出，原始氮化碳 DCN 的图片颜色深且片层结构紧密，无任何孔洞结构。相比之下，P 和 Fe 共掺杂样品为薄而均匀的片状结构。因此，TEM 进一步证明了 P 和 Fe 改善了原始氮化碳固有团聚结构。

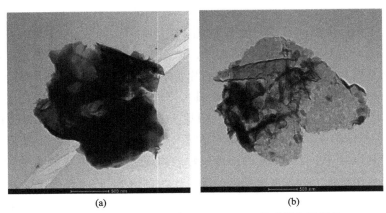

图 5.3　DCN（a）及 5%P/Fe-CN（b）的透射电镜照片

5.1.2.3　BET 分析

为了考察掺杂对样品比表面积的影响，进行了 N_2 吸附脱附研究，测量了氮吸附和脱附等温线，如图 5.4 所示。所有样品的等温线均为经典Ⅳ型，表明催化剂中存在介孔。低压范围内（$0.4 > P/P_0 > 0.9$）的滞后回线与孔隙内聚集有关。表 5.1 为各样品的比表面积及孔结构参数，由表可知，经掺杂后样品

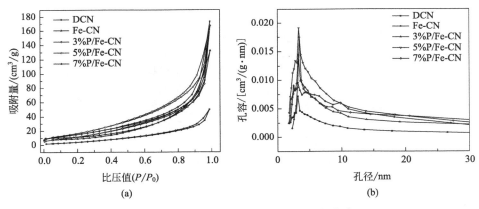

图 5.4　样品的吸附脱附等温线（a）及孔径分布（b）

的比表面积、孔容及平均孔径均显著大于未掺杂的原始样品。Fe 和 P 共掺杂使样品的比表面积略有减小,但幅度不大。以上结果表明,Fe 和 P 掺杂可以有效地提高材料的分散性,g-C_3N_4 提高 BET 比表面积较高。较大的 S_{BET} 能促进吸附、解吸以及反应物和产物的扩散,这有利于光催化的性能。

表 5.1　各样品的比表面积及孔结构参数

样品名称	比表面积 /(m^2/g)	孔容 /[(cm^3/(g·nm)]	孔径 /nm
DCN	19.021	0.07724	9.4459
Fe-CN	58.5022	0.2055	12.5887
3%P/Fe-CN	56.7219	0.2598	13.3729
5%P/Fe-CN	55.2491	0.2490	14.8323
7%P/Fe-CN	53.7386	0.2698	13.5241

5.1.2.4　XPS 分析

通过 XPS 来分析复合材料的表面组成和化学形态,结果如图 5.5 所示。由图 5.5 可知,5%P/Fe-CN 材料由 C、N、Fe 和 P 四种元素组成,图 5.5(a) 为 5%P/Fe-CN 样品的 C 1s 轨道谱图,结合能位于 281.38eV 的特征峰对应于 C—C 单键或 C—N 单键,而 284.85eV 对应于环状结构中 sp^2 杂化的碳原子[14]。图 5.5(b) 为 N 1s 轨道谱图,其中位于 398.78eV、400.78eV 和 404.08eV 处的结合能分别对应于 sp^2 杂化的氮原子(C—N═C),三嗪环中 sp^2 杂化的 C═N 键以及 N—(C)$_3$ 键[15]。C 1s 和 N 1s 的 XPS 光谱均证实了

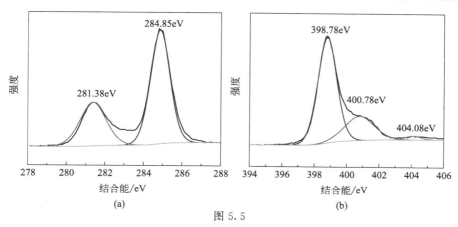

图 5.5

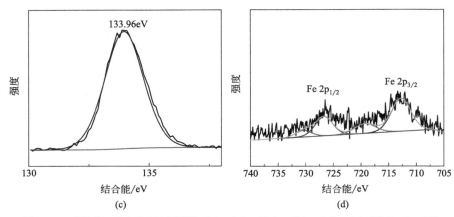

图 5.5　5%P/Fe-CN 的 XPS 图谱 C 1s（a），N 1s（b），P 2p（c）和 Fe 2p（d）

掺杂后 g-C$_3$N$_4$ 的七嗪杂环的基本结构。图 5.5（c）中位于 133.96eV 的特征峰是典型的 P—N 配位峰，说明 P 的掺杂可能导致 P 取代三嗪环中的 C 而形成 P—N 键[16]，比 P—C 配位高 1～2eV[16]。基于以上分析，我们认为磷化处理后，P 原子被诱导进入了 DCN 的框架中，取代角位 C 原子形成 P—N 键。图 5.5（d）为 5%P/Fe-CN 样品的 Fe 2p 能级 XPS 图谱，Fe 2p 在 713eV 和 726eV 处有两个特征宽峰，这是 Fe 2p$_{3/2}$ 与 Fe 2p$_{1/2}$ 的典型信号[17]。

5.1.3　光催化性能

本文以 MO 为光降解染料，探究了各样品的可见光催化性能。图 5.6（a）为可见光下不同样品作用下 MO 浓度时间关系曲线。总体上，掺杂后样品光催化降解 MO 染料的性能明显优于未掺杂样品 DCN，且所有 Fe/P 共掺杂样品的性能均优于单掺杂样品。说明，Fe/P 共掺杂起到了协同作用。其中，P 掺杂量为 5% 的样品 5%P/Fe-CN 的性能最优。在 70min 时，5%P/Fe-CN 对 MO 的降解率为 97.7%，为未掺杂样品 DCN 的 2.01 倍。按照拟合公式为 $\ln(C_0/C)=kt$，其中 C_0 和 C 为时间为 0 和 t 时的 MO 浓度，可以得到一级反应速率常数 k，见图 5.6（b）。5%P/Fe-CN 的一级反应速率常数 k 为 0.03863，分别为 DCN、Fe-CN 和 P-CN 的 4.7 倍、2.08 倍和 2.64 倍。5%P/Fe-CN 光催化效率提高主要与可见光响应特性以及光生载流子分离效率有关。

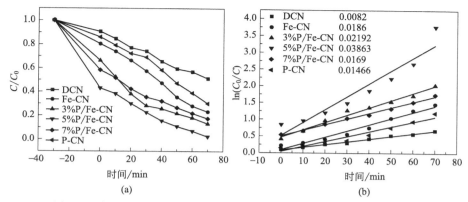

图 5.6　各样品光催化降解 MB 的效率（a）及其一阶动力学曲线（b）

5.1.4　光催化机理

5.1.4.1　UV-vis

图 5.7 为样品的 UV-vis 漫反射谱图（a）及其禁带宽度图谱（b）。可以看出，掺杂样品均表现出与 DCN 相似的光吸收，表明在掺杂 Fe 和 P 后，DCN 的特征骨架结构没有改变。但相比于 DCN 样品（吸收带边为 450nm），掺杂样品的光吸收带边均发生显著红移，说明掺杂材料均对可见光表现出更强的吸收特性。其中，5%P/Fe-CN 的红外最多，其吸收边缘扩展至约 470nm，且吸收强度提升。另外，利用 Kubelka-Munk 方程对 UV-vis 漫反射光谱进行计算，可获得半导体禁带宽度，如图 5.7（b）所示，带隙从本征 DCN 的 2.579eV 降

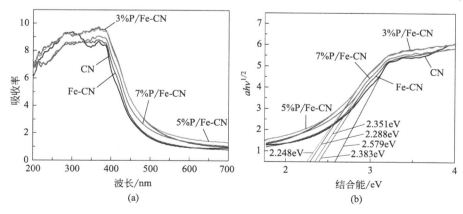

图 5.7　样品的 UV-vis 漫反射谱图（a）及其禁带宽度图谱（b）

低至5%P/Fe-CN的2.248eV。这是因为，共掺杂引起DCN的吸收边缘红移，从而显著降低了样品带隙，使催化剂可吸收更多的可见光，从而有利于提高可见光催化活性。

5.1.4.2 自由基捕获研究

为了进一步阐明5%P/Fe-CN活性提高的机理，通过空穴实验和自由基捕获实验对反应过程中产生的活性物质进行了鉴定。以EDTA-2Na、叔丁醇（t-BuOH）、1,4-苯醌（BQ）为空穴（h^+）清除剂、羟基自由基（·OH）清除剂、超氧自由基（·O_2^-）清除剂[18]。图5.8显示了不同清除剂对g-C_3N_4基催化剂可见光光催化活性的影响。对于DCN，加入t-BuOH后MO的光降解速率略有下降，说明羟基自由基并不是当前光催化体系中的主要活性物质。当添加BQ时，MO的降解急剧下降，说明MO的降解主要由·O_2^-引起。添加EDTA-2Na后，光降解速率明显下降，说明光生成h^+是其系统的主要活性物质[18]。理论上DCN的CB和VB分别为-1.12V和$+1.57$V[19]。·OH/OH^-和O_2/·O_2^-的氧化还原电位分别为$+1.99$V和-0.33V[20]。因此，DCN中CB电子的还原电位要比O_2/·O_2^-的氧化还原电位负得多，能将O_2还原为·O_2^-，而DCN中的VB空穴的正电荷不足以生成·OH，但是光生空穴本身具有强的氧化能力，可以直接将MO氧化降解为小分子物质。因此，当前体系中的主要活性物质应该是·O_2^-和光生空穴h^+。

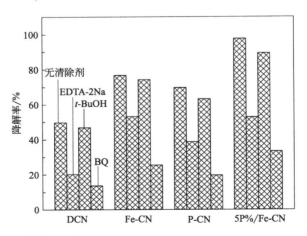

图5.8 自由基捕获剂对样品光催化性能的影响

5.2 Ag-P 共掺杂石墨相氮化碳的结构和性能

在环境问题日益严峻、资源日益短缺的今天，光催化技术因其绿色、高效、环境友好等优点而备受关注。光催化技术可以将太阳能转化为化学能，进而应用于水分分解制氢、降解有机污染物、CO_2 还原和有机合成等领域[21]。寻找制备工艺简单、成本低、效率高的光催化剂是光催化技术的关键。

$g-C_3N_4$ 是一种新型的光催化剂，其适当的价带和导带位置、良好的可见光响应能力及优异的热稳定性和化学稳定性等优点，使其迅速成为光催化领域的研究热点。近年来，$g-C_3N_4$ 在水分分解制氢[22,23]、污染物降解[24-26]、二氧化碳还原[27-29]、NO_x 去除[30]、重金属吸附[31,32] 等领域日益显示出了其重要的科学意义和应用前景。$g-C_3N_4$ 的制备方法有气相沉积法[33]、热聚合法[34-36]、溶剂热法[37,38]、超分子自组装法[39]。在以上方法中，热聚合法制备 $g-C_3N_4$ 最为简单便宜，是 $g-C_3N_4$ 很重要的合成方法。然而，通过热聚合法制备的 $g-C_3N_4$ 多为密实的粉体颗粒，层状结构团聚严重，导致比表面积较低、光生载流子分离能力和光电催化活性也大大减弱。近年来，众多研究者围绕热聚合法的缺陷，采用了不同手段对其进行改性，以增大比表面积、提高光生电子和空穴的分离能力。改性手段包括：元素掺杂[40,41]、构建异质结构[42]、单原子催化等[43]。

对 $g-C_3N_4$ 进行元素掺杂是调控其能带结构的最为简单有效的方式。金属元素掺杂可以加速光生电子转移至 $g-C_3N_4$ 表面，提高电子-空穴的分离效率，进而提升光催化活性[44]。非金属掺杂可以为半导体提供缺陷，取代 $g-C_3N_4$ 中 C 原子并抑制 $g-C_3N_4$ 晶体的生长，成为反应的活性位点，以提高反应速率[45]。Wang 等[40] 制备了 $P/g-C_3N_4$，P 取代了 $g-C_3N_4$ 中 C 原子，使 $g-C_3N_4$ 的价带和导带边缘同步提高，能带间隙减小，$P/g-C_3N_4$ 催化析氢效率为纯 $g-C_3N_4$ 的 2 倍。Lv 等[41] 制备了 P 掺杂的 $g-C_3N_4$ 空心球，P 通过抑制 $g-C_3N_4$ 的电荷复合和自陷来提高电荷传输效率。其在紫外光下析氢效率为 $9653\mu mol/(h \cdot g)$，是纯 $g-C_3N_4$ 的 6.6 倍。Deng 等[46] 制备了 $Ag/g-C_3N_4$，Ag 在 $g-C_3N_4$ 上高度均匀分散，大幅提高了活性位点。Li 等[47] 制备了 Ag 掺杂 $g-C_3N_4$，当银粒径约为 13.2nm 时最有利于光生电子和空穴的分离和转移，其固氮效率为纯 $g-C_3N_4$ 的 1.4 倍。Ma 等[48] 使用 $NaBH_4$ 还原法制备了

Ag-Pd/g-C_3N_4，用以制备有机反应的重要中间体亚胺。Ag 和 Pd 的粒径均较小且分散性良好，比负载单一金属效果好。基于贵金属掺杂和非金属元素掺杂优点及其可能发生的协同作用，Ag/P/g-C_3N_4 可能表现出较窄的带隙宽度和较高电载流子分离效率。

本节首先以双氰胺为前驱体制备了 g-C_3N_4，然后以硝酸银为银源，次磷酸钠为磷源，制备了 Ag、P 共掺杂 g-C_3N_4。利用 XRD、BET、SEM、UV-vis、PL 光致发光光谱对样品进行结构表征。考察了不同 Ag 含量样品 Ag-CN 及共掺杂的样品 3.0P/Ag-CN 对模拟废水亚甲基蓝的催化降解能力。

5.2.1 材料与方法

5.2.1.1 试剂与仪器

无水乙醇、亚甲基蓝（粉末）、硝酸银、次磷酸钠、双氰胺均为分析纯，购于天津市风船化学试剂科技有限公司。乙二胺四乙酸二钠（EDTA-2Na）、苯醌（BQ）、叠氮钠（NaN_3）、异丙醇（IPA）、对苯二甲酸（TA）、氯化硝基四氮唑蓝（NBT）、无水乙醇均为分析纯试剂，购买自国药集团化学试剂有限公司（天津）。

5.2.1.2 样品制备

（1）g-C_3N_4 的制备

将 5g $C_2H_4N_4$ 放入坩埚，置于 550℃ 管式炉内加热 4h，最终待温度自然冷却到室温便获得 g-C_3N_4，记为 CN。

（2）Ag 掺杂 g-C_3N_4 的制备

分别称取 4g $C_2H_4N_4$、一定量的 $AgNO_3$ 和 50mL 去离子水加入烧杯中，在超声振荡器中振荡 0.5h 后再置于 95℃ 水浴锅中，待其水分缓慢蒸干后，将样品取出，放置于烘箱内 60℃ 下干燥 6h。最后在坩埚中充分研磨后置于管式炉中部，于 550℃ 煅烧 4h，升温速率为 10℃/min。反应结束后取出样品，最终获得银质量分数分别为 1.5%、2%、2.5%、3% 的一系列 Ag 掺杂 g-C_3N_4 的催化剂，分别记为 1.5Ag-CN、2.0Ag-CN、2.5Ag-CN、3.0Ag-CN。

（3）Ag/P 共掺杂 g-C_3N_4 的制备

分别将 500μL 去离子水、2.5Ag-CN 和一定量的 $NaH_2PO_2 \cdot H_2O$ 在玛瑙

研钵中进行湿磨60min。湿磨过程中 $NaH_2PO_2 \cdot H_2O$ 发生溶解,可在分子水平上与 $g-C_3N_4$ 混合。研磨完成后将混合物置于管式炉中,在400℃空气氛围中加热120min,升温速率为5℃/min。冷却后,将样品在水和乙醇中超声处理1h,分别离心数次,并在60℃下真空干燥8h。反应结束后取出样品,得到2.0%P、2.5%P、3.0%P、3.5%P分别与2.5Ag-CN共掺杂的 $g-C_3N_4$,分别记为2.0P/Ag-CN、2.5P/Ag-CN、3.0P/Ag-CN、3.5P/Ag-CN。按照上述操作,将2.5Ag-CN替换为纯CN,得到3.0%P单掺杂 $g-C_3N_4$,记作3.0P-CN。

5.2.1.3 光催化降解实验

在可见光条件下,选取10mg/L的MB溶液作为目标降解物。分别称取0.02g光催化剂加入200mL的MB溶液中。首先在无光照条件下,将混合体系用磁力搅拌器搅拌30min,然后置于氙灯下进行光催化降解。氙灯与液面的垂直距离保持在20cm左右,每间隔10min用注射器吸取悬浮液一次,在最大吸收波664nm处,使用紫外可见分光光度计测定MB溶液的吸光度,计算其降解率。

5.2.1.4 性能表征

XRD分析样品的结构及晶型;采用BET方法通过 N_2 的物理吸附脱附测定样品比表面积;SEM分析样品的表面形貌、尺寸及分布状况;用UV-vis漫反射光谱分析仪对各样品的降解能力测定;荧光光谱仪(PL)对样品进行荧光光谱分析。

5.2.2 结构与表征

5.2.2.1 XRD分析

图5.9为CN、2.5Ag-CN和3.0P/Ag-CN复合材料的XRD图谱。由图可知,所有材料都有两个特征衍射峰。$2\theta=13.0°$处的特征衍射峰归因于 $g-C_3N_4$ 材料本身结构的堆叠[49],对应于 $g-C_3N_4$ 的(100)晶面,其晶面间距约为0.681nm,$2\theta=27.5°$处的特征衍射峰是 $g-C_3N_4$ 中的芳香环结构的特征峰,对应于 $g-C_3N_4$ 的(002)晶面,晶面间距约为0.327nm。在Ag单掺杂或P、

Ag 共掺杂后，g-C_3N_4 之间的范德华力有所降低，致使其晶面间距增大、结晶度降低，进而 g-C_3N_4 的分散性受到影响，故 $2\theta=13.2°$、$27.5°$处的衍射峰强度减弱。由于 Ag 的掺杂量较低，谱图中并未出现 Ag 的特征衍射峰。

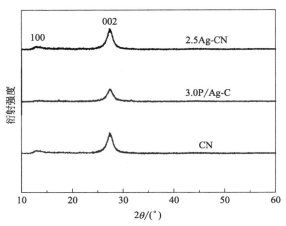

图 5.9　CN 及复合材料的 XRD 图谱

5.2.2.2　SEM 分析

图 5.10 是纯 CN、2.5Ag-CN、3.0P-CN 和 3.0P/Ag-CN 的扫描电镜图。从图中可以看出，g-C_3N_4 的层状结构明显，结构紧密。在单掺杂 Ag 和 P 后，g-C_3N_4 层间的范德华力减弱，晶面间距增大，紧密的片层结构被破坏，紧密度下降，从而导致整体结构疏松。Ag、P 共掺杂后紧密片层结构彻底消失，呈现出类似棉花糖的疏松结构，同时伴有少量孔洞。这种结构会使材料的比表面积增大，暴露的活性位点增多，从而将更多的污染物吸附在材料表面，达到提高光催化反应速率的目的。

5.2.2.3　BET 分析

图 5.11(a) 为纯 CN 和 3.0P/Ag-CN 的 N_2 吸附脱附等温线。由图可知，纯 CN 和 3.0P/Ag-CN 的 N_2 吸附脱附等温线均为Ⅳ型，具有 H3 型回滞环（$0.7<P/P_0<1.0$），表明样品均存在介孔结构。由表 5.2 样品的结构特性参数可知，3.0P/Ag-CN 的比表面积为 26.1388m^2/g，是纯 CN 的 2.69 倍，表明共掺杂样品具有更高比表面积和孔隙率。图 5.11(b) 为样品的孔径分布图，两种样品的孔径主要分布在 4~10nm，3.0P/Ag-CN 的样品的孔径分布更宽，

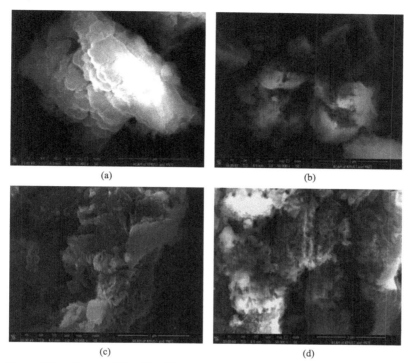

图 5.10 g-C_3N_4（a）、2.5Ag-CN（b）、3.0P-CN（c）和 3.0P/Ag-CN（d）的 SEM 图

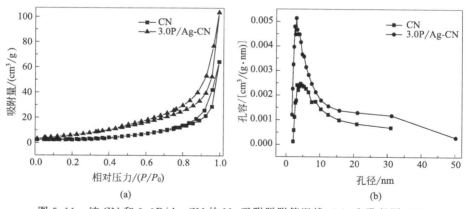

图 5.11 纯 CN 和 3.0P/Ag-CN 的 N_2 吸附脱附等温线（a）和孔径图（b）

证明 P 和 Ag 共掺杂使 g-C_3N_4 聚合度降低，孔结构增加，与 SEM 结果一致。共掺杂样品比表面积的增大和多孔结构的分布，显著丰富了 g-C_3N_4 的吸附位点和活性位点，提高材料对光的吸收效率，同时 3.0P/Ag-CN 显示出较大的

孔隙体积，有利于反应物和产物的扩散，间接加速反应进程。

表 5.2　纯 CN 和 3.0P/Ag-CN 的结构特性

样品名称	比表面积 /(m²/g)	孔径 /nm	孔容 /[cm³/(g·nm)]
纯 CN	9.7267	12.3777	0.037383
3.0P/Ag-CN	26.1388	14.1429	0.071215

5.2.3　光催化性能

5.2.3.1　Ag 掺杂量对 Ag-CN 光催化性能的影响

Ag-CN 和纯 g-C_3N_4 样品对 MB 溶液的降解性能如图 5.12(a) 所示。样品对 MB 溶液的降解符合一级动力学方程为：$\ln(C/C_0)=-kt$ 式中，C 与 C_0 分别是指 t 时刻与初始时刻的 MB 的浓度，k 和 t 分别为一级反应动力学常数 ($\min^{-1}$) 和反应时间 (min)。反应动力学曲线如图 5.12(b) 所示。

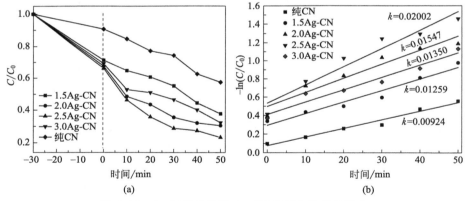

图 5.12　Ag 的掺杂量对 Ag-CN 光催化性能的影响

实验数据显示，在暗反应前 30min 过程中，MB 的减少仅依靠材料的吸附作用。在可见光照射 50min 内，g-C_3N_4 对 MB 溶液降解能力最弱，4 种不同 Ag 掺入量的 Ag-CN 样品对 MB 溶液的降解率均明显高于纯 g-C_3N_4。并且随着 Ag^+ 掺杂量由 1.5% 升高到 2.5%，样品对 MB 的降解率也提高，当 Ag 的掺杂量为 2.5% 时光催化性能最佳，在 50min 内对 MB 的降解率可达 76.70%，其 k 值为 0.02002$\min^{-1}$，是纯 CN 的 2.17 倍。但当掺杂量提高到 3% 时，Ag

的粒径较大,可能充当了电荷的重组中心,造成电子空穴的复合率升高[50],导致样品对 MB 的降解率反而有所下降。

5.2.3.2 P 掺杂量对 P/Ag-CN 光催化性能的影响

不同磷掺杂量下,P/Ag-CN 对 MB 的降解性能如图 5.13(a) 所示。可见光照射 50min 内,4 种不同 P 掺杂量的 P/Ag-CN 材料对 MB 溶液的降解效果均高于单掺杂的 $Ag/g-C_3N_4$ 样品,随着 P 含量的不断增加,MB 的降解率也不断增加。其中,3.0P/Ag-CN 对 MB 的降解效果最好,其在 50min 内对 MB 的降解率达到 90.02%,其一阶反应速率常数为 $0.07045min^{-1}$,分别是 3%P、2.5%Ag 单掺杂样品的 5.6 倍和 3.5 倍,是纯 CN 的 7.6 倍。

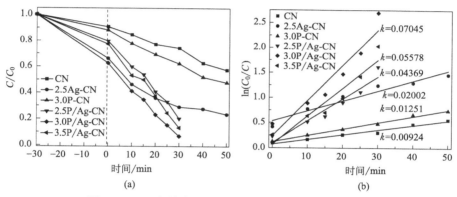

图 5.13　Ag 的掺杂量对 P/Ag-CN 光催化性能的影响

5.2.4　光催化机理

5.2.4.1　UV-vis 分析

CN、2.5Ag-CN、3.0P-CN 和 3.0P/Ag-CN 的紫外可见光谱如图 5.14(a) 所示。光催化剂对光的吸收和利用将直接影响污染物的降解效率。从图可以看出,$g-C_3N_4$ 吸收边表现在 460nm 附近,2.5Ag-CN、3.0P-CN 和 3.0P/Ag-CN 的吸收边出现明显红移现象,分别为 470nm、460nm 和 490nm,且其在可见光区的吸收率也有明显提高。对光的吸收速率越高,说明光生电子-空穴的产生率越高,相应的光催化效率也越高。此结果表明掺杂有效提高了 $g-C_3N_4$ 对光的吸收,该结果与光催化实验结果一致。利用 Kubelka-Munk 方程对 UVvis漫反射光谱进行计算可获得半导体禁带宽度。如图5.14(b)所示，双掺杂g-C_3N_4的禁带宽度最小，为2.202eV，说明双掺杂比单掺杂的g-C_3N_4有更好的吸光性能。

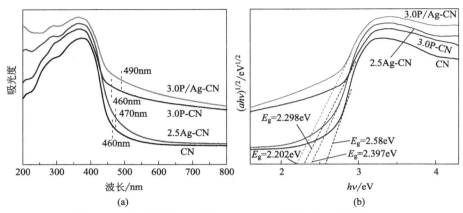

图5.14 合成材料(a)的UV-vis光谱图和禁带宽度图(b)

5.2.4.2 PL分析

图5.15是在激发光波长为370nm的条件下测得的CN、2.5Ag-CN、3.0P-CN和3.0P/Ag-CN样品的荧光光谱。由谱图可以看出，纯CN的PL发射带最宽，在460nm处拥有最强的荧光强度。P、Ag共掺杂的g-C_3N_4的反射峰强度明显降低，这表明掺杂P、Ag可以有效提高半导体表面光生载流子

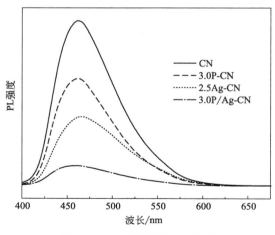

图5.15 合成材料的PL谱图

的迁移效率，显著抑制电子-空穴的复合率，进而提高样品的光催化活性。

5.2.4.3 自由基捕获

光催化反应过程中，反应体系中会产生如 h^+、·OH、·O_2^-、$^1O_2$· 等活性基团。为了探讨 P/Ag-CN 对 MB 的光催化作用机理，用 3.0P/Ag-CN 降解 MB，同时在反应溶液中添加不同种类的捕获剂（EDTA-2Na 捕获 h^+，p-BQ 捕获·O_2^-，IPA 捕获·OH，NaN_3 捕获 $^1O_2$·），实验结果如图 5.16 所示。加入 EDTA-2Na 和 IPA 之后，MB 的降解率明显降低，其在 30min 的降解率分别为 35.2% 和 43.7%，说明 h^+ 和·OH 在 3.0P/Ag-CN 光降解 MB 的过程中起关键作用。加入 p-BQ 后，MB 的降解率在一定程度上被抑制，其在 30min 时的降解率为 71.1%，说明·O_2^- 也是反应体系中的活性基团之一，但不是最主要的活性基团。加入 NaN_3 后，与对照组相比，MB 的降解率变化不大，说明 $^1O_2$· 不是反应体系中的活性基团。因此，在 3.0P/Ag-CN 光催化降解体系中，h^+ 和·OH 对 MB 的降解贡献最大，活性基团对 MB 降解的贡献顺序为 h^+>·OH>·O_2^->$^1O_2$·。

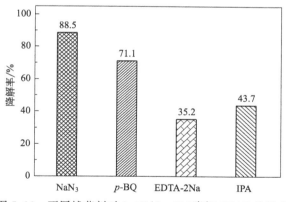

图 5.16 不同捕获剂对 3.0P/Ag-CN 降解 BPAF 的影响

5.2.4.4 光降解机理

3.0P/Ag-CN 对 MB 的光降解机理如图 5.17 所示。一方面，在光照条件下，当光子能量大于 3.0P-CN 的带隙（2.58eV）时，3.0P-CN 价带（VB）电子被激发至导带（CB），同时在 VB 留下 h^+，h^+ 可以直接参与 MB 的降解。由于 3.0P-CN 的导带边缘低于银单质的费米能级，致使 3.0P-CN 上产生的

e⁻部分移动到 Ag 上，Ag 充当电子的"捕获中心"，从而抑制了复合材料上光生电子和空穴的复合率，有效地提高了材料的光催化性能。另一方面，Ag 单质和 3.0P-CN 上的 e⁻可以与 O_2 发生反应产生·O_2^-，·O_2^-可以直接催化氧化 MB，使其降解为小分子，且生成的·O_2^-可以与反应体系中的 H_2O 反应，生成具有强氧化性的·OH，·OH 可以直接氧化分解 MB。Ag 单质的 SPR 效应可以拓宽复合材料对可见光的吸收范围，提高可见光的利用率，同时可以促进复合材料中 e⁻和 h⁺的生成速率，延长光生载流子的寿命。

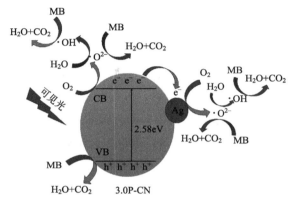

图 5.17　可见光下 3.0P/Ag-CN 光催化降解 MB 的机理

5.3　Gd-P 共掺杂 g-C_3N_4 及其可见光降解性能

政府和科学家们目前正致力于开发绿色化学技术来解决工业污染带来的环境问题[51,52]。具有特殊电子能带结构的碳氮化合物 g-C_3N_4 合成简单、性能稳定，可应用于不同领域，如水分解、二氧化碳还原、有机物降解和有机合成等[53]。然而 g-C_3N_4 的宽带隙限制了其对光的吸收，并且表面缺乏氧化还原活性中心，导致其催化效率低下[54,55]。

对 g-C_3N_4 进行元素掺杂[56]是调控其能带结构最为简单有效的方式。金属元素掺杂可以加速光生电子转移至 g-C_3N_4 表面，提高电子-空穴的分离效率，进而提升光催化活性[57]。非金属掺杂可以为半导体提供缺陷，取代 g-C_3N_4 中 C 原子并抑制 g-C_3N_4 晶体的生长，成为反应的活性位点，以提高反应速率[58]。钆（Gd）是一种多价金属，在 g-C_3N_4 中掺入 Gd 便可以引入多个电子能级,并降低电子的带隙能量,扩展可见光吸收区域[59,60]。Li 等[61]制备了 Gd/g-C_3N_4,其结果表明,Gd 的掺入显著提高了 g-C_3N_4 反应的稳定性及在可见光下的光催化活性。Wang 等[62] 制备了 P/g-C_3N_4,P 取代了 g-C_3N_4 中 C 原子,使 g-C_3N_4 的价带和导带边缘同步提高,能带间隙减小,P/g-C_3N_4 催化析氢效率为纯 g-C_3N_4 的 2 倍。

本研究利用元素掺杂的改性方法制备稀土金属 Gd 和非金属 P 共掺杂的氮化碳,以期提高其光催化活性,研究不同掺杂量对其催化效率的影响,得出最佳的掺杂条件。采用热缩聚法,以硝酸钆、次磷酸钠和二氰胺为原料制备 g-C_3N_4 粉末。分析去离子水(蒸馏水)、硝酸钆、次磷酸钠和二氰胺的用量及亚甲基蓝的初始浓度对 g-C_3N_4 光催化性能的影响。用制得的 CN、Gd-CN、P-CN、Gd-P-CN 对亚甲基蓝溶液进行光催化降解实验,计算其降解率,评价其光催化性能。

5.3.1 材料与方法

5.3.1.1 主要试剂及仪器

无水乙醇、亚甲基蓝(粉末)、次磷酸钠、双氰胺均为分析纯,购于天津市风船化学试剂科技有限公司;六水硝酸钆为分析纯。

OEM-PZ-B22-500W 型紫外灯,上海昭关照明实业有限公司;UV-2012PCS 型紫外可见分光光度计,尤尼柯(上海)仪器有限公司;JSM-5610LV 型扫描电子显微镜(SEM),日本电子株式会社;XRD360 型 X 射线衍射分析(XRD),祥瑞德仪器;UV150 型 UV-vis DRS,上海舨特仪器制造有限公司。

5.3.1.2 样品制备

(1)未掺杂氮化碳的制备

精确称取 5g 双氰胺,置于管式炉中,550℃下 4h,升温速率为 5℃/min,冷却至室温即可获得 g-C_3N_4。

(2)Gd 掺杂 g-C_3N_4 催化剂的制备

称取 0.14g 的 $Gd(NO_3)_3$ 于 50mL 去离子水中[63],加入 4g 双氰胺,混合均匀后超声半小时,然后将烧杯放入温度为 95℃左右的水浴锅内持续加热,使水分缓慢蒸干,产品取出后放入 60℃烘箱内干燥 6h,研磨完毕于管式炉中焙烧,升温速率10℃/min,550℃煅烧4h,即可获得Gd掺杂g-C_3N_4的催化剂,标记为Gd-CN。以此方法分别再称取0.035g、0.07g、0.14g、0.175g、0.21g和0.28g的Gd(NO_3)$_3$,便可得到一系列Gd掺杂g-C_3N_4的催化剂,Gd含量分别为0.5%、1%、2%、2.5%、3%和4%,分别记为0.5Gd-CN、1Gd-CN、2Gd-CN、2.5Gd-CN、3Gd-CN和4Gd-CN。

(3) P掺杂g-C_3N_4的制备

将0.1g的g-C_3N_4和0.05g的NaH_2PO_2·H_2O在玛瑙研钵中先进行固相混合,然后加入0.5mL去离子水,此时将固液混合物在玛瑙研钵中进一步通过湿磨工艺研磨60min,使混合物变成浆液,NaH_2PO_2·H_2O在湿磨过程中溶解,可在分子水平上与g-C_3N_4混合。去离子水在持续研磨过程不断蒸发。最后,混合浆料变成湿-固混合物,置于管式炉中N_2氛围400℃加热120min,速率为5℃/min[64]。冷却后将样品在水和乙醇中超声处理1h,分别离心数次,并在60℃下真空干燥8h,得到磷化的g-C_3N_4,记为P-CN。

(4) Gd/P共掺杂g-C_3N_4的制备

将0.1g的3Gd-CN分别和0.03g、0.04g和0.05g的NaH_2PO_2·H_2O在玛瑙研钵中先进行固相混合,然后向混合物中加入0.5mL去离子水,进行湿磨。后续步骤同(2)。得到的是磷化的3Gd-CN,P在催化剂中的含量分别为9%、12%和15%,分别记为Gd-9P-CN、Gd-12P-CN和Gd-15P-CN。

5.3.1.3 光催化性能测试

以亚甲基蓝(MB)溶液作为模拟废水,氙灯模拟可见光光源探究g-C_3N_4的催化性能。配制MB溶液浓度为10mg/L,取100mL并加入0.1g g-C_3N_4,先用磁力搅拌器搅拌30min进行暗吸附,然后置于氙灯下,进行光催化降解。每10min抽取3mL溶液,使用UV-2102PC型紫外-可见分光光度计在波长为664nm处测定光催化降解后MB溶液的吸光度,然后计算降解率。降解率按照如下公式进行计算:

$$降解率=[(C_0-C_t)/C_0]\times100\%=[(A_0-A_t)/A_0]\times100\%$$

式中 A_0——MB的初浓度下的吸光度;

A_t——降解给定时间后的MB浓度对应的吸光度;

C_0——MB的起始浓度,mg/L;

C_t——降解给定时间后MB的浓度,mg/L。

5.3.2 结构与表征

5.3.2.1 XRD 分析

如图 5.18 是纯 CN 和 3Gd-CN、P-CN 的光催化剂 X 射线衍射图。由图可以看出,所有检测样品均具有两个特征衍射峰。其中 $2\theta=28°$ 处的衍射峰强度最强,为共轭芳香物层间堆积特征峰,对应于 CN 的(002)晶面。另有一个较弱的衍射峰出现在约 13.5°处,是 CN 的(100)晶面,对应 CN 七嗪环的结构。由图可知,Gd 和 P 的掺杂使样品在最强峰处出现了微弱的偏移,可能是由于 Gd 的掺杂使 CN 分子间范德华力降低,增大了层间距,从而改变了 CN 的结构和分散性。另一方面,掺杂 CN 的衍射峰变宽,说明较高的掺杂量会降低 CN 的结晶度。

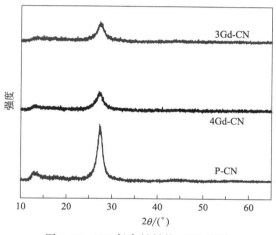

图 5.18 CN 复合材料的 XRD 图谱

5.3.2.2 SEM 分析

图 5.19 分别是 CN、P-CN、4Gd-CN、4Gd-P-CN 样品形貌的扫描电镜图。其中,图(a)为 CN,可以看到 CN 呈现出多孔的层状结构且结构较为紧密,其单片大小约为 $1\sim3\mu m$。图(b)~(d)中的 CN 由于掺杂导致结构变得疏松,分散性和比表面积均有所提升,石墨层发生剥离。CN 经过钆掺杂和钆磷共掺杂后微观形貌发生了变化,样品结构均变得疏松。其中,共掺杂疏松度

更高，紧密程度降低有效增大了与污染物的有效接触面积，污染物比较容易吸附在材料表面，有利于催化降解。

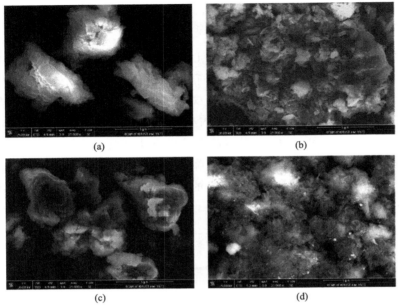

图 5.19　CN（a）、P-CN（b）、4Gd-CN（c）和 4Gd-P-CN（d）的扫描电镜图

5.3.2.3　BET 分析

图 5.20(a) 为 CN、P-CN、4Gd-CN、4Gd-P-CN 的 N_2 吸附脱附等温线。由图可知，各样品的 N_2 吸附脱附等温线均为Ⅳ型，具有 H3 型回滞环（0.7＜

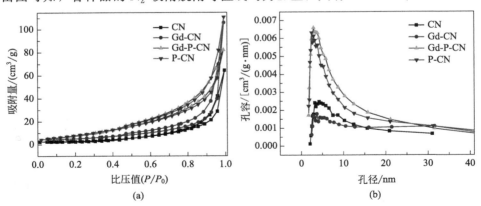

图 5.20　CN 及复合材料的 N_2 吸附脱附等温线（a）和孔径图（b）

$P/P_0<1.0$），表明样品均存在介孔结构。由表 5.3 样品的结构特性参数可知，4Gd-P-CN 的比表面积为 31.4077m^2/g，是纯 CN 的 3.2 倍，表明共掺杂样品具有更高比表面积和孔隙率。图 5.20(b) 为样品的孔径分布图，两种样品的孔径主要分布在 4～10nm，3.0P/Ag-CN 样品的孔径分布更宽，证明 P 和 Gd 共掺杂使 g-C_3N_4 聚合度降低，孔结构增加，与 SEM 结果一致。共掺杂样品比表面积的增大和多孔结构的分布，显著丰富了 g-C_3N_4 的吸附位点和活性位点，提高材料对光的吸收效率，同时 3.0P/Ag-CN 显示出较大的孔隙体积，有利于反应物和产物的扩散，间接加速反应进程。

表 5.3 CN 及复合材料的结构特性

样品名称	比表面积 /(m^2/g)	孔径 /nm	孔容 /[$cm^3/(g \cdot nm)$]
CN	9.7267	12.3777	0.065476
P-CN	16.0284	14.1429	0.172149
4Gd-CN	25.0068	20.5372	0.164471
4Gd-P-CN	31.4077	9.4912	0.127451

5.3.2.4 UV-vis 和 PL 分析

光催化剂对光的吸收和利用将直接影响污染物的降解效率。由图 5.21 可知，在可见光范围内（380～780nm），P-CN 和 3Gd-P-CN 对可见光的吸收效率明显高于纯 CN，说明钆掺杂和钆磷共掺杂提高了样品对可见光的吸收强度，与 SEM 分析结果一致。此外，P-CN 和 3Gd-P-CN 均相对于纯 CN 出现了显著红移，这说明 Gd 和 P 的掺入改变了 CN 的能带结构，降低了带隙能，使 CN 的吸收波长范围拓宽、催化活性增强，提高了 CN 对光的吸收率和利用率。利用 Kubelka-Munk 方程对 UV-vis 漫反射光谱进行计算可获得半导体禁带宽度。如图 5.21(b) 所示，双掺杂 CN 的禁带宽度最小，为 2.17eV，说明双掺杂比单掺杂的 CN 有更好的吸光性能。

图 5.22 是在激发光波长为 370nm 的条件下测得的 CN、P-CN、3Gd-P-CN、4Gd-P-CN 样品的荧光光谱。由谱图可以看出，纯 CN 的 PL 发射带最宽，在 460nm 处拥有最强的荧光强度。Gd、P 共掺杂的 CN 的反射峰强度明显降低，这表明掺杂 Gd、P 可以有效提高半导体表面光生载流子的迁移效率，显著抑制电子-空穴的复合率，进而提高样品的光催化活性，并且 4% Gd 掺杂的共掺杂样品性能最优。

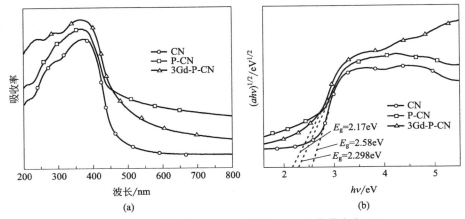

图 5.21 合成材料的 UV-vis 光谱图（a）和禁带宽度（b）

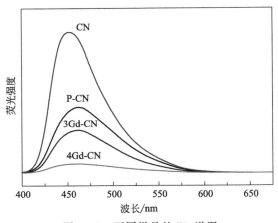

图 5.22 不同样品的 PL 谱图

5.3.2.5 XPS 分析

通过 XPS 来分析复合材料的表面组成和化学形态，结果如图 5.23 所示。Gd-P-CN 复合材料的全谱谱图如图 5.23（a）所示，由图可知，Gd-P-CN 材料由 C、N、O、Gd 和 P 共 5 种元素组成，O 元素的存在是由于材料表面吸收了空气中的 H_2O 或者 O_2。图 5.23（b）为 Gd-P-CN 材料的 C 1s 轨道谱图，结合能位于 284.8eV 的特征峰对应于 C—C 单键或 C—N 单键，而 286eV 对应于环状结构 sp^2 杂化的碳原子。图 5.23（c）中位于 398eV、399.1eV 和 400eV 三处的结合能分别对应于 sp^2 杂化的氮原子（C—N=C），三嗪环中 sp^2 杂化的

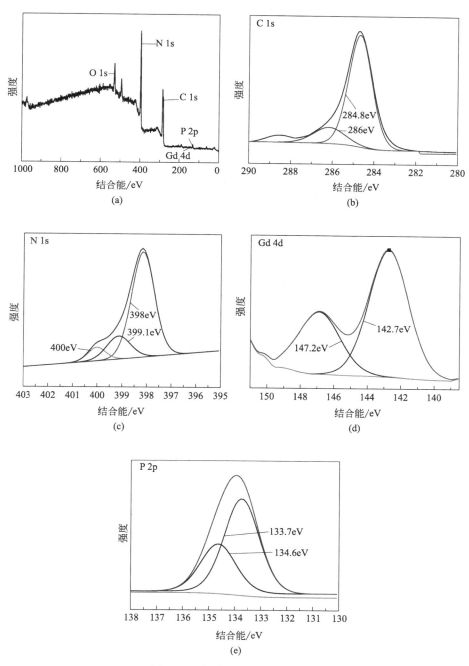

图 5.23 复合材料的 XPS 谱图

C=N 键以及 N—(C)₃ 键。图 5.23(d) 为 Gd-P-CN 材料的 Gd 4d 轨道图。位于 147.2eV 和 142.7eV 两处的特征峰分别归属于 Gd $4d_{3/2}$ 和 Gd $4d_{5/2}$ 自旋分裂轨道，该结果证实了 Gd 单质已成功地掺杂到 g-C_3N_4 中。图 5.23(e) 中位于 132.5eV 的特征峰是典型的 P—N 配位，说明 P 的掺杂可能导致 P 取代三嗪环中的 C 形成了 P—N 键。

5.3.3 光催化性能

5.3.3.1 Gd 掺杂量对光催化性能的影响

不同 Gd 掺杂量对 CN 光催化性能的影响有所不同，结果如图 5.24(a) 所示。样品对 MB 溶液的降解符合一级动力学方程为：$\ln(C/C_0)=-kt$。式中，C 与 C_0 分别是指 t 时刻与初始时刻的 MB 的浓度，k 和 t 分别为一级反应动力学常数（$\min^{-1}$）和反应时间（min）。反应动力学曲线如图 5.24(b) 所示。

掺杂对 CN 的催化有不同程度的促进作用，但掺杂量也有一个最佳值。由图 5.24(a) 可知，当 Gd 的掺杂量小于 3% 时，MB 溶液的降解率随 Gd 掺杂量的增加而增加，掺杂 3% 所得的催化剂活性最高，在 60min 内对 MB 的降解率可达到 82%，其 k 值为 $0.02272\min^{-1}$。当掺杂量超过 3% 时，MB 溶液的降解率逐渐下降，这是由于合适的金属离子的掺杂对改善氮化碳的电子结构起到促进作用，但过多掺杂原子反而会形成杂质点降低活性，降低光催化活性。

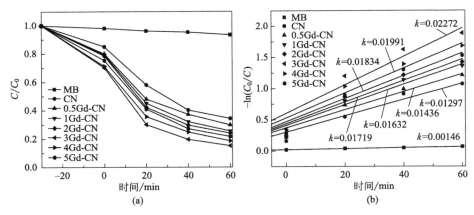

图 5.24 Gd 掺杂量对 Gd-CN 光催化性能的影响

5.3.3.2 P 掺杂量对光催化性能的影响

图 5.25 是不同 P 掺杂量的 Gd-P-CN 的光催化性能图,本研究将 0.1g 的 3Gd-CN 分别和 0.03g、0.04g 和 0.05g 的 P 进行固相混合,制成磷化的 Gd-P-CN,分别记为 Gd-9P-CN、Gd-12P-CN 和 Gd-15P-CN。

由图(a)可见,不同 P 掺量的 Gd-P-CN 的降解率不一样,Gd-12P-CN 催化剂的降解能力明显强于 Gd-9P-CN 和 Gd-15P-CN 两种催化剂,Gd-9P-CN 的降解能力略强于 Gd-15P-CN。另外,MB 的降解率与催化剂的组成、结构、颗粒大小等因素有关,少量掺杂可产生光生空穴电子空位缺陷,利于光生载流子分离,提高催化活性;掺杂过多易产生空位,反而使载流子的复合概率增大,导致催化性能降低[65]。

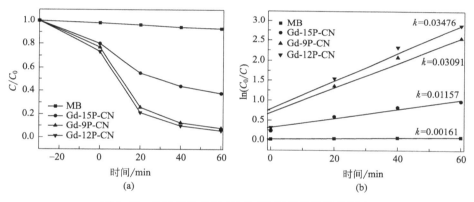

图 5.25 P 的掺杂量对 Gd-P-CN 光催化性能的影响

5.3.3.3 Gd-P 共掺杂对光催化的影响

图 5.26 是纯 CN 与 Gd-CN、P-CN 和 Gd-12P-CN 的光催化降解 MB 的对比图,Gd-12P-CN 中 Gd 的掺杂量为 0.1038g,Gd-CN 中 Gd 的掺杂量为 0.1031g。由图可知,Gd-12P-CN 催化剂的催化能力比纯 $g-C_3N_4$ 明显增强,当 Gd 掺杂量为 0.1001g、P 掺杂量为 0.05g 时,在 MB 溶液初始浓度为 10mg/L 条件下,Gd-12P-CN 光催化性能最好,其降解率可达到 87.2%。另外,从图中还可以看到共掺杂氮化碳的光催化性能优于单掺杂,说明 Gd 和 P 共掺杂起到了协同效应。

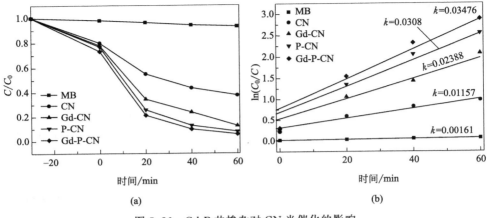

图 5.26 Gd-P 共掺杂对 CN 光催化的影响

5.3.3.4 催化剂的稳定性

将催化性能最优的 4Gd-P-CN 样品进行循环测试。对 4Gd-P-CN 复合催化剂进行重复 5 次的光催化降解实验，每次实验后通过离心静置沉淀的方式回收溶液中的催化剂，然后在烘箱 80℃下烘干，重新进行光催化降解实验，考察催化剂的重复利用性能，实验结果如图 5.27 所示。其在进行重复 5 次使用之后，其催化效率依旧能达到 70% 以上。

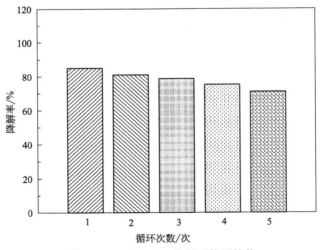

图 5.27 4Gd-P-CN 的循环使用性能

5.4 B-P共掺杂多孔氮化碳的制备及光催化性能

光催化剂因其可实现太阳能的转化以及反应过程绿色无污染，在环境问题和节约资源方面被广泛认可[66,67]。在众多光催化剂中，石墨相氮化碳（$g-C_3N_4$）作为一种带隙值低（2.7eV），可见光响应、物化性质稳定的n型半导体催化剂，可以有效应用在光催化降解有机污染物上[68]。然而，原始的块状氮化碳中有限的光吸收和低效的电荷转移在很大程度上阻碍了采用人工光合作用来满足未来工业应用的需求。

元素掺杂是在石墨相氮化碳中掺入金属或非金属元素，改变$g-C_3N_4$内部的晶格排列，引起晶格缺陷，使得石墨相氮化碳的电子和能带结构得到有效调控，可见光的吸收范围增大，吸光效率得到改善。掺杂元素分为非金属元素（例如P、B、S、O和Br）掺杂、金属元素（例如K、Fe、Cu）掺杂以及共掺杂[69,70]。其中，共掺杂可以结合两种元素的优点，进而提高光催化活性[71]。近来，祝玉鑫[72]等研究硼、碘共掺杂氮化碳催化剂的实验表明，当氧化硼用量为0.1g、碘化铵为0.3g时，制备的$B/I-g-C_3N_4$具有最佳光解水制氢性能。陈苗[73]等在$Ag/P-g-C_3N_4$复合材料可见光催化降解双酚AF的机理研究中发现当初始溶液pH=7时，5%的$Ag/P-g-C_3N_4$的光催化性能最强。掺杂惰性贵金属虽然可有效提高CN的光催化活性，但是成本偏高[68]。马琳[74]采用简单的热聚合法制备了P-Fe共掺杂$g-C_3N_4$，研究证明P、Fe原子进入到不同的晶格间隙中，从而提高对RhB的光催化降解效率。非金属元素硼（B）是典型的缺电子元素，掺硼使得硼原子对电荷的吸引力增强，从而降低催化剂极高的载流子复合率[72]；而掺磷已被证明可以调节电子能级结构，有效降低$g-C_3N_4$带隙能量[75,76]。基于以上优点，BP共掺杂对于改善$g-C_3N_4$高电荷复合率这一固有缺陷或可起到协同加强的作用。

本文采用热缩聚法，以尿素和二氰胺为原料，三氧化二硼为硼源，磷酸氢二铵为磷源，制备BP共掺杂的$g-C_3N_4$并进行光催化测试。最后，采用多种分析仪器对所制备的样品进行表征，分析B、P共掺杂使$g-C_3N_4$光催化活性增强的内在机理。

5.4.1 材料与方法

5.4.1.1 试剂与仪器

二氰胺、尿素、三氧化二硼、磷酸氢二铵、亚甲基蓝、无水乙醇均为分析纯，购自国药集团化学试剂有限公司。蒸馏水为实验室自制。

5.4.1.2 样品制备

(1) 氮化碳的制备

以尿素和二氰胺的混合物为前驱体制备石墨相氮化碳。步骤如下：称取 6g 尿素和 6g 二氰胺，将混合物充分研磨后放入石英舟，并置于升温速率为 10℃/min 的管式炉中，在空气气氛中于 500℃ 下恒温煅烧 4h，反应结束后自然冷却至室温，将其充分研磨得到淡黄色粉末状 g-C_3N_4，记作 CN，同时算出产率。

(2) B 掺杂氮化碳

将 4g 尿素、4g 二氰胺和适量氧化硼完全溶解于 90mL 蒸馏水中，在 80℃ 的水浴锅中混合搅拌到完全干燥，将干燥的固体样品放入研钵中充分研磨，再放入石英舟，并置于升温速率设为 10℃/min 的管式炉中，调节温度在 500℃ 下恒温煅烧 4h，反应结束后待样品冷却至室温，将其充分研磨，得到 B 掺杂的 g-C_3N_4，记作 CNB。将样品分别标记为 CNB0.05、CNB0.1、CNB0.15、CNB0.2。此后，通过光催化实验分析出 B_2O_3 的最适用量。

(3) B、P 共掺杂氮化碳

将 4g 尿素、4g 二氰胺、0.15g 氧化硼和一定量的 $(NH_4)_2HPO_4$ 完全溶解于 90mL 蒸馏水中，在 80℃ 水浴锅中混合搅拌至完全干燥，并将样品放入研钵中研磨 30min。研磨均匀后将其放入石英舟，并置于管式炉中，在空气气氛中于 500℃ 恒温煅烧 4h（升温速率 10℃/min），反应结束后自然冷却至室温，将其充分研磨，得 B、P 共掺杂的 g-C_3N_4，记作 CNBP。根据 $(NH_4)_2HPO_4$ 的用量（0.5%、1%、3%、5%、7%），将样品分别标记为 CNBP0.5%、CNBP1%、CNBP3%、CNBP5%、CNBP7%。

5.4.1.3 表征

采用 X 射线衍射仪（APEXII，Bruker，日本）、场发射扫描电子显微镜

（Nova450，FEI，荷兰）、透射电子显微镜（Tccnai G2 TF-30，Hitachi，日本）、BET 比表面积分析测试仪（ASAP-2020，Quantachrome Ins，美国）、X 射线光电子能谱仪（K-Alpha$^+$，TMO，美国）、紫外-可见漫反射光谱仪（UV-4100，K-Alpha$^+$，TMO，美国）对样品的物相、形貌、表面组成、结构及光学性质进行分析表征。

5.4.1.4 光催化实验

选用 MB 溶液作为降解用污染物测试光催化降解活性。即取 0.1g 光催化剂超声分散在 100mL 浓度为 10mg/L 的 MB 溶液中，在黑暗条件下达到吸附解吸平衡（剧烈搅拌 0.5h）再打开氙灯进行光催化反应。每隔一定时间，抽取 3mL 上清液，以 10000r/min 的速度离心 10min，得待测液，测定其吸光度。

5.4.2 结构与表征

5.4.2.1 XRD 分析

如图 5.28 为纯 g-C_3N_4（CN）和 CNB 及 CNBP 的 X 射线衍射图。从图 5.28 可以看出，所有检测样品都有两个特征衍射峰。其中衍射峰强度最强处（$2\theta=27.5°$）为共轭芳香物层间堆积的特征峰，对应 g-C_3N_4 的石墨状层堆积的（002）晶面，层间距为 0.318nm。在 $2\theta=13.1°$ 处出现的衍射峰对应 g-C_3N_4 的（100）面，为三均三嗪环在层间周期性排列形成的衍射峰。对比发现，掺杂样品 CNB 和 CNBP 的 XRD 谱图与 g-C_3N_4 的图谱基本一致，说明硼、磷掺杂过程并未改变 CN 的主体结构。但是，掺杂样品（002）晶面衍射峰略向低角度偏移，CNB0.15 为 27.8°（$d=0.320$nm），CNB0.05 为 27.6°（$d=0.323$nm），CNB0.2 为 27.7°（$d=0.322$nm），CNB0.1 为 27.8°（$d=0.320$nm），说明 B 掺杂使 g-C_3N_4 的层间距变大，使 g-C_3N_4 的结构和分散性发生改变。此外，单硼掺杂后的样品 CNB 和硼磷共掺杂样品 CNBP 在 $2\theta=27.5°$ 处的衍射峰变得略微尖锐，说明掺杂硼、磷后，氮化碳的片层尺寸变大，晶体晶型发育更优。与纯的 g-C_3N_4 衍射峰相比，CNB 和 CNBP 在（100）晶面处的衍射峰的位置和强度基本一致，说明硼和磷的掺杂并未改变 CN 面内嗪环的聚合结构。

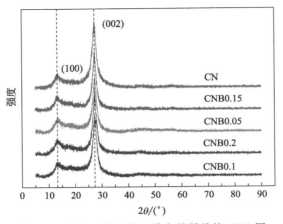

图 5.28　纯 CN 及不同 B 掺杂量样品的 XRD 图

5.4.2.2　SEM 分析

纯 $g\text{-}C_3N_4$(a)(b)、CNB0.15(c)(d) CNBP7%(e)(f) 的表面形貌结构由 SEM 所测。从图 5.29(a)(b) 可看出,纯 $g\text{-}C_3N_4$ 由片层块体组成且带有特征的多层堆积薄片结构,片层边缘弯曲,呈现出多孔的片层状。B 掺杂后,纳米薄片上出现数目众多的孔洞,同时许多细小颗粒在样品表面聚集致使整体结构变得更为致密。在 B、P 共掺杂后,$g\text{-}C_3N_4$ 片层间发生分离,呈现出疏松多

图 5.29　纯 $g\text{-}C_3N_4$(a)(b)、CNB0.15(c)(d)、CNBP7%(e)(f) 的扫描电镜照片

孔的二维超薄片状结构。相比纯 g-C_3N_4 和 CNB0.15，CNBP7％的薄层更加松散地聚集。因此，CNBP7％材料短的体表面距离，更有利于光吸收和电荷转移。

5.4.2.3 BET 分析

通过氮气吸附-脱附技术对材料的比表面积和孔结构进行表征。从图 5.30 可以看出，三条曲线都没有拐点且低压端靠 X 轴，吸附气体量随组分分压增加而上升，曲线下凹是因为吸附质与吸附剂之间相互作用较弱。以此判断 g-C_3N_4、CNB0.15、CNBP1％对氮气的吸附和脱附等温线均为Ⅲ型等温线。通过图 5.30（a）、（b）图可看出，在初期的低压端，g-C_3N_4、CNB0.15、CNBP1％对氮气的吸附量和脱附量随压力的增大而缓慢增多。到中后期，特别当比压值接近 1 时，吸附量和脱附量迅速抬升，表明氮气迅速填充吸附剂的整个空腔。此外，三种样品对氮气的吸附和脱附过程存在 H3 滞后环，说明三种样品都存在由于片层堆积呈现的狭缝孔多孔结构。从样品的孔径分布图可以看出，g-C_3N_4、CNB0.15、CNBP1％的孔径分布分别集中在 2.4~4.2nm、2.1~4.6nm、3.2~5.18nm。三者的最可几孔径分布为 3.1nm、3.5nm 和 3.9nm，说明三种样品中均存在介孔结构。

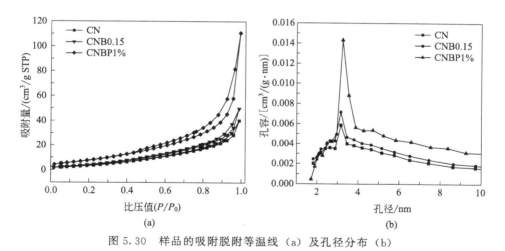

图 5.30 样品的吸附脱附等温线（a）及孔径分布（b）

表 5.4 为 CN、CNB0.15、CNBP1％的 BET 比表面积及孔结构信息。从表 5.4 可以看出，样品 CN 的比表面积为 16.1812m^2/g，明显高于由二氰胺单一制备的石墨相氮化碳（10.32m^2/g）。这是因为，尿素在热分解过程中产生

了大量 NH_3、H_2O 等气体[77]，在气体冲蚀下样品 CN 表面产生成了更多的孔洞和缝隙；另一方面，高温膨胀的气体使得原本紧密堆积的石墨相片层发生剥离。

表 5.4　CN、CNB0.15、CNBP1％的孔结构参数

样品名称	比表面积 /(m²/g)	孔容 /[cm³/(g·nm)]	孔径 /nm
CN	16.1812	0.062245	8.9999
CNB0.15	19.0121	0.07724	9.4459
CNBP1％	32.0284	0.172149	13.5514

经过硼元素掺杂及硼、磷元素共掺杂后的 $g\text{-}C_3N_4$ 样品的表面积均进一步增大。其中，CNBP1％的比表面积为 32.0284 m²/g，增加幅度最大，比纯 $g\text{-}C_3N_4$ 增大了 1.98 倍。表明 CNBP1％材料可以为光催化反应提供更多的活性位数。此外，硼元素掺杂及硼、磷元素共掺杂后的 $g\text{-}C_3N_4$ 样品中片层上的孔洞显著增多，CNB0.15、CNBP1％的孔径和孔容也相应显著增大，这与 SEM 扫描图结果一致。

5.4.2.4　XPS 分析

图 5.31 为 CNBP5％的 XPS 扫描能谱图，目的是进一步分析共掺杂硼、磷后 $g\text{-}C_3N_4$ 化学键的变化和相对含量的差异。图 5.31(b) C 1s 高分辨谱中，C 的结合能在 284.3eV、286.5eV、288.17eV 处有明显大的吸收峰，分别对应 C—C、C—O、C=N/C=O 的化学键键能[78,79]。图 5.31(c) N 1s 高分辨谱中，N 的结合能在 398eV、400eV、401eV 处拟合出峰，分别对应 C—N=C、

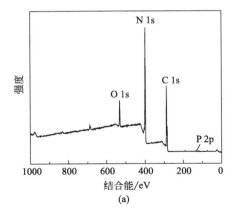

(a)

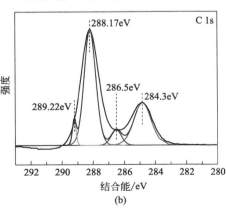

(b)

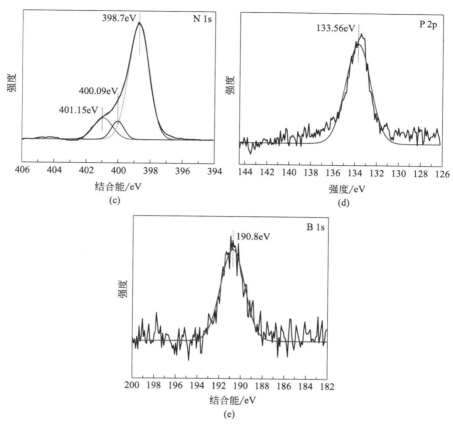

图 5.31 CNBP5%的 XPS 全谱扫描和元素扫描分析图

N—H、N—(C)$_3$ 的化学键键能[68,71]。根据图 5.31(d) P 2p 元素扫描图，P 的结合能衍射峰在 133.56eV 处，这是 P—N 配位的典型值（P—C 键合会低 1~2eV）[68,76]。并且，图 5.31(e) B 1s 元素扫描图中，190.8eV 处结合能表现为 B—N 的化学态。以上结果说明 P 和 B 分别取代了芳香三嗪环中部分 sp^2 杂化 C，形成了 B—P 键和 B—N 键[80-82]。

元素化学状态相对含量见表 5.5。

表 5.5 元素化学状态相对含量

样品名称	峰值	元素个数比值/%
B 1s B^{3+}	192	0.23
C 1s C—C	284.8	12.4
C 1s C—O/C—N	286.5	4.86

续表

样品名称	峰值	元素个数比值/%
C 1s C=N	288.17	30.66
C 1s C=O	289.22	1.58
C 1s 卫星峰	293.43	1.35
N 1s C—NH	401.15	4.74
N 1s C=N	398.7	36.41
N 1s N—C3	400.09	6.53
N 1s 卫星峰	404.31	0.79
P 2p 磷酸盐	133.56	0.46

5.4.3 光催化性能

5.4.3.1 B 掺杂量对光催化性能的影响

不同掺杂量对光催化效率的影响（a）和对应的一阶反应动力学曲线（b）如图 5.32 所示。由图 5.32(a) 看出，不同掺杂量对 g-C_3N_4 光催化效率的影响不同。随着硼元素的掺入，g-C_3N_4 光降解亚甲基蓝的效率不断提高。当 B_2O_3 掺入量为 0.15g 时，催化速率最高，催化效果最好，其降解速率为 51.4%，比未掺杂的 CN 降解速率高 13.9%。对光催化降解过程建立伪一级反应动力学模型，即：$\ln(C_t/C_0) = kt$[73]。C_0 和 C_t 分别是亚甲基蓝的初始

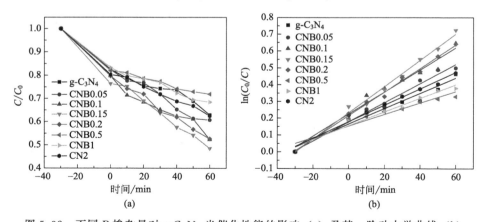

图 5.32 不同 B 掺杂量对 g-C_3N_4 光催化性能的影响（a）及其一阶动力学曲线（b）

浓度和 t 时刻的浓度（mg/L），t 是时间（min），k 是一级反应动力学常数（min^{-1}）表示光催化降解反应速率。纯 CN、CNB0.05、CNB0.1、CNB0.15、CNB0.2、CNB0.5、CNB1、CN2 的 k 值分别是 $0.00271min^{-1}$、$0.00567min^{-1}$、$0.00648min^{-1}$、$0.00773min^{-1}$、$0.00692min^{-1}$、$0.00321min^{-1}$、$0.00408min^{-1}$、$0.0047min^{-1}$。表明当 B 掺杂量为 0.15g 时，CN 对亚甲基蓝的降解效率最高，相应地，反应灵敏度也最高。

这是因为，非金属元素硼（B）是典型的缺电子元素，B 掺杂有利于提高材料对光生电子的结合力，增加载流子的有效迁移，从而降低光生电子-空穴对的高复合率；同时阴离子的掺入不容易形成复合中心，使得 B 掺杂的 g-C_3N_4 的光催化效率得到一定程度的提升。然而，当 B 的掺杂量过多时，杂质 B 掺杂的位置变深，杂质点反而容易成为激子复合位点。所以，当掺杂量超过 0.15g 时，CNB 的催化性能开始下降。

综上所述，CNB0.15 即 B 掺杂量为 0.15g 时样品的光催化性能较好。

5.4.3.2 P 掺杂量对光催化性能的影响

以 CNB0.15 为基准，考察不同磷掺杂量对 g-C_3N_4 光催化性能的影响。图 5.33 为不同 P 掺杂量的 B-CN 的光催化性能图（a）即 B、P 共掺杂 g-C_3N_4 后的光催化速率，（b）为对应的一阶反应动力学曲线。由图 5.33（a）可以看出，B、P 共掺杂 g-C_3N_4 的光降解性能均优于硼单掺杂样品。掺入 1% 的 $(NH_4)_2HPO_4$ 催化效果最好，其降解率为 71.3%，相较纯 g-C_3N_4 和 CNB0.15 分别提高了 33.8% 和 19.9%。从图 5.33（b）看出，CN-BP1% 的一阶反应速率常数为 0.01325，分别是纯 CN 和 CNB0.15 的 4.9

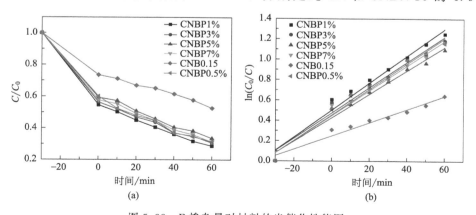

图 5.33 P 掺杂量对材料的光催化性能图

倍和 1.7 倍。B 和 P 的共掺杂改变了 g-C_3N_4 的形貌，使紧密堆积的芳香层发生分离，在气体冲蚀下形成的多孔结构通过促进反应物和产物的扩散可以有效地加快反应动力学过程[83]。超薄的片状可以缩短电荷转移的路径，并且掺杂的 P 原子扰乱了 g-C_3N_4 的对称结构[84]，使得价带的最大值得到了提升，缩小了带隙能量。更小的禁带宽度和短的体表面距离使光生电子-空穴对更加有效地分离和转移，跃迁到材料表面的电子数量增加；另一方面，由 P 掺杂引起的中带隙状态不会作为捕获电子-空穴对的复合中心[85,86]，相反，它们作为分离中心来捕获光生电子，并抑制电荷复合，从而提高光催化活性。

以上实验结果表明，B 和 P 共掺杂对 g-C_3N_4 的光催化活性起到了协同增强的效应。

5.4.4 光催化机理

5.4.4.1 UV-vis 分析

图 5.34 显示了样品的 UV-vis 光谱 (a) 和 $(ah\nu)^{1/2}$ 与光子能量 ($h\nu$) 图 (b)。掺杂样品均与 CN 有着相似的光谱，表明在掺杂 B 和 P 后，CN 的特征骨架结构没有改变[87,88]，这与 XRD 分析结果相同。三种样品吸收光的波长范围主要在 200～460nm。其中，CNBP1% 催化剂在 200～420nm 区间的谱线有明显上升，表明 B、P 共掺杂可以大幅提高氮化碳对紫外光的吸收率。此外，在 460～700nm 范围内 CNB0.15 的谱线有小幅提高，表明 CNB0.15 催化

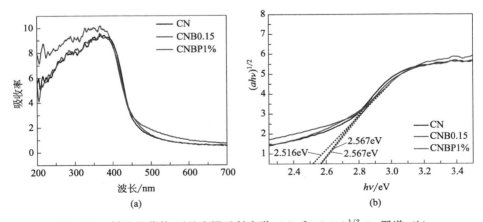

图 5.34 样品的紫外-可见光漫反射光谱 (a) 和 $(ah\nu)^{1/2}$-$h\nu$ 图谱 (b)

剂对可见光的吸收率要优于 CN 和 CNBP1%。值得注意的是，在 400~440nm 的吸收区，CNB0.15 相比 CN 有略微红移，而样品 CNBP1% 的红移表现更加明显。这种现象可归因于在热氧化腐蚀后 $g-C_3N_4$ 厚度和尺寸显著减小，通过沿相反方向移动能带边缘产生量子约束效应[89,90]。

$$a h\nu = A(h\nu - E_g)^{1/2} \tag{5.1}$$

式中，a、h、ν、A 为吸收系数、普朗克常数、入射光频率和常数；$n=4$（间接带隙）。

在图 5.34(b) $(ah\nu)^{1/2}$ 随 $h\nu$ 的变化曲线中，分别选取 CN、CNB0.15、CNBP1% 最大斜率点为切点，作切线方程，在 X 轴上的截距即为样品的带隙值，依次为 2.567eV、2.567eV 和 2.516eV。结果表明掺杂 P 元素可以有效降低石墨相氮化碳的带隙能量，而掺 B 对样品带隙值基本没有影响。

5.4.4.2 催化机理

导带计算公式： $$E_{CB} = \chi - E_e - (E_g/2)^{[91]} \tag{5.2}$$

式中，χ 是半导体的绝对电负性（$\chi = 4.65\text{eV}^{[92]}$）；$E_e$ 是氢标度上的自由电子能量（E_e 约为 4.5eV）；E_g 是半导体的带隙能量。

$$E_{VB} = E_g + E_{CB} \tag{5.3}$$

通过式（5.2）、式（5.3）可计算出 CNBP1%、CN 的导带值分别为 −1.108eV、−1.133eV；价带值分别为 1.408eV、1.434eV。CNBP1% 和 CN 的电子能带结构示意图 5.35 如下。

对于 CNBP1%，在光的辐射下原本处于 VB 的电子吸收大于禁带宽度（2.516eV）的光子能量，跃迁到 CB 并留下空穴（h^+），被激发电子和空穴转移到催化剂表面发生一系列反应，最终将 MB 降解或矿化为 H_2O、CO_2 以及其他小分子化合物，详细的降解过程如图 5.35 所示。图 5.35 表明，导带和价带位置相比 CN 向标准电极电势（即 H^+/H_2 氧化还原电势）略微移动，禁带宽度的减小意味着半导体更大的激发限波长，光生电子-空穴对更易生成，留在 VB 中的空穴数量增加；此外，光催化剂的导带边缘电位（−1.108eV）比 $O_2/\cdot O_2^-$ 的标准氧化还原电位（$-0.33\text{eV}^{[79]}$）更负，表示 CNBP1% 容易生成强还原潜力的超氧自由基（$\cdot O_2^-$）。据报道[79,92]，光催化降解有机污染物过程中发挥主要作用的是 h^+ 和 $\cdot O_2^-$。因此，推测

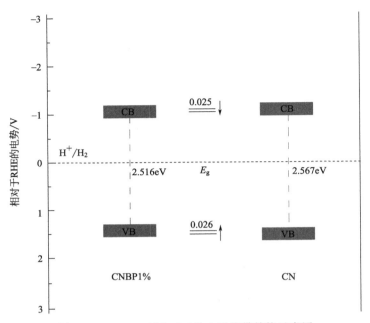

图 5.35　CNBP1％和 CN 的电子能带结构示意图

CNBP1％光催化活性增强的主要原因是 B、P 共掺杂使 g-C_3N_4 能带结构优化并促进参与降解反应的活性物质（h^+、$\cdot O_2^-$）浓度的增加。图 5.36 是 CNBP1％光催化降解 MB 机理图。

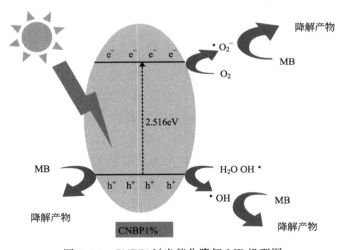

图 5.36　CNBP1％光催化降解 MB 机理图

参考文献

[1] Masih D, Ma Y, Rohani S. Graphitic C_3N_4 based noble-metal-free photocatalyst systems: a review [J]. Appl Catal B Environ, 2017, 206: 556-588.

[2] Shiraishi Y, Kanazawa S, Sugano Y, et al. Highly selective production of hydrogen peroxide on graphitic carbon nitride (g-C_3N_4) photocatalyst activated by visible light [J]. ACS Catal, 2016, 4: 774-780.

[3] Shiraishi Y, Kanazawa S, Kofuji Y, et al. Sunlight-driven hydrogen peroxide production from water and molecular oxygen by metal-free photocatalysts [J]. Angew Chem Int Ed, 2014, 53: 13454-13459.

[4] Chen X, Shi R, Chen Q, et al. Three-dimensional porous g-C_3N_4 for highly efficient photocatalytic overall water splitting [J]. Nano Energy, 2019, 59: 644-650.

[5] Yu Y, Cheng S, Wang L, et al. Self-assembly of yolk-shell porous Fe-doped g-C_3N_4 microarchitectures with excellent photocatalytic performance under visible light [J]. Sustainable Materials and Technologies, 2018, 17: e00072.

[6] Wang M Q, Yang W H, Wang H H, et al. Pyrolyzed Fe-N-C Composite as an Efficient Non-precious Metal Catalyst for Oxygen Reduction Reaction in Acidic Medium [J]. ACS Catalysis, 2014, 4 (11): 3928-3936.

[7] Bellardita M, García-Lópeza E T, Marcì G, et al. Selective photocatalytic oxidation of aromatic alcohols in water by using P doped g-C_3N_4 [J]. Applied Catalysis B: Environmental, 2018, 220: 222-233.

[8] Wang P Y, Guo C S, Hou S, et al. Template-free synthesis of bubble-like phosphorus-doped carbon nitride with enhanced visiblelight photocatalytic activity [J]. Journal of Alloys and Compounds, 2018, 769: 503-511.

[9] Tonda S, Kumar S, Kandula S, et al. Fe-doped and-mediated graphitic carbon nitride nanosheets for enhanced photocatalytic performance under naturalsunlight [J]. Journal of Materials Chemistry A, 2014, 2 (19): 6772-6780.

[10] Anandan S, Vinu A, Mori T, et al. Photocatalytic degradation of 2,4,6-trichlorophenol using lanthanum doped ZnO in aqueoussuspension [J]. Catalysis Communications, 2007, 8 (9): 1377-1382.

[11] Han Q, Wang B, Gao J, et al. Atomically thin mesoporous nanomesh of graphitic C_3N_4 for high-efficiency photocatalytic hydrogen evolution [J]. ACS nano, 2016, 10 (2): 2745-2751.

[12] Hu J, Zhang P, An W, et al. In-situ Fe-doped g-C_3N_4 heterogeneous catalyst via photocatalysis-Fenton reaction with enriched photocatalytic performance for removal of complex wastewater [J]. Applied Catalysis B: Environmental, 2019, 245: 130-142.

[13] Wang X, Maeda K, Thomas A, et al. A metal-free polymeric photocatalyst for hydrogen production from water under visible light [J]. Nature materials, 2009, 8 (1): 76-80.

[14] Cao S W, Yuan Y P, Fang J, et al. In-situ growth of CdS quantum dots on g-C_3N_4 nanosheets for highly efficient photocatalytic hydrogen generation under visible light irradiation [J]. Int. J. Hydrogen Energy 38 (2013): 1258-1266.

[15] Wang B, Cai H R, Zhao D M, et al. Enhanced photocatalytic hydrogen evolution by partially replaced corner-site C atom with P in g-C_3N_4 [J]. Applied Catalysis B: Environmental, 2019, 244: 486-493.

[16] Gao S W, Guo C S, Lv J P, et al. A novel 3D hollow magnetic Fe_3O_4/BiOI heterojunction with enhanced photocatalytic performance for bisphenol A degradation [J]. Chemical Engineering Journal, 2017, 307: 1055-1065.

[17] Hu J, Zhang P, An W, Liu L, et al. In-situ Fe-doped g-C_3N_4 heterogeneous catalyst via photocatalysis-Fenton reaction with enriched photocatalytic performance for removal of complex wastewater [J]. Appl. Catal B Environ, 2019, 245: 130e142.

[18] Deng Y, Tang L, Zeng G, et al. Plasmonic resonance excited dual Z-scheme $BiVO_4$/Ag/Cu_2O nanocomposite: synthesis and mechanism for enhanced photocatalytic performance in recalcitrant antibiotic degradation [J]. Environ Sci: Nano, 2017, 4: 1494-1511.

[19] Wang Y, Li L, Wei Y, et al. Water transport with ultralow friction through partially exfoliated g-C_3N_4 nanosheet membranes with self-supporting spacers [J]. Angew Chem Int Ed, 2017, 56 (31): 8974e8980.

[20] Ong W J, Tan L L, Yun H N, et al. Graphitic carbon nitride (g-C_3N_4)-based photocatalysts for artificial photosynthesis and environmental remediation: are we a step closer to achieving sustainability [J]. Chem Rev, 2016, 116 (12): 7159e7329.

[21] Wang H L, Zhang L S, Chen Z G, et al. Semiconductor heterojunction photocata-

[22] Liu M M, Niu B T, Guo H X, et al. Simple preparation of g-C_3N_4@Ni_3C nanosheets and its application in supercapacitor electrode materials, hydrogengeneration via $NaBH_4$ hydrolysis and reduction of pnitrophenol [J]. Inorganic Chemistry Communications, 2021, 130: 108687-108695.

[23] Wu Z J, Zhao Y H, Mi L J, et al. Preparation of g-C_3N_4/TiO_2 by template method and its photocatalytic performance [J]. Colloids and Surfaces A: Physicochemical and Engineering Aspects, 2021, 624: 126756-126766.

[24] Mehrnaz B S, Mohammad H G, Parvin G, et al. Preparation of a novel Z-scheme g-C_3N_4/RGO/$Bi_2Fe_4O_9$ nanophotocatalyst for degradation of Congo Red dye under visible light [J]. Diamond & Related Materials, 2020, 109: 108008-108015.

[25] Thi K A N, Thanh-Truc P, Huy N P, et al. The effect of graphitic carbon nitride precursors on the photocatalytic dye degradation of water-dispersible graphitic carbon nitride photocatalysts [J]. Applied Surface Science, 2021, 537: 148027-148038.

[26] Zhong Q D, Lan H Y, Zhang M M, et al. Preparation of heterostructure g-C_3N_4/ZnO nanorods for high photocatalytic activity on different pollutants (MB, RhB, Cr (VI) and eosin) [J]. Ceramics International, 2020, 46 (8): 12192-12199.

[27] Dehkordi A B, Ziarati A, B. Ghasemi J, et al. Preparation of hierarchical g-C_3N_4@TiO_2 hollow spheres for enhanced visible-light induced catalytic CO_2 reduction [J]. Solar Energy, 2020, 205: 465-473.

[28] Zhang H, Ouyang T W, Li J M, et al. Dual 2D CuSe/g-C_3N_4 heterostructure for boosting electrocatalytic reduction of CO_2 [J]. Electrochimica Acta, 2021, 390: 138766-138778.

[29] Suhee K, Taehyeob I M, Minjeong K, et al. Facile fabrication of electrospun black titania nanofibers decorated with graphitic carbon nitride for the application of photocatalytic CO_2 reduction [J]. Journal of CO_2 Utilization, 2020, 41: 101230-101240.

[30] Gu Z Y, Zhang B, Asakura Y, et al. Alkali-assisted hydrothermal preparation of g-C_3N_4/rGO nanocomposites with highly enhanced photocatalytic NO_x removal activity [J]. Applied Surface Science, 2020, 521: 146213-146221.

[31] Guo S Z, Duan N, Dan Z G, et al. g-C_3N_4 modified magnetic Fe_3O_4 adsorbent: Preparation, characterization, and performance of Zn(Ⅱ), Pb(Ⅱ) and Cd(Ⅱ) removal from aqueous solution [J]. Journal of Molecular Liquids, 2018, 258:

225-234.

[32] Zhang H Q, Yang J X, Guo L, et al. Microwave-aided synthesis of BiOI/g-C_3N_4 composites and their enhanced catalytic activities for Cr（VI）removal [J]. Chemical Physics Letters，2021，762：138143-138152.

[33] 曹丹丹，吕荣，于安池. 高光学质量氮化碳薄膜的制备和表征 [J]. 物理化学学报，2019，35（04）：442-450.

[34] 艾兵，李佳奇，刘凡，等. S 掺杂石墨型氮化碳的制备及光催化性能研究 [J]. 分子科学学报，2020，36（06）：511-515.

[35] 郭峰，侯文秀，王超，等. 硫元素掺杂石墨相氮化碳光催化剂的制备及其性能研究 [J]. 江苏：江苏科技大学学报（自然科学版），2021，35（01）：108-113，118.

[36] Chen J, Fu X Y, Chen H, et al. Simultaneous Gd_2O_3 clusters decoration and O-doping of g-C_3N_4 by solvothermal-polycondensation method for reinforced photocatalytic activity towards sulfamerazine [J]. Journal of Hazardous Materials，2021，402：123780-123792.

[37] Liu Y F, Luo Y, Li M L, et al. Preparation of g-C_3N_4/BMO heterojunction for visible photocatalytic degradation of O-Nitrophenol and actual pharmaceutical wastewater [J]. Materials Science in Semiconductor Processing，2021，133：105950-105959.

[38] Qi S Y, Zhang R Y, Zhang Y M, et al. Preparation and photocatalytic properties of Bi_2WO_6/g-C_3N_4 [J]. Inorganic Chemistry Communications，2021，132：108761-108766.

[39] Liu G Q, Xue M W, Liu Q P, et al. Facile synthesis of C-doped hollow spherical g-C_3N_4 from supramolecular self-assembly for enhanced photoredox water splitting [J]. International Journal of Hydrogen Energy，2019，44（47）：25671-25679.

[40] Wang B, Cai H R, Zhao D M, et al. Enhanced photocatalytic hydrogen evolution by partially replaced corner-site C atom with P in g-C_3N_4 [J]. Applied Catalysis B：Environmental，2019，244：486-490.

[41] Lv S J, Ng Y H, Zhu R X, et al. Phosphorus vapor assisted preparation of P-doped ultrathin hollow g-C_3N_4 sphere for efficient solar-to-hydrogen conversion [J]. Applied Catalysis B：Environmental，2021，297：120438-120445.

[42] Zhong Q D, Lan H Y, Zhang M M, et al. Preparation of heterostructure g-C_3N_4/ZnO nanorods for high photocatalytic activity on different pollutants (MB, RhB, Cr (VI) and eosin) [J]. Ceramics International，2020，46（8）：12192-12199.

[43] Faisal M, Jalalah M, Harraz F A, et al. Au nanoparticles-doped g-C_3N_4 nanocom-

posites for enhanced photocatalytic performance under visible light illumination [J]. Ceramics International, 2020, 46 (14): 22090-22101.

[44] Li J Q, Li Q, Chen Y, et al. Size effects of Ag nanoparticle for N_2 photofixation over Ag/g-C_3N_4: Built-in electric fields determine photocatalytic performance [J]. Colloids and Surfaces A: Physicochemical and Engineering Aspects, 2021, 626: 127053-127061.

[45] Zhao K, Khan I, Qi K Z, et al. Ionic liquid assisted preparation of phosphorus-doped g-C_3N_4 photocatalyst for decomposition of emerging water pollutants [J]. Materials Chemistry and Physics, 2020, 253: 123322-123330.

[46] Deng X, Zhang D Y, Lu S H, et al. Green synthesis of Ag/g-C_3N_4 composite materials as a catalyst for DBD plasma in degradation of ethyl acetate [J]. Materials Science and Engineering: B, 2021, 272: 115321-115331.

[47] Li J Q, Li Q, Chen Y, et al. Size effects of Ag nanoparticle for N_2 photofixation over Ag/g-C_3N_4: Built-in electric fields determine photocatalytic performance [J]. Colloids and Surfaces A: Physicochemical and Engineering Aspects, 2021, 626: 127053-127061.

[48] Ma J J, Yu X J, Liu X L, et al. The preparation and photocatalytic activity of Ag-Pd/g-C_3N_4 for the coupling reaction between benzyl alcohol and aniline [J]. Molecular Catalysis, 2019, 476: 110533-110544.

[49] Hu C C, Hung W Z, Wang M S, et al. Phosphorus and sulfur codoped g-C_3N_4 as an efficient metal-free photocatalyst [J]. Carbon, 2018, 127: 374-383.

[50] Zhang Y X, Wu J, Deng Y Y, et al. Synthesis and visible-light photocatalytic property of Ag/GO/g-C_3N_4 ternary composite [J]. Materials Science and Engineering: B, 2017, 221: 1-9.

[51] Jourshabani M, Lee B K, Shariatinia Z. From traditional strategies to z-scheme configuration in graphitic carbon nitride photocatalysts: recent progress and future challenges [J]. Applied Catalysis B: Environmental, 2020, 276: 119157-119168.

[52] Li J L, Jia S Q, Sui G Z, et al. Preparation of a cerium/titanium composite with porous structure and enhanced visible light photocatalytic activity using b-cyclodextrin polymer microspheres as the template [J]. Chemical Papers, 2017, 72 (2): 369-379.

[53] Li G N, Li L, Yuan H Y, et al. Alkali-assisted mild aqueous exfoliation for single-layered and structure-preserved graphitic carbon nitride nanosheets [J]. Journal of Colloid and Interface Science, 2017, 495: 19-26.

[54] Xiao N, Li S S, Liu S, et al. Novel Pt-Pd alloy nanoparticle-decorated g-C_3N_4 nanosheets with enhanced photocatalytic activity for H_2 evolution under visible light irradiation [J]. Chinese Journal of Catalysis, 2019, 40 (2): 352-361.

[55] Shalom M, Inal S, Fettkenhauer C, et al. Improving carbon nitride photocatalysis by supramolecular preorganization of monomers [J]. Chemical Society, 2013, 135 (19): 7118-7121.

[56] Liu G M, Dong G H, Zeng Y B, et al. The photocatalytic performance and active sites of g-C_3N_4 effected by the coordination doping of Fe (III) [J]. Chinese Journal of Catalysis, 2020, 41 (10): 1564-1572.

[57] Li J Q, Li Q, Chen Y, et al. Size effects of Ag nanoparticle for N_2 photofixation over Ag/g-C_3N_4: Built-in electric fields determine photocatalytic performance [J]. Colloids and Surfaces A: Physicochemical and Engineering Aspects, 2021, 626: 127053-127064.

[58] Zhao K, Khan I, Qi K Z, et al. Ionic liquid assisted preparation of phosphorus-doped g-C_3N_4 photocatalyst for decomposition of emerging water pollutants [J]. Materials Chemistry and Physics, 2020, 253: 123322-123334.

[59] Dai C, Zhang S J, Liu Z, et al. Two-dimensional graphene augments nanosonosensitized sonocatalytic tumor eradication [J]. ACS Nano, 2017, 11 (9): 9467-9480.

[60] Zhang Y, Foster C W, Banks C E, et al. Graphene-rich wrapped petal-like rutile TiO_2 tuned by carbon dots for high-performance sodium storage [J]. Advanced Materials, 2016, 28 (42): 9391-9399.

[61] Li J L, Zhuang Y, Sui G Z, et al. Synthesis of bayberry-like hollow Gd/g-C_3N_4 nanospheres with high visible-light catalytic performance [J]. Ionics, 2021, 27: 3185-3194.

[62] Wang B, Cai H R, Zhao D M, et al. Enhanced photocatalytic hydrogen evolution by partially replaced corner-site C atom with P in g-C_3N_4 [J]. Applied Catalysis B: Environmental, 2019, 244: 490-493.

[63] Yu Y M, Geng J F, Li H, et al. Exceedingly high photocatalytic activity of g-C_3N_4/Gd-N-TiO_2 composite with nanoscale heterojunctions [J]. Solar Energy Materials and Solar Cells, 2017, 168: 91-99.

[64] Wang B, Cai H R, Zhao D M, et al. Enhanced photocatalytic hydrogen evolution by partially replaced corner-site C atom with P in g-C_3N_4 [J]. Applied Catalysis B: Environmental, 2019, 244: 486-493.

[65] 徐赞，于薛刚，单妍，等．一步法合成磷掺杂石墨相氮化碳及其光催化性能［J］．无机材料学报，2017，32（02）：155-162.

[66] Bo SA, Qiao W A, Li W B, et al., Carbon nitride nanoplatelet photocatalysts heterostructured with B-doped carbon nanodots for enhanced photodegradation of organic pollutants. Journal of Colloid and Interface Science［J］. 2020，559：124-133.

[67] 韩晓雪．石墨相氮化碳（g-C_3N_4）中非金属元素的多元可控掺杂及形貌调控［D］．杭州：浙江理工大学，2019.

[68] Zhang B, Li C, Zhang Y, et al. Improved photocatalyst: Elimination of triazine herbicides by novel phosphorus and boron co-doping graphite carbon nitride［J］. Sci Total Environ，2021，757：143810.

[69] 王浩．金属掺杂石墨相氮化碳的制备及其在光辅助催化降解污染物中的应用［D］//金华：浙江师范大学，2020

[70] Hong J, Xia X, Wang Y, et al. Mesoporous carbon nitride with in situ sulfur doping for enhanced photocatalytic hydrogen evolution from water under visible light［J］. Journal of Materials Chemistry，2012，22（30）．

[71] Jiang L B, Yuan X Z, Zong G M, et al. Phosphorous and sulfur codoped g-C_3N_4: Facile preparation, mechanism insight and application as efficient photocatalyst for tetracycline and methyl orange degradation under visible light irradiation［J］. ACS Sustainable Chemistry & Engineering，2017，5（7）．

[72] 祝玉鑫，欧阳杰，宋艳华，等．硼碘共掺杂氮化碳的制备及光解水制氢性能［J］．高等学校化学学报，2020，41（7）：1645-1652.

[73] 陈苗，郭昌胜，吴琳琳，等．Ag/P-g-C_3N_4复合材料可见光催化降解双酚AF的机理研究［J］．环境科学学报，2019，35（5）：1489-1508.

[74] 马琳，康晓雪，胡绍争，等．Fe-P共掺杂石墨相氮化碳催化剂可见光下催化性能研究［J］．分子催化，2015，29（4）：359-368.

[75] 狄广兰，朱志良．层状双金属氢氧化物基光催化剂研究进展［J］．化学通报，2017，80（3）：228-235.

[76] 马元功，魏定邦，赵静卓，等．磷掺杂石墨相氮化碳及其光催化性能研究［J］．化工新型材料，2020，48（4）：196-201.

[77] 李莉莉．前驱体对g-C_3N_4微观结构及其协同光催化性能的影响研究［D］．北京：中国地质大学，2017.

[78] Ge L, Han C. Synthesis of MWNTs/g-C_3N_4 composite photocatalysts with efficient visible light photocatalytic hydrogen evolution activity［J］. Applied Catalysis B: En-

vironmental, 2012, 117-118: 268-274.

[79] Hu S, Ma L, You J, et al. A simple and efficient method to prepare a phosphorus modified g-C$_3$N$_4$ visible light photocatalyst [J]. RSC Adv, 2014, 4 (41): 21657-21663.

[80] Dr, Tian, Yi, et al., Phosphorus-doped graphitic carbon nitrides grown in situ on carbon-fiber paper: flexible and reversible oxygen electrodes [J]. Angew Chem Int Ed Engl, 2015. 54 (15): 4646-4650.

[81] Shien, Guo, Dr, et al. Phosphorus-Doped Carbon Nitride Tubes with a Layered Micro-nanostructure for Enhanced Visible-Light Photocatalytic Hydrogen Evolution [J]. Angew Chem Int Ed Engl, 2016. 55 (5): 1830-1834.

[82] Zhang L, Chen X, Guan J, et al. Facile synthesis of phosphorus doped graphitic carbon nitride polymers with enhanced visible-light photocatalytic activity [J]. Materials Research Bulletin, 2013. 48 (9): 3485-3491.

[83] 苏海英, 陈平, 王枫亮, 等, g-C$_3$N$_4$/TiO$_2$复合材料光催化降解布洛芬的机制 [J]. 中国环境科学, 2017, 37 (1): 195-202.

[84] 彭小明, 罗文栋, 胡玉瑛, 等, 磷掺杂的介孔石墨相氮化碳光催化降解染料. 中国环境科学, 2019, 39 (8): 3277-3285.

[85] Dong, Liu, Shuai, et al. Direct Z-Scheme 2D/2D Photocatalyst Based on Ultrathin g-C$_3$N$_4$ and WO$_3$ Nanosheets for Efficient Visible-Light-Driven H2 Generation. ACS Appl Mater Interfaces, 2019, 11 (31): 27913-27923.

[86] Zhang S, Hu C, Ji H, et al. Facile synthesis of nitrogen-deficient mesoporous graphitic carbon nitride for highly efficient photocatalytic performance. Applied Surface Science, 2019, 478: 304-312.

[87] Li X L, Wang H, Robinson J T, et al. Simultaneous Nitrogen Doping and Reduction of Graphene Oxide. Journal of the American Chemical Society, 2009, 131: 15939-15944.

[88] Seriani N, Pinilla C, Crespo Y. Presence of gap states at Cu/TiO$_2$ anatase surfaces: consequences for the photocatalytic activity [J]. The Journal of Physical Chemistry C, 2015, 119 (12): 6696-6702.

[89] Ran, Jingrun, Gan, et al. Porous P-doped graphitic carbon nitride nanosheets for synergistically enhanced visible-light photocatalytic H$_2$ production [J]. Energy & Environmental Science, 2015, 8 (12): 3708-3717.

[90] Lu C, Peng Z, Jiang S, et al. Photocatalytic reduction elimination of UO$_2^{2+}$ pollutant

under visible light with metal-free sulfur doped g-C_3N_4 photocatalyst [J]. Applied Catalysis B: Environmental, 2017, 200: 378-385.

[91] Sun Y, Zhang W, Xiong T, et al. Growth of BiOBr nanosheets on C_3N_4 nanosheets to construct two-dimensional nanojunctions with enhanced photoreactivity for NO removal [J]. J Colloid Interface Sci, 2014, 418: 317-323.

[92] Zhang H G, Feng L J, Li C H, et al. Preparation of graphitic carbon nitride with nitrogen-defects and its photocatalytic performance in the degradation of organic pollutants under visible light. Journal of Fuel Chemistry and Technology, 2018, 46 (7): 871-878.

第6章

氮化碳异质结复合材料

6.1　N-Fe-Gd-TiO$_2$/g-C$_3$N$_4$纳米片复合材料
6.2　0D/2D氧化亚铜量子点/g-C$_3$N$_4$复合材料
6.3　双芬顿Fe$_3$O$_4$-Fe-CN磁性复合材料

由于二维氮化碳具有开放的二维平面结构，氮化碳纳米片成为与其他材料进行复合的一个理想选择。目前，氮化碳基光催化复合材料主要分为以下几个大类[1]：金属/氮化碳异质结、无机半导体/氮化碳异质结、氮化碳/氮化碳异质结、碳材料/氮化碳异质结、导电聚合物/氮化碳异质结、敏化剂/氮化碳异质结和氮化碳基复合材料。无论与何种材料进行复合，都要求材料间具有良好的接触，紧密的接触能够减少界面上电子传输的势垒，利于电子和空穴在材料界面间的传输，实现良好的光催化活性。

本章主要研究了由 N-Fe-Gd-TiO$_2$、氧化亚铜以及 Fe$_3$O$_4$-Fe 分别与氮化碳形成的氮化碳基复合材料及其光催化性能。

6.1　N-Fe-Gd-TiO$_2$/g-C$_3$N$_4$ 纳米片复合材料

作为一种新型的无金属光催化剂，g-C$_3$N$_4$ 由于其可见光响应、高光催化活性、制备简单以及优异的化学稳定性[6,7]等优点，在制氢[2]、CO$_2$ 还原[3]、污染净化[4]和催化有机合成[5]等领域受到广泛的关注。然而，原始 g-C$_3$N$_4$ 通常存在比表面积较低和光诱导电子-空穴对的快速复合等缺点，故而限制了其应用。为了克服上述缺陷，研究者设计了各种策略来提高 g-C$_3$N$_4$ 的光催化效率，包括离子掺杂、贵金属沉积、半导体改性以及构建诸如 TiO$_2$[8,9]、WO$_3$[10]、D$_y$VO$_4$[11]、ZnFe$_2$O$_4$[12]、CdS[13]、Ag$_3$PO$_4$[14] 和 Ag$_2$O[15] 等异质结。

在不同类型的半导体中，TiO$_2$ 因其成本低、无毒、良好的光电化学稳定性和易于制备而被证明是理想的候选材料[16-19]。然而，TiO$_2$ 的宽禁带（3.2eV）使其仅可响应光，这严重限制了其实际应用[20]。晶格离子掺杂[21]、染料敏化[22]和异质结的构建[23]等手段是调整 TiO$_2$ 的能带结构[24]、拓宽其光响应区域并促进光生电子-空穴对分离的有效手段[25-28]。

TiO$_2$ 和 g-C$_3$N$_4$ 的能带水平能很好匹配，当两者构成异质结后，可以提高光激发载体的分离效率，并提高 g-C$_3$N$_4$/TiO$_2$ 的光催化性能[29-31]。最近，在该领域报告了一系列研究，特别是构建 g-C$_3$N$_4$ 和 TiO$_2$ 异质结构，可显著增加可见光照射下染料的光降解活性[32-36]。然而，这些复合材料样品也主要通过热聚合获得，常会导致显著的 g-C$_3$N$_4$ 层间聚集、较小的比表面积和较低的可见光利用率。幸运的是，g-C$_3$N$_4$ 是一种类似石墨的层状材料，通过消除层间分子间作用力，可以将其剥离成单层、二维纳米片[37]。大量研究表明，g-C_3N_4 纳米片具有较大的表面积和独特的光学和电子性能[38-40]。热剥离是制备高级 g-C_3N_4 2D 纳米片最有效、最快速的方法。在热剥离过程中，g-C_3N_4 中的含氧官能团分解并产生大量气体，产生足够的压力以克服层间的弱分子间作用力，从而进一步扩展层间分层和多层框架，形成 2D 纳米片[41,42]。

染料在人类生产和生活中不可或缺，它给人们的生活带来了五彩缤纷的色彩，但同时大量的染料废水排入水体，造成了自然水体的污染[43,44]。许多研究人员一直致力于染料污染的降解[45-49]。我们之前已经证明，与单元素掺杂的 TiO_2 催化剂相比，N-Fe-Gd 三重掺杂 TiO_2 催化剂在降解 MB 污染物方面具有优越的光催化效率[50]。在将 N-Fe-Gd-TiO_2 与剥落的 g-C_3N_4 2D 超薄片材复合时，可形成高效的可见光响应杂化复合材料。在 N-Fe-Gd-TiO_2/g-C_3N_4 纳米片复合材料中形成的异质结可进一步加速光诱导载流子的定向迁移并促进光激发电子和空穴的有效分离，这有助于提高光催化活性。本文将 Gd-Fe-N-TiO_2 扩展到制备 g-C_3N_4 纳米片，并成功开发了一种可行的原位合成方法来制备 Gd-Fe-NTiO_2/g-C_3N_4 杂化复合材料。本研究的目的是：①研究异质结效应对复合材料形态、光利用性能和表面结合的影响；②评估样品降解甲基蓝（MB）的光催化性能，并提出合理的光催化机理。

6.1.1 材料与方法

6.1.1.1 试剂

所有分析级材料，包括 Ti[OCH$(CH_3)_2]_4$、Fe$(NO_3)_3$、Gd$(NO_3)_3$、HNO_3、CH_3COOH、尿素（$(NH_2)_2CO$ 和双氰胺（$C_2H_4N_4$），均从国药化学试剂有限公司获得，无需进一步精制。

6.1.1.2 样品制备

(1) g-C_3N_4 纳米片的制备

以双氰胺为前驱体，通过连续热剥离法制备 g-C_3N_4 纳米片，如下所示：在石英舟中提取约 100g 双氰胺，并将其放置在管式炉中，同时在氮气环境中以 10℃/min 的加热速率在 500℃ 下煅烧 4h。将其自然冷却至室温并完全研磨，以获得大量浅黄色的 g-C_3N_4，表示为 DCN。此外，DCN 在氮气气氛中，在 580℃ 的恒定温度下以 5℃/min 的加热速率煅烧 3h，以获得标记为 DCN-

580 的 g-C_3N_4 纳米片。

(2) N-Fe-TiO_2/g-C_3N_4 杂化复合材料的制备

采用改进的溶胶-凝胶法制备了杂化复合材料：在 54mL 乙醇中加入 4.5mL 的 CH_3COOH，剧烈搅拌得到溶液 A，将 6μL Ti[OCH$(CH_3)_2]_4$ 注入 54mL 乙醇中形成溶液 B。将给定量的 Gd$(NO_3)_3$、$((NH_2)_2CO$ 和 Fe$(NO_3)_3$ 溶解在 33mL 去离子水中，以获得溶液 C。在充分搅拌下，将溶液 A 逐滴添加到溶液 B 中以形成透明溶胶，然后在上述溶胶中加入一定量的 DCN-580，保持搅拌 3h，使 DCN-580 完全分散。随后将 0.45mL HNO_3 和溶液 C 注入上述混合物中，并充分搅拌 3h。将所得混合物在黑暗中老化 24h，然后在 100℃下干燥 12h，随后在 500℃下的 N_2 环境中以 2℃/min 的加热速率煅烧 3h。使用上述方案，通过改变杂化复合材料中 DCN-580 的负载量制备了一系列 N-Fe-GdTiO_2/g-C_3N_4 纳米片杂化复合材料，并表示为 x%GFNT/CN，其中 x% 表示复合材料中 N-Fe-Gd-TiO_2 的质量分数（1.7%、3.4%、5.1%）。类似地，未掺杂纯 TiO_2 和掺杂 TiO_2 分别在不存在所有掺杂元素和 DCN-580 的情况下通过相同的方案合成，并标记为 TiO_2 和 GFNT。

6.1.1.3 表征

通过 X 射线衍射（XRD，APEX-Ⅱ）测量所得催化剂的晶体结构。通过透射电子显微镜（TEM，Tecnai G2 TF-30）和场发射扫描电子显微镜（FE-SEM，SU-70）获得了合成材料的形态。孔径分布和比表面积由 ASAP-2020 仪器测定。用 X 射线光电子能谱（XPS，K-α）分析了制备样品的表面化学状态。通过紫外-可见分光光度计（UV-4100）获得紫外-可见响应光谱。样品的光生载流子迁移和复合通过光致发光光谱（PL，Fluorog 3-21）在室温下以 325nm 的激发进行测量。

6.1.1.4 光催化实验

根据 MB 溶液的降解率，按照以下步骤估算催化剂的光催化效率：将 0.1g 样品分散在 10mg/L 的 100mL MB 溶液中。通过在黑暗中持续强烈搅拌 30min，可在悬浮液中实现吸附-解吸平衡。采用带有 420nm 滤光片的 350W 氙灯（BBZM-I，中国）作为辐照源。吸附平衡后，打开氙灯进行光催化实验。每 10 分钟取出 3mL 悬浮液，以 10000r/min 的速度离心 10 分钟，在 664nm 处用紫外-可见分光光度计测量。

6.1.2 结构与表征

6.1.2.1 XRD 分析

合成样品的 XRD 结果如图 6.1 所示。DCN 和 DCN-580 在 12.78°和 27.22°左右显示出两个衍射峰,表明热剥离后氮化碳的基本结构保持不变。然而,值得注意的是,与 g-C_3N_4 的(100)平面相对应的,DCN-580 在 12.91°的峰值强度变弱,表明碳氮化物层中芳环排列的规则性降低[33]。同时,与 g-C_3N_4 的(002)平面相对应,DCN-580 在 27.6°的峰值强度较弱,且略微向更高的角度移动,这意味着由于在热剥离过程中波动层逐渐平坦化,层间距离减小[32]。

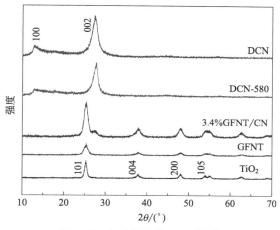

图 6.1 合成样品的 XRD 图谱

GFNT 合成样品的衍射峰与锐钛矿型 TiO_2(JCPDS 01-0562)的特征峰匹配良好。与 DCN-580 和 GFNT 相比,3.4%GFNT/CN 复合材料同时显示了 g-C_3N_4 和锐钛矿型 TiO_2 的特征峰,表明在杂化过程后 DCN-580 和 GFNT 的晶体结构保持不变[31]。同时 3.4%GFNT/CN 样品(002)晶面的衍射峰位显著向低角度方向移动,表明添加二氧化钛后晶面间距显著增加。

6.1.2.2 SEM 和 TEM 分析

图 6.2(a)和(b)显示了 DCN 和 DCN-580 的 TEM 图像。从图 6.2(a)

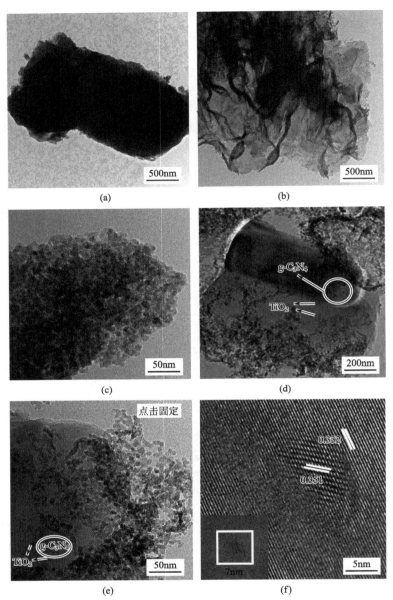

图 6.2 样品的透射电镜和 HRTEM 图像
(a) DCN；(b) DCN-580；(c) GFNT；(d)~(f) 3.4%GFNT/CN

可以看出，DCN 由致密的复合层堆叠而成，呈现紧密的块状堆积结构。而热剥离 DCN-580 则呈现非常松弛的薄纳米片。DCN-580 纳米片的薄片层显著缩短了光生载流子迁移到表面的距离[40],这有利于提高 e^-/h^+ 对的分离效率。

图 6.2(c) 中的 GFNT 颗粒由粒径为 6~15nm 的纳米颗粒聚集而成。从图 6.2(d),(e) 可以明显看出,在 3.4%GFNT/CN 杂化复合材料中,GFNT 颗粒均匀分散在 DCN-580 纳米片上,紧密连接形成异质结。图 6.2(f) 显示了 3.4%GFNT/CN 样品 HRTEM 图像。该图清楚地表明,GFNT 单晶锚定在具有光滑相界面的 DCN-580 纳米片的表面上。晶格间距值为 0.332nm 和 0.351nm 的晶格条纹分别对应于共轭芳香层堆积相 g-C_3N_4(002) 晶面和锐钛矿型 TiO_2(101) 晶面。良好的结晶进一步证实了 3.4%GFNT/CN 中异质结的形成。

6.1.2.3 BET 分析

图 6.3 绘制了所有制备样品的 N_2 吸附-解吸等温线和孔径分布。在相对压力为 0.4~0.8 时,纯 TiO_2、GFNT 和 3.4%GFNT/CN 表现出Ⅳ型吸附等温线和 H2 型滞后曲线,揭示了合成样品中存在丰富的介孔结构,这主要归因于初级 TiO_2 微晶的聚集。纯 TiO_2、GFNT 和 3.4%GFNT/CN 的孔径分别在 2~4nm、2~5nm 和 2~6nm 范围内呈现窄分布[图 6.3(b)]。这意味着样品具有相似的孔道。不同的是,DCN 和 DCN-580 在相对压力为 0.8~0.95 时显示出 H3 型滞后回路的Ⅲ型吸附等温线,表明存在由片状石墨相氮化碳层累积形成的狭缝孔。

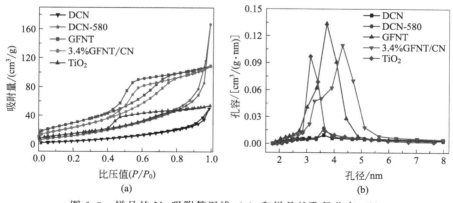

图 6.3 样品的 N_2 吸附等温线 (a) 和样品的孔径分布 (b)

表 6.1 给出了催化剂的表面积和孔结构。GFNT 呈现出比纯 TiO_2 更大的比表面积、孔容和平均孔径,这是由于晶体之间的阻碍效应和掺杂元素引起的晶格畸变[44]。显然,DCN-580 的比表面积比 DCN 大 2.6 倍。这归因于 DCN

在580℃温度下热处理时层间逐渐剥落并生成大量纳米片[35],从而产生更高的表面积和丰富的活性边缘。DCN-580纳米片的较大表面积不仅有利于吸收入射光,而且增加了反应物的接触,这有利于加速降解反应。同时,DCN-580比DCN具有更大的孔容和平均孔径,这归因于前者的蓬松纳米片堆积结构。与GFNT相比,添加了DCN-580后,3.4%GFNT/CN的SBET、孔容和平均孔径略有降低。

表 6.1 制备样品的 S_{BET}、孔容和孔径

样品名称	比表面积 /(m²/g)	孔容 /[cm³/(g·nm)]	孔径 /nm
TiO_2	57.14	0.086	3.96
GFNT	113.6	0.173	4.16
DCN	19.01	0.077	9.45
DCN-580	49.66	0.26	13.37
3.4%GFNT/CN	92.60	0.16	4.32

6.1.2.4 XPS分析

GFNT、DCN-580和3.4%GFNT/CN样品的XPS分析如图6.4(a)所示。图6.4(b)显示了3.4%GFNT/CN样品的N 1s XPS光谱分为三个峰。位于396.7eV和398.3eV峰分别对应于芳香族三嗪环sp^2杂化氮(CN=C)和(N—C_3)[34],表明存在g-C_3N_4。结合能为400.9eV的峰归因于O被N取代而形成的N—Ti—O键。3.4%GFNT/CN样品相应的C 1s XPS光谱如图6.4(c)所示。C 1s光谱在282.8eV、284eV和285.2eV处出现三个峰值。结合

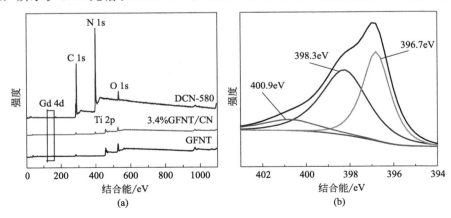

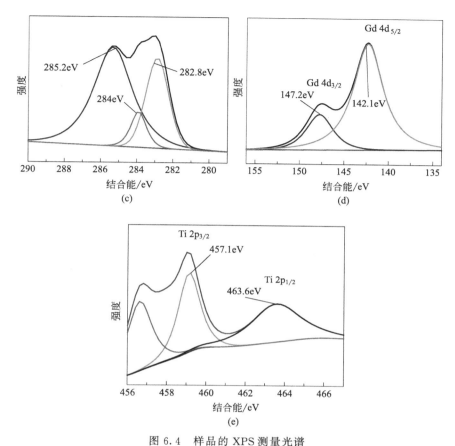

图 6.4 样品的 XPS 测量光谱

(a) 总谱；(b) N 1s；(c) C 1s；(d) Gd 4d 和 (e) Ti 2p 为 3.4%GFNT/CN

能为 282.8eV 的峰对应于外源碳，284eV 和 285.2eV 处的结合能峰分别代表 sp^3 杂化碳 C_3—N 和 sp^2 杂化碳（N—C=N）[51,52]。

图 6.4(d) 显示了 3.4%GFNT/CN 样品中的 Gd 4d XPS 光谱。峰值出现在 147.2eV 和 142.1eV 的峰分别对应于 Gd $4d_{3/2}$ 和 Gd $4d_{5/2}$ 的结合能。142.1eV 的峰归因于 Gd_2O_3 中的 Gd—O—Gd 键[50]。147.69eV 的峰是由 TiO_2 晶格结构中的取代掺杂 Gd 原子诱导所致。而 Gd 的引入不仅导致晶格畸变，而且在 TiO_2 中诱导了缺陷位置，进一步增强了 3.4%GFNT/CN 的光催化活性。图 6.4(e) 显示了 3.4%GFNT/CN 样品中 Ti 2p 的 XPS 光谱。在 363.6eV 和 457.1eV 处检测到两个峰值分别对应于 Ti $2p_{1/2}$ 和 Ti $2p_{3/2}$，分别低于 GFNT（Ti $2p_{1/2}$ 为 464.26eV，Ti $2p_{3/2}$ 为 458.49eV）。负位移是由

N—Ti—O 键中 Ti 和 N 之间的电子相互作用产生的电负性效应引起的[32]。

在 GFNT 与 DCN-580 复合后，N 较小的电负性导致其电子部分转移到 Ti 原子上。因此，Ti 的电子密度增加，从而导致其结合能降低。这证实了 GFNT 和 DCN-580 之间形成异质结，因为它们的相互作用改变了杂化复合材料中 Ti 的电子结构，从而导致结合能通过异质结发生负迁移[29]。

6.1.3 光催化性能

6.1.3.1 N-Fe-Gd-TiO$_2$ 负载量对光催化性能的影响

制备的催化剂的光催化性能通过其对 MB 溶液的光降解活性获得，如图 6.5(a) 所示。图 6.5(b) 显示了光降解动力学曲线。由空白实验可知，MB 的自降解可以忽略。与单相 GFNT 和 DCN-580 相比，所有杂化复合材料均表现出优异的光催化活性，这表明原位生成的异质结显著提高了复合材料的光催化效率。在三种杂化复合材料中，3.4%GFNT/CN 样品杂化复合材料对 MB 的去除率最高，为 98.3%，其一级反应速率常数分别是 GFNT 和 DCN-580 的 5.5 倍和 4.4 倍。

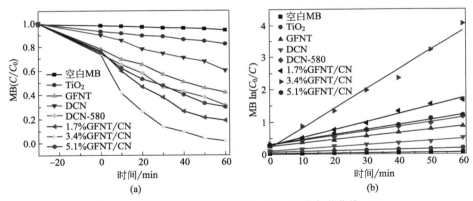

图 6.5 不同样品的光降解曲线 (a) 和动力学曲线 (b)

在 3.4%GFNT/CN 中，GFNT 均匀分散在 DCN-580 纳米片上形成理想的异质结结构是其优异光催化性能的主要原因。在制备 1.7%GFNT/CN 样品的过程中，发现提高 DCN-580 的浓度会显著增加悬浮液的黏度，不利于纳米片在 TiO$_2$ 凝胶体系中的均匀分散。5.1%GFNT/CN 的样品则表现出 GFNT 纳米颗粒在 DCN-580 纳米片上的分布密度较高。因此，GFNT 基本覆盖了

DCN-580 纳米片的大部分表面，这不利于 GFNT 和 DCN-580 同时接触光源和污染物，因此表现出较低的光催化效率。

6.1.3.2 催化剂的稳定性

进行回收实验以评估 3.4%GFNT/CN 样品的耐久性。每次实验后，将光催化剂离心、干燥并重新使用。回收实验的光降解曲线如图 6.6 所示。结果表明，3.4%GFNT/CN 经循环 5 次后光降解效率仍达 96.6%，说明 3.4%GFNT/CN 具有良好的可重用性。

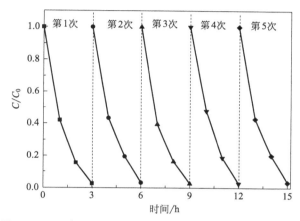

图 6.6　3.4%GFNT/CN 光降解 MB 的可重复使用性实验

6.1.4　光催化机理分析

6.1.4.1　UV-vis

图 6.7 为各催化剂的紫外-可见光谱和 $(ah\nu)1/2$ 随光子能量 $(h\nu)$ 的变化曲线。由图可知，纯 TiO_2 主要在紫外区生产吸收，而 GFNT 的基本吸收边在 430nm 处。Gd、Fe、N 元素的掺杂使 GFNT 的吸收边移至可见光区。与 GFNT 相比，所有 N-Gd-Fe-TiO_2/g-C_3N_4 杂化复合材料的吸收波长均向可见光区偏移，表明其具有更好的可见光吸收和可见光催化能力。

表 6.2 为由 Kubelka-Munk 公式计算的各样品的带隙值。带隙值的大小顺序为 3.4%GFNT/CN<1.7%GFNT/CN<5.1%GFNT/CN<DCN。即复合材料的带隙比单相 GFNT 和 DCN-580 的带隙小。这表明，在 DCN-580 表

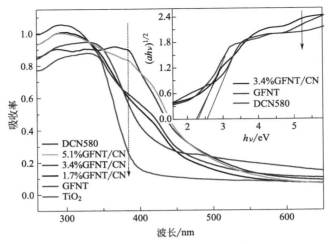

图 6.7　各样品的紫外-可见光谱
图中箭头方向对应图例的顺序

面原位生长纳米锐钛矿而形成的杂化复合材料,降低了复合材料的带隙,扩宽了可见光响应波长。在所有复合材料中,3.4%GFNT/CN 的禁带宽度最低,光吸收性能最好,异质结效果最好,这也其表现出最优光催化性能的原因。

表 6.2　不同样品的带隙值、MB 降解率及其一阶动力学常数 k_{app}

样品	带隙值/eV	降解率/%	速率常数/min^{-1}
TiO$_2$	3.04	17.9	0.002
GFNT	2.62	58.4	0.011
DCN	2.56	50.1	0.006
DCN-580	2.33	68.8	0.014
1.7%CN/GFNT	2.29	70.2	0.015
3.4%GFNT/CN	2.22	98.3	0.061
5.1%CN/GFNT	2.26	81.1	0.024

6.1.4.2　PL 分析

PL 光谱用于揭示光激发载流子的分离效率。图 6.8 显示了 DCN、DCN-580 和 3.4%GFNT/CN 在 325nm 激发波长下的 PL 光谱。从图 6.8 可以看出,DCN-580 样品的发射峰值强度比 DCN 样品的发射峰值强度要弱得多。这是因

为带隙内的光生 e^-/h^+ 复合较少。这归因于 DCN-580 纳米片的厚度较小，感光载流子迁移到表面的距离显著减小，这进一步减少了感光电子和空穴对的复合。3.4%GFNT/CN 复合材料在 460nm 处的峰值强度最低，表明异质结效应促进了载流子的有效迁移。

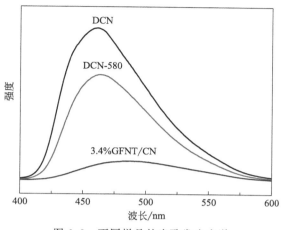

图 6.8　不同样品的光致发光光谱

6.1.4.3　光催化机理

光催化剂被激发后，光生 e^- 和 h^+ 与吸附在样品表面的电子受体（O_2）和电子给体（H_2O，OH^-）发生光催化氧化还原反应，生成·OH、·O_2^- 等活性自由基。这些自由基可氧化绝大多数有机化合物，最终生成 CO_2、H_2O 以及无机盐类。

基于以上实验结果，我们提出了 3.4%GFNT/CN 的光催化机理，如图 6.9 所示。之前工作已经表明[45]，使用低能可见光辐照射即可激发窄禁带的 N、Gd 和 Fe 三元素掺杂 TiO_2。同时，通过连续热剥离获得的 DCN-580 表现出超薄的 2D 纳米片结构，其缩小了光催化剂的带隙并促进捕获的光诱导电子迁移到光催化剂表面。

在本研究中，TiO_2 和 $g-C_3N_4$ 的能带位置匹配良好，且 GFNT 和 DCN580 的带隙分别低于 TiO_2 和原始 $g-C_3N_4$ 的带隙。这均有助于它们之间形成典型的Ⅱ型异质结[35]。同时，由于 GFNT 在 DCN-580 表面均匀分散，3.4%GFNT/CN 形成了较理想的表面分散结构。因而，对可见光的照射可使 3.4%GFNT/CN 的两组分 DCN-580 和 GFNT 同时接受可见光并产生电子对

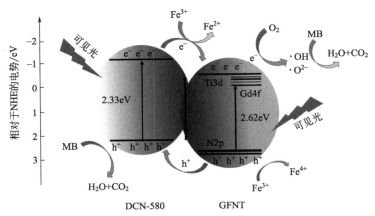

图 6.9　3.4%GFNT/CN 异质结光催化机理示意图

和空穴对。同时，由于 DCN-580 的导带（CB）和价带（VB）水平高于 GFNT，光激发电子从 DCN-580 的 CB 转移到 GFNT。同时，发光空穴通过良好接触的异质结相从 GFNT 的 VB 迁移到 DCN-580 的 VB。因此，DCN-580 的 VB 中存在更多的空穴，GFNT 的 CB 中分布更多的电子，这促进了光 e^-/h^+ 对的有效分离。因而，GFNT 导带中的电子被吸附在 GFNT 表面的溶解氧捕获，产生活性·O_2^- 自由基降解 MB 分子。

由于 $g\text{-}C_3N_4$ 的 VB 电位低于·OH/OH⁻ 和·OH/H_2O，DCN-580 的 VB 中的光生空穴不能氧化 OH⁻ 或 H_2O 产生·OH。但是光生空穴可以直接降解有机分子。因此，空穴和·O_2^- 自由基是光催化降解过程中的主要活性物种。MB 光降解过程描述如下：

$$\text{GFNT} \xrightarrow{h\nu} \text{GFNT}(e^- + h^+) \tag{6.1}$$

$$\text{DCN-580} \xrightarrow{h\nu} \text{DCN-580}(e^- + h^+) \tag{6.2}$$

$$\text{DCN-580}(e^- + h^+) + \text{GFNT} \longrightarrow \text{DCN-580}(h_{VB}^+) + \text{GFNT}(e_{CB}^-) \tag{6.3}$$

$$\text{GFNT}(e_{CB}^-) + O_2 \longrightarrow \text{GFNT} + \cdot O_2^- \tag{6.4}$$

$$\cdot O_2^-/h^+ + \text{MB} \longrightarrow CO_2 + H_2O \tag{6.5}$$

6.2　0D/2D 氧化亚铜量子点/$g\text{-}C_3N_4$ 复合材料

四环素类抗生素是一类结构中含有并四苯基本骨架的抗生素，由放线菌产生，主要分为四环素、金霉素、土霉素等[53]。其中，四环素（TC）因其价格低廉、广谱抗菌功能显著等优点，成为医疗和养殖业中使用量最多的一类抗生素。近些年来，由于人们有意或无意地排放含四环素的废水以及畜禽粪便中残留的四环素，导致土壤、沉积物、地表水和地下水等环境中经常检测到四环素成分[54,55]。大量的研究报告表明，四环素在环境中的积累会引起动物和人的细菌耐药性，改变微生物的生态功能，降低人体免疫力等不良后果[56]。因此，需要一种行之有效的手段去除水环境中的四环素。

已有的众多报道已经证明，多相光催化技术在催化降解四环素方面有着显著的效果，从而可有效地消除其抗菌活性[57-59]。理论上，光催化降解四环素主要由光生空穴和光生电子产生的活性·O_2^-和·OH起作用。这就需要光催化剂首先具备能够产生大量光生空穴和光生电子的能带结构和合适的能带位置。

g-C_3N_4是一种富电子的新型有机半导体，因其具有良好的可见光响应能力及优异的热稳定性和化学稳定性等优点，迅速成为了光催化领域的研究热点。g-C_3N_4的带隙约为2.7eV，其导带底位置为-1.42V，比O_2/·O_2^-的电位更负，可以捕获溶解在水中的O_2产生·O_2^-。然而，原始g-C_3N_4多为密实的粉体颗粒，层状结构团聚严重，比表面积较低、光生载流子分离能力和光电催化活性也大大减弱，因此直接处理四环素的光催化效果不尽理想。近年来，众多研究者围绕原始g-C_3N_4存在的以上缺陷，采用了不同手段对其进行改性，以增大其比表面积、提高光生电子和空穴的分离能力。改性手段包括：元素掺杂[60,61]、热剥离处理[62]、构建异质结[63]、单原子催化等[64]。其中，热剥离和构建异质结是解决上述问题的有效手段。

Cu_2O是典型的窄禁带p型半导体，其禁带宽度为2.0～2.4eV，可吸收400～600nm波长的可见光，能更有效地利用太阳能，常作为光敏元件。Cu_2O无毒、制备成本低、具有良好的环境耐受性[65]。但由于其光生电子-空穴复合率高及催化性能不稳定，Cu_2O作为光催化剂也需要进一步改进。Cu_2O和g-C_3N_4能带位置匹配，将二者进行复合可以扩展g-C_3N_4的光吸收范围、提高Cu_2O的稳定性、促进电荷分离的效率。Zuo等[66]研究发现Cu_2O与g-C_3N_4复合材料的光催化性能得到一定提升，在可见光下120min即可有效降解卡马西平。Bao等[67]研究发现Cu_2O与g-C_3N_4复合材料在4h内即可完全降解苯酚，相较单相Cu_2O与g-C_3N_4的光催化性能显著提升。然而，上述研究中的g-C_3N_4均通过热聚合法制得，存在颗粒密实、比表面积小、

g-C_3N_4 与 Cu_2O 之间接触欠紧密而使得异质结的作用大打折扣的缺陷。

本研究将采用热剥离和预处理相结合的方式合成 Cu_2O/g-C_3N_4 异质结结构。考察预处理和热剥离对 Cu_2O/g-C_3N_4 结构的性能的影响。

6.2.1 材料与方法

6.2.1.1 主要试剂及仪器

五水硫酸铜、无水葡萄糖、氢氧化钠、无水乙醇、四环素、双氰胺、对苯醌、叔丁醇、乙二胺四乙酸二钠均为分析纯，均购于国药集团化学试剂有限公司。

6.2.1.2 样品制备

(1) g-C_3N_4 的制备

以二氰胺为前驱体，将装有 10g 前驱体的石英舟置于管式炉中部，在氮气气氛中 550℃恒温煅烧 4h，升温速率为 10℃/min。反应结束后，样品自然冷却至室温，充分研磨后得到淡黄色氮化碳，记作 g-C_3N_4。将冷却后的 g-C_3N_4 再次置于 580℃的管式炉内恒温煅烧 2h，升温速率为 5℃/min，得到热剥离的氮化碳 2D 纳米薄片，标记为 2Dg-C_3N_4。

(2) g-C_3N_4 的预处理

将 1g 的 2Dg-C_3N_4 超声分散在 30mL 的无水乙醇中，超声处理 30min 后静置 20min，然后在 75℃的真空干燥箱中干燥 3h，取出充分研磨，得到预处理样品，标记为 Tg-C_3N_4。

(3) Cu_2O/g-C_3N_4 异质结的制备

将一定量的 Tg-C_3N_4 超声分散于 25mL 浓度为 0.1mol/L 的 $CuSO_4$ 溶液中，超声处理 30min 后得到混合液 A。将 1.25mL 浓度为 6.0mol/L 的 NaOH 溶液缓慢滴加于混合液 A 中，滴加完毕后再向其中缓慢滴入 1.0mol/L 的葡萄糖溶液 5mL 浓度，继续搅拌 10min 后将体系移到 MASt-1 型微波消解炉内，在 180W 功率下反应 3min。反应结束后，用去离子水和无水乙醇反复抽滤洗涤，最后将样品置于 55℃真空干燥箱中干燥 4h，充分研磨即得粉末状 Cu_2O/g-C_3N_4。调节热剥离 TCN 的加入量，制备得到 Cu_2O 质量含量分别为 17.5%、10.5%和 7%的 Cu_2O/Tg-C_3N_4 异质结，分别记作 17.5%Cu_2O/Tg-C_3N_4、10.5%Cu_2O/Tg-C_3N_4、7%Cu_2O/Tg-C_3N_4。以 2Dg-C_3N_4 替代 Tg-C_3N_4，采用相同的工艺，制备得到 Cu_2O 质量含量为 10.5%的异质结，记作

10.5%Cu_2O/g-C_3N_4。

6.2.1.3 表征

采用 X 射线衍射仪（APEXII，Bruker，日本）分析样品的晶体结构。通过场发射扫描电子显微镜（SU-70，Hitachi，日本）和透射电子显微镜（Tccnai G2 TF-30，Hitachi，日本）观察样品的结构和形貌。用 X 射线光电子能谱（XPS，K-α）分析了制备样品的表面化学状态。采用 BET 比表面积分析测试仪（ASAP-2020，Quantachrome Ins，美国）通过 N_2 的物理吸附脱附测定样品比表面积和孔结构。采用紫外-可见漫反射光谱仪（UV-4100，K-Alpha$^+$，TMO，美国）和荧光光谱仪（Fluorolog3-21，Hitachi，日本）对样品进行光学性质分析和光生载流子迁移和复合分析。

6.2.1.4 光催化降解实验

以四环素溶液为模拟废水进行可见光催化降解，评价材料在可见光下的光催化性能。采用 350W 作为可见光源，于室温下称取 0.2g 的光催化剂加入装有 100mL 浓度为 20mg/L 的四环素溶液的石英瓶中。在黑暗条件下剧烈搅拌 0.5h，达到吸附解吸平衡后打开氙灯进行光催化反应。每隔一定时间，抽取 3mL 上清液，以 10000r/min 的速度离心 10min，得待测液，用紫外-可见分光光度计于波长 356nm 处测定溶液吸光度。

6.2.2 结构与表征

6.2.2.1 XRD 分析

图 6.10 为 g-C_3N_4、Tg-C_3N_4、Cu_2O 和 Cu_2O/Tg-C_3N_4 复合光催化剂的 X 射线衍射图。由图 6.10 可以看出，样品 g-C_3N_4 和 2Dg-C_3N_4 在 12.38°和 27.58°处出现明显的特征衍射峰，分别对应氮化碳的（100）和（002）晶面（JCPDS 87-1526）[68]，说明热剥离处理不会破坏氮化碳的晶体结构[69]。经剥离处理后，2Dg-C_3N_4 的（002）晶面衍射峰从 27.42°偏移至 27.74°，且强度变弱。这表明在热剥离过程中氮化碳的层间范德华力被削弱，氢键被破坏，氮化碳层间堆积结构被破坏，层数增多，层间距减小，片层变薄[70]。衍射角分别在 29.52°、36.42°、42.34°、61.48°、73.68°处的一系列狭窄的衍射峰分别

对应 Cu_2O 的（110）、（111）、（200）、（220）和（311）晶面（JCPDS 78-2076），表明该样品是纯相 Cu_2O，且纯度较高。在不同配比的 Cu_2O/Tg-C_3N_4 谱图中同时存在 Cu_2O 和 g-C_3N_4 特性峰，且随着 Cu_2O 含量的增加，XRD 图谱中 Cu_2O 的衍射峰增强，而 g-C_3N_4 的衍射峰则有所减弱。特别是 g-C_3N_4（100）晶面的衍射峰减弱得尤为显著。这表明，不同配比的 Cu_2O/g-C_3N_4 均由 Cu_2O 和 g-C_3N_4 两相组成，且 Cu_2O 的加入会对 g-C_3N_4 的三均三嗪环的层内排列造成一定的影响。

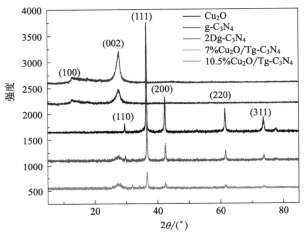

图 6.10　Cu_2O/Tg-C_3N_4、Cu_2O 和 g-C_3N_4 的 XRD 图

6.2.2.2　SEM 分析

图 6.11 不同样品的 SEM 照片。对比 g-C_3N_4（a）和 2Dg-C_3N_4（b）的 SEM 照片可以看出，由二氰胺直接热缩聚法制得的氮化碳样品呈致密的块状结构，片状堆积形貌明显。经过热剥离的样品 2Dg-C_3N_4 呈现疏松薄层结构。图 6.11(c) 为微波液相沉积法制得的 Cu_2O 的 SEM 照片，从图中可以看到，Cu_2O 呈现规则的球状结构，粒径约为 500nm，分布较均匀。图 6.11(d) 和 (e) 分别为 10.5% Cu_2O/g-C_3N_4 和 10.5% Cu_2O/Tg-C_3N_4 样品的 SEM 照片。对比二者可以发现，10.5% Cu_2O/g-C_3N_4、Cu_2O 零星分布在 2Dg-C_3N_4 上，其形貌仍为粒径约 500nm 的球形结构。在 10.5% Cu_2O/Tg-C_3N_4 体系中，Cu_2O 的粒径明显减小，且均匀负载于 2Dg-C_3N_4 的片层上。形成这一结果的原因可能是：在乙醇中预处理过的 Tg-C_3N_4，其表面丰富的—OH 会对铜离子

产生吸附作用，充分的搅拌过程使得铜离子在 Tg-C_3N_4 表面达到吸附平衡。因此，制得了 Cu_2O 纳米粒子均匀分散于 Tg-C_3N_4 表面的复合材料。图 6.11(f) 为 10.5% Cu_2O/Tg-C_3N_4 样品的 EDS Mapping 照片，EDS 映射图显示，C、N、Cu 和 O 元素均匀弥散，Cu_2O 的质量分数为 10.5%。

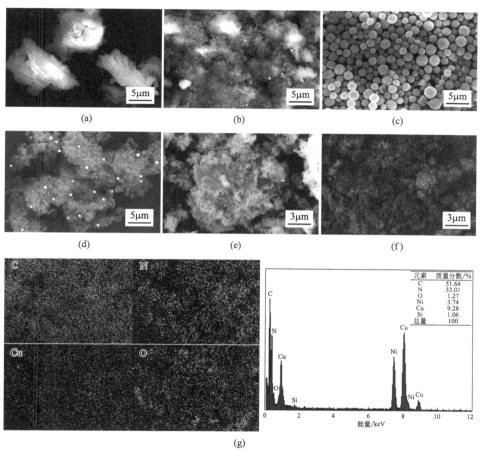

图 6.11 各样品的 SEM 和 EDS 照片

(a) g-C_3N_4；(b) 2Dg-C_3N_4；(c) Cu_2O；(d) 10.5% Cu_2O/g-C_3N_4 和 (e) 10.5% Cu_2O/Tg-C_3N_4 样品及其 (f) EDS Mapping 照片和 (g) 能谱

6.2.2.3 TEM 分析

图 6.12 为 g-C_3N_4(a)、2Dg-C_3N_4(b) 和 10.5% Cu_2O/Tg-C_3N_4(c) 复合材料的 TEM 照片。对比 g-C_3N_4(a) 和 Tg-C_3N_4(b) 的 TEM 照片可以看出，

经过热剥离后，2Dg-C_3N_4 中由于片层堆积形成的颜色较深的区域显著减小，取而代之的是由弯曲薄片构成的 2D 纳米薄片层结构。这是因为热剥离过中，g-C_3N_4 的含氧官能团分解并产生大量气体，产生足够的压力以克服石墨相片层之间的范德华力和氢键，使堆积的片层结构得到剥离，片层变薄，表现出典型的 2D 纳米片状结构[69]。由图 6.12(c) 可以看出，在 10.5% Cu_2O/Tg-C_3N_4 中，2Dg-C_3N_4 仍然保持 2D 纳米层状结构，纳米粒径的 Cu_2O 均匀分布于其上，且无任何团聚现象。图 6.12(d) 是 10.5% Cu_2O/Tg-C_3N_4 的 HR-TEM 图，晶格条纹的间距为 0.246nm，对应于 Cu_2O（JCPDS 78-2076）的 (111) 晶面[71]。说明，Tg-C_3N_4 和 Cu_2O 已经成功耦合在一起，这有利于两个半导体之间的电荷转移。

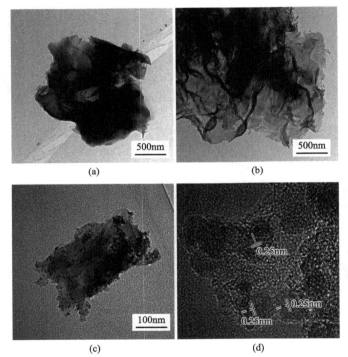

图 6.12　g-C_3N_4（a）、Tg-C_3N_4（b）的 TEM 及 10.5% Cu_2O/Tg-C_3N_4 的 TEM（c）和 HRTEM（d）

6.2.2.4　红外光谱分析

图 6.13 为 g-C_3N_4、Cu_2O、10.5% Cu_2O/Tg-C_3N_4 的红外光谱图。g-C_3N_4

和 10.5%Cu_2O/Tg-C_3N_4 均在 1200～1700cm^{-1} 和 810cm^{-1} 处具有明显的红外吸收峰。其中，1240cm^{-1}、1320cm^{-1}、1400cm^{-1} 和 1640cm^{-1} 处的吸收峰归属于蜜勒胺中 C—NH—C、C—N 和 C=N 键[72]。808cm^{-1} 处的峰为七嗪单位的呼吸振动峰[73]。3500cm^{-1} 处的宽峰则归属为未聚合的氨基（—NH_2）和吸附 H_2O 的吸收峰。在 Cu_2O 和 10.5%Cu_2O/Tg-C_3N_4 的红外谱图中，631cm^{-1} 处有吸收峰为 Cu(I)—O 键的伸缩振动峰。10.5%Cu_2O/Tg-C_3N_4 复合材料的吸收峰与 g-C_3N_4 的吸收峰相似，但是强度比 g-C_3N_4 高，表明 Cu_2O 被成功引入到 g-C_3N_4 中形成复合材料。g-C_3N_4 和 Cu_2O 的这些特征吸收均出现在 10.5%Cu_2O/Tg-C_3N_4 异质结的光谱中，表明 Cu_2O 被成功引入到 g-C_3N_4 中形成复合材料。

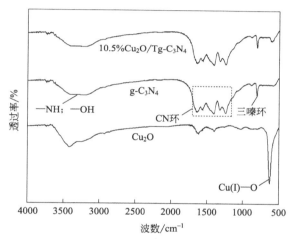

图 6.13　g-C_3N_4、Cu_2O、10.5%Cu_2O/Tg-C_3N_4 的红外光谱图

6.2.2.5　BET 分析

各样品的 N_2 吸附-脱附等温线如图 6.14(a) 所示。所有样品均为Ⅲ型等温线和 H3 型滞后环。吸附曲线在低压端（P/P_0=0.0～0.2）靠近 X 轴，说明材料与 N_2 之间的吸附作用力较弱。在高压端（0.9～1.0P/P_0），相对压力越高，吸附能力越好。其中，体积吸附量提升最为明显的是 2Dg-C_3N_4 和 10.5%Cu_2O/Tg-C_3N_4，曲线接近线性变化，表明二者均存在丰富的介孔结构。在图 6.14(a) 中，所有样品均呈现出明显而细长的 H3 型滞后环，说明样品中的孔类型为片状结构堆积而成的狭缝孔，这与氮化碳具有的片层结构事实

一致。对比热剥离前后样品的滞后环不难发现，热剥离样品 2Dg-C_3N_4 的滞后环更为陡峭，说明热剥离为 2Dg-C_3N_4 时具有更为丰富的孔结构和孔隙率。

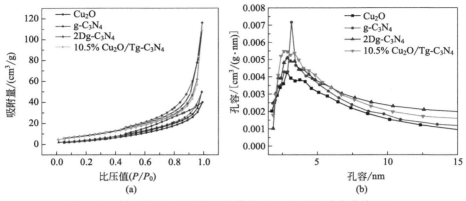

图 6.14　样品的 N_2 吸附等温线曲线（a）和孔径分布曲线（b）

样品的孔径分布曲线如图 6.14（b）所示，所有样品的孔径集中分布在 2.5~7.5nm。样品的孔隙大小、孔隙体积、比表面积如表 6.3 所示。显然，经过热剥离后，2Dg-C_3N_4 和 10.5% Cu_2O/Tg-C_3N_4 的比表面积、平均孔径和孔隙体积均增大。这是由于在热剥离过程中，含氧官能团分解产生的大量气体一方面使 g-C_3N_4 被侵蚀，纳米片表面产生大量的孔洞，另一方面大量气体产生压力使堆积的片层结构得以剥离。纳米片上的孔洞和较高的比表面积使氮化碳的活性位点数量显著增加，有利于提升其光催化性能。2Dg-C_3N_4 和 Cu_2O 复合后并没有减小 10.5% Cu_2O/Tg-C_3N_4 的比表面积和孔容。

表 6.3　各样品的比表面积和孔结构特征

样品名称	比表面积 /(m^2/g)	孔容 /[cm^3/(g·nm)]	孔径 /nm
Cu_2O	16.32	0.06	6.55
g-C_3N_4	19.1	0.08	9.45
2Dg-C_3N_4	32.4	0.18	14.3
10.5% Cu_2O/Tg-C_3N_4	31.6	0.17	14.4

6.2.2.6　XPS 分析

图 6.15 是 10.5% Cu_2O/g-C_3N_4 的 XPS 图谱。其中，图 6.15(a) 是 10.5% Cu_2O/g-C_3N_4 的 XPS 全谱，图 6.15(b)~(e) 分别为 C、N、O、Cu 元素的 XPS

图谱。在 C 1s 光谱中 [图 6.15(b)]，峰值位于 282.6eV 处的结合能归属于石墨碳（C=C），而峰值为 284.4eV 和 285.9eV 分别对应于分别归属于 g-C_3N_4 中 C—N=C 键和三嗪环结构中的 sp^2 杂化 C（N=C—N）[74]。图 6.15(c) 为样品的 N 1s XPS 图谱，N 1s 分为 4 个特征峰，分别位于 396.4eV、397.6eV、398.7eV 和 402.4eV 附近，分别对应芳香三均三嗪环的 sp^2 杂化氮（C—N=C）、叔氮 [N—(C)$_3$]、游离氨基官能团（NH 或 NH_2）及杂环化合物中的电荷效应或正电荷定位[75]。在 O 1s 的 XPS 图谱中 [图 6.15(c)]，位于 529.9eV 处的峰归属于氧化亚铜中 Cu—O 键，而位于 533.8eV 处的结合能归属于吸附在催化剂表面的羟基或水分子的 O—H 键[76]。图 6.15(e) 为 Cu 2p 的 XPS 图谱，位于 950.1eV 和 930.3eV 处的结合能分别归属于 Cu^+ 的 Cu $2p_{1/2}$ 和 Cu $2p_{3/2}$[77]，说明样品中 Cu 离子以 Cu^+ 的形式存在。在 XPS 图谱中无 Cu—C 键和 Cu—N 键的结合能，表明 Cu_2O 和 Tg-C_3N_4 之间没有化学键合。

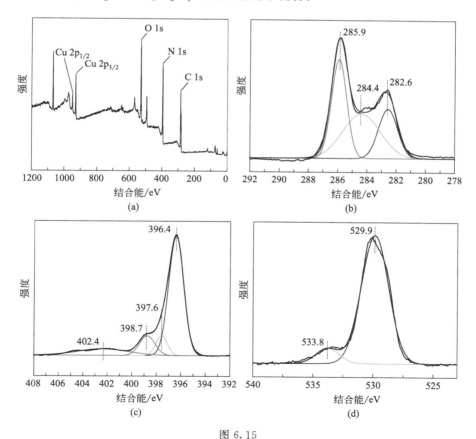

图 6.15

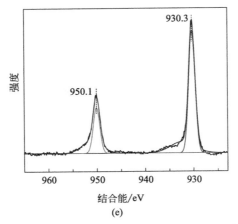

图 6.15　10.5%Cu$_2$O/Tg-C$_3$N$_4$ 的 XPS 图谱
(a) 全谱；(b) C 1s；(c) N 1s；(d) O 1s；(e) Cu 2p

6.2.3　光催化性能

6.2.3.1　Cu$_2$O 负载量对光催化性能的影响

g-C$_3$N$_4$ 及不同 Cu$_2$O 含量的 Cu$_2$O/Tg-C$_3$N$_4$ 光催化降解 MB 的性能如图 6.16 所示。由图 6.16 可以看出，Cu$_2$O/Tg-C$_3$N$_4$ 的光催化性能均优于单相 g-C$_3$N$_4$ 和纯 Cu$_2$O。在无光照 30min 后，10.5%Cu$_2$O/Tg-C$_3$N$_4$ 的吸附效果最好，7%Cu$_2$O/Tg-C$_3$N$_4$ 和 17.5%Cu$_2$O/Tg-C$_3$N$_4$ 的吸附效果较差。这可能是因为，当 Cu$_2$O 的加入量过高时，较多的氧化亚铜填充进 g-C$_3$N$_4$ 的片层后反而降低了 Cu$_2$O/g-C$_3$N$_4$ 复合体系的表面积。由图 6.16 还可以看出，打开氙灯后，10.5%Cu$_2$O/Tg-C$_3$N$_4$ 的降解效果最佳，降解率最高，为 96.8%。其一阶光催化降解速率常数为 0.01018min^{-1}，分别为单相 Cu$_2$O 和 g-C$_3$N$_4$ 的 8.6 倍和 8.2 倍，说明 Cu$_2$O 和 g-C$_3$N$_4$ 的复合有效提高了光生载流子的分离效率。10.5%Cu$_2$O/Tg-C$_3$N$_4$ 的一阶速率常数还分别为 7%Cu$_2$O/g-C$_3$N$_4$ 和 17.5% Cu$_2$O/Tg-C$_3$N$_4$ 的一阶光催化降解速率常数的 6.88 倍和 3.22 倍。这是因为，Cu$_2$O 含量过高会导致 Cu$_2$O 在 g-C$_3$N$_4$ 表面分布过于密集，不利于两者同时均可接触到可见光，因此复合材料的光催化效果较差。Cu$_2$O 含量过低会导致 Cu$_2$O 在 g-C$_3$N$_4$ 表面分布过于分散，不利于协同作用的发挥。

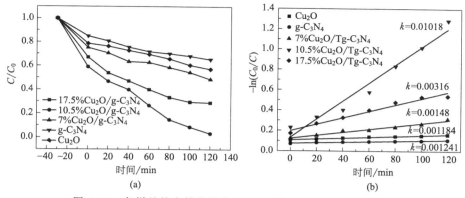

图 6.16 各样品的光催化性能（a）及其一阶动力学曲线（b）

6.2.3.2 g-C_3N_4 预处理对光催化性能的影响

为了考察 g-C_3N_4 预处理对 Cu_2O/g-C_3N_4 性能的影响，本研究就 g-C_3N_4 预处理前后制得的 10.5%Cu_2O/g-C_3N_4 和 10.5%Cu_2O/Tg-C_3N_4 光催化降解 MB 的性能进行了对比，如图 6.17 所示。由图 6.17 可以看出，10.5%Cu_2O/Tg-C_3N_4 的光催化性能明显优于 10.5%Cu_2O/g-C_3N_4，其一阶反应速率常数是 10.5%Cu_2O/g-C_3N_4 的 2.3 倍，说明 g-C_3N_4 的预处理有助于提高 Cu_2O 和 g-C_3N_4 复合体系的光催化性能。这是因为，g-C_3N_4 在乙醇中进行预处理后，使其表面会产生丰富的含氧官能团，这些含氧官能团会对反应体系中的铜

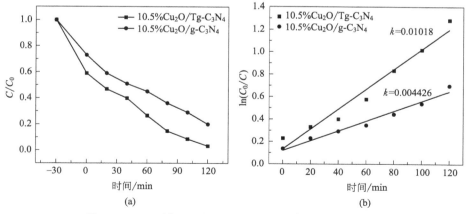

图 6.17 10.5%Cu_2O/g-C_3N_4 及 10.5%Cu_2O/Tg-C_3N_4
光催化降解四环素的性能（a）及其一阶动力学曲线（b）

离子产生吸附作用，阻止了 Cu_2O 粒子的团聚，使 Cu_2O 纳米粒子在热剥离 $2Dg-C_3N_4$ 纳米上得到了有效分散，进而形成了接触更加紧密的异质结构。

6.2.4 光催化机理

6.2.4.1 UV-vis 光谱分析

$g-C_3N_4$ 和 $Cu_2O/Tg-C_3N_4$ 复合材料的紫外-可见（UV-vis）漫反射光谱和带隙图见图 6.18。由图 6.18 可以看出相对于单相 $g-C_3N_4$ 而言，$Cu_2O/Tg-C_3N_4$ 发生了显著的红移，同时吸收强度增强。这表明 Cu_2O 与 $g-C_3N_4$ 的复合提高了石墨相氮化碳对可见光吸收的能力和范围。其中，$10.5\%Cu_2O/Tg-C_3N_4$ 在紫外光区和可见光区的吸收强度高于 $7\%Cu_2O/Tg-C_3N_4$ 和 $17.5\%Cu_2O/Tg-C_3N_4$。由带隙图可见，$10.5\%Cu_2O/Tg-C_3N_4$、$17.5\%Cu_2O/Tg-C_3N_4$ 和 $7\%Cu_2O/Tg-C_3N_4$ 的禁带宽度分别为 $2.1eV$、$2.14eV$ 和 $2.3eV$，均低于纯 $g-C_3N_4$ 的禁带宽度。因此，$Cu_2O/g-C_3N_4$ 表现出更优异的光催化能力。

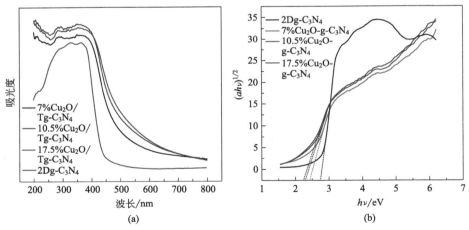

图 6.18 各样品的 UV-vis 光谱图（a）和带隙图（b）

6.2.4.2 PL 分析

图 6.19 是在激发光波长为 390nm 的条件下测得的 $g-C_3N_4$、Cu_2O、$10.5\%Cu_2O/g-C_3N_4$ 和 $10.5\%Cu_2O/Tg-C_3N_4$ 样品的荧光光谱。由图谱可

知，所有样品在 463nm 左右处具有最强的荧光强度，峰的位置与文献值相近[78]。异质结样品 10.5％Cu_2O/g-C_3N_4 和 10.5％Cu_2O/Tg-C_3N_4 的荧光强度明显低于单相的 g-C_3N_4 和 Cu_2O。说明，异质结的形成提高了光生电子和空穴的分离效率。由图 6.19 还可以看出，10.5％Cu_2O/Tg-C_3N_4 的荧光强度弱于 10.5％Cu_2O/g-C_3N_4，且发生显著红移，说明 g-C_3N_4 的预处理有利于形成电子传输能力更强的异质结结构。同时，相对于 10.5％Cu_2O/g-C_3N_4，10.5％Cu_2O/Tg-C_3N_4 的光致发光峰出现红移，该现象与光吸收特性的红移一致。

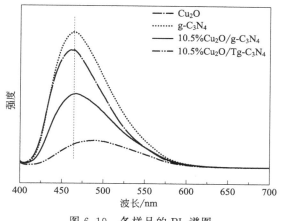

图 6.19　各样品的 PL 谱图

6.2.4.3　光催化剂的稳定性

为了考察 10.5％Cu_2O/Tg-C_3N_4 样品的稳定性，对 TC 溶液进行了多次光催化降解实验。循环实验的光催化降解曲线如图 6.20 所示。在每个测试周期后，对光催化剂进行离心和干燥。结果表明，10.5％Cu_2O/Tg-C_3N_4 的样品经过 4 次循环后，其光催化效率仍能达到 81.23％。这说明，10.5％Cu_2O/Tg-C_3N_4 具有良好的稳定性和重复使用性。

6.2.4.4　光催化机理

为了进一步分析在 TC 降解中起主要作用的活性物质，本研究设计了自由基捕获实验。在本捕集实验中，叔丁醇（TBA）、对苯醌（p-BQ）和乙二胺四乙酸二钠（EDTA-2Na）分别可捕获反应过程中产生的活性物种羟基自由基

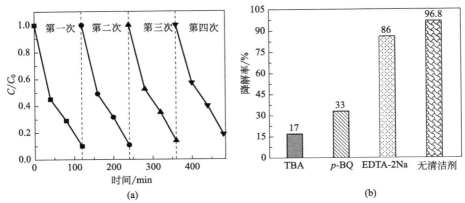

图 6.20 10.5%Cu_2O/Tg-C_3N_4 光催化降解 TC 的循环实验（a）及自由基捕获研究（b）

（·OH）、超氧自由基（·O_2^-）和空穴（h^+）[79]。活性物种捕获剂对 TC 降解率的影响见图 6.21。由图 6.21 可知，加入叔丁醇后，TC 的降解虽然有所抑制，但降解率仍达到 86%；加入对苯醌后，TC 的降解率下降至 33%；而加入乙二胺四乙酸二钠后 TC 降解率急剧下降至 17%。这表明·O_2^- 和 h^+ 是 10.5%Cu_2O/Tg-C_3N_4 光催化降解 TC 的主要活性物种。

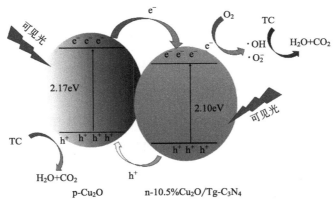

图 6.21 10.5%Cu_2O/Tg-C_3N_4 光催化降解 TC 的机理

基于以上结果，本研究提出了 10.5%Cu_2O/Tg-C_3N_4 光催化降解 TC 的机理。2Dg-C_3N_4 的导带和价带分别为 -1.1eV 和 1.6eV，Cu_2O 的导带和价带分别为 -1.4eV 和 0.6eV，Cu_2O 与 2Dg-C_3N_4 形成表面分散型异质结，建立了平衡的费米能级[80]。空穴从 2Dg-C_3N_4 扩散到 Cu_2O，电子从 Cu_2O 转移到 2Dg-C_3N_4，在 2Dg-C_3N_4 和 Cu_2O 的费米能级达到平衡之前，在它们接触的 p-n 型半导体异质结处形成内建电场[81]，电场方向由 2Dg-C_3N_4 指向 Cu_2O。在可见光的照射下，2Dg-C_3N_4 和 Cu_2O 被激发，产生光生电子-空穴对。在电场的作用下，光生电子转移到 n 型半导体 2Dg-C_3N_4 即正电场区域，空穴转移到 p 型半导体 Cu_2O 即负电场区域，促进了光生电子-空穴的转移。具有强氧化能力的空穴可直接氧化污染物，通过转移可以有效抑制光生电子-空穴对的复合，增强其光催化性能。

6.3 双芬顿 Fe_3O_4-Fe-CN 磁性复合材料

目前光催化技术是解决环境污染和能源短缺的前沿技术[82-84]，而 Fenton 反应作为一种高级氧化过程，在均相溶液体系中 Fe^{2+} 能将 H_2O_2 分解产生大量的羟基自由基（·OH）[85]。羟基自由基具有强氧化性和高反应活性，可以迅速氧化降解有机污染物。若将 Fenton 反应与光催化体系结合，可进一步提高材料的光催化性能。此外，较均相芬顿体系而言，多相芬顿催化剂因以固体催化剂代替液相催化剂、pH 工作范围温和、不产生铁泥等优点而受到研究者的关注[86]。

光催化技术的核心是半导体材料。近年来，非金属半导体 g-C_3N_4 有着良好的化学稳定性、廉价易得、环境友好等优点，其独特的电子结构更易于进行改性调控[87,88]，在污水治理等方面发挥着独特作用。然而，体相 g-C_3N_4 比表面积较小、对可见光的响应范围与利用率较低、粉体难以回收等缺点极大限制了其发展[89]。

如何有效促进光生载流子的分离能力并提高其可回收利用性已成为目前环境污染控制和可持续能源开发利用的重大课题。采用模板法优化纳米结构[90]、元素掺杂法[91-94]（Fe、P、Cu 和 B）调控能带结构、贵金属沉积[95,96]（Ag、Au）或半导体复合[97,98]（TiO_2、WO_3）提高光生载流子分离效率等方法均可对氮化碳进行改性。研究表明，对氮化碳电子结构调整及赋予氮化碳一定的磁性便于在磁场作用下回收是解决氮化碳上述缺陷的有效手段。铁元素作为最有前景的掺杂元素之一，在掺杂 g-C_3N_4 方面受到越来越多的关注[99-101]，一方面掺杂于 g-C_3N_4 上的铁离子与 g-C_3N_4 之间存在着界面电荷转移效应，有利于增强 g-C_3N_4 对可见光的吸收，扩大可见光响应范围，降低光生载流子的复合速率[102]，另一方面 Haber 等[103]最早研究了均相 Fenton 试剂 Fe^{2+} 与

H_2O_2 的反应，提出了羟基自由基（·OH）理论，揭示了铁离子参与 Fenton 的反应机理。同时，磁铁矿（Fe_3O_4）作为一种常见的铁基催化剂，具有良好的分散性和较大的比表面积，但由于其磁性使催化剂颗粒易聚集，导致其很难单独应用于 Fenton 反应中。目前的有效手段为 Fe_3O_4 与半导体催化剂 g-C_3N_4 复合构成异质结，不仅使得 Fe_3O_4 中的 Fe(Ⅱ) 和 Fe(Ⅲ) 均可参与 Fenton 反应，利用 Fe^{2+} 催化 H_2O_2，使其分解产生大量羟基自由基（·OH），直接参与催化氧化有机污染物；还可改善 g-C_3N_4 的能带结构，增强可见光的吸收，扩大光响应范围，使 g-C_3N_4 催化剂中产生更多的活性位点和更高的比表面积，加快 Fe(Ⅱ) 和 Fe(Ⅲ) 的反应循环，最终有效提高光芬顿反应活性，同时赋予 g-C_3N_4 可感应磁场便于回收利用[104]。

本文首先以 g-C_3N_4 作为载体制备单一 Fe 掺杂的 Fe-CN 催化剂，研究了不同比例 Fe 掺杂下 g-C_3N_4 在 Fenton 反应中的最优性能。其次利用双铁掺杂的协同效应，以磁铁矿（Fe_3O_4）负载于 Fe-CN 中构建异质结，同时以亚甲基蓝（MB）溶液为模拟污染物，通过外加 H_2O_2 构建光芬顿体系，考察了中性环境下固相 Fe_3O_4-Fe-CN 在光芬顿体系中催化性能。此外，还研究了 Fe_3O_4-Fe-CN 复合材料的磁回收和重复利用性，结果表明磁回收型 Fe_3O_4-Fe-CN 复合材料是一种在环境保护方面具有广阔应用前景的光催化材料。

6.3.1 材料与方法

6.3.1.1 试剂与仪器

二氰胺、九水硝酸铁、氯化铁、氯化亚铁、无水乙醇、过氧化氢（97%，质量分数）、亚甲基蓝、浓氨水（25%），均为分析纯，购自国药集团化学试剂有限公司。

X 射线衍射仪（XRD，LabX6000 型），日本岛津公司生产；扫描电子显微镜（SEM，ApreO 型），捷克 FEI 公司；透射电子显微镜（TEM，TEC-NAI-10 型），日本日立公司；物理吸附仪（BET，BETA201A 型），北京冠测精电仪器设备有限公司；紫外-可见近红外分光光度计（UV-visNIR，Lambda750 型），美国 PE 公司；傅里叶红外光谱仪（FT-IR，ALPHA 型），德国布鲁克公司；X 射线光电子能谱仪（XPS，AXISULTRADLD 型），日本岛津公司。

6.3.1.2 样品制备

（1） g-C_3N_4 制备

以二氰胺为前驱体，将装有 10g 前驱体的石英舟置于管式炉中部，在氮气气氛中 550℃恒温煅烧 4h，升温速率为 10℃/min。反应结束后，样品自然冷却至室温，充分研磨后得到淡黄色 g-C_3N_4，记作 CN。

（2） Fe_3O_4-Fe-CN 的制备

称取 0.0723g Fe(NO_3)$_3$·9H_2O 溶于 40mL 去离子水中，加入 2g CN，超声 15min 后置于 100℃油锅中，使水分缓慢蒸干。将得到的固体放入 100℃烘箱中干燥 6h，研磨后放入石英舟中，再置于管式炉中于空气气氛中以 5℃/min 升温速率升温至 550℃后，焙烧 3h。冷却后取出，得到铁离子掺杂量为 0.5% 的氮化碳，记作 Fe-CN。

称取 Fe-CN 粉末（1.6g）加入到 120mL 的乙醇/水溶液中（$v_{乙醇}:v_{水}=1:2$），超声 20min 使其分散均匀。随后，将 0.5605g$FeCl_3$ 和 0.3435g$FeCl_2$·4H_2O 溶解于 20mL 蒸馏水中，所形成的溶液逐步滴入到 Fe-CN 悬浮液中，形成的混合液在 80℃下磁力搅拌 30min 后取 10mL 浓氨水，添加到混合溶液中，黄色混合液立刻变成灰黑色，继续搅拌 30min 后，将混合液冷却至室温。离心并收集生成物，分别用无水乙醇和蒸馏水清洗 3 次，将收集的粉末置于恒温干燥箱中，在 60℃下保持 12h。用同样的方法，通过改变铁盐的量，制备出 Fe_3O_4 负载量不同的 Fe_3O_4-Fe-CN 复合物（质量分数分别为 2%、4%、6%）。记作 x%Fe_3O_4-Fe-CN。

6.3.1.3 表征

采用 X 射线衍射仪（APEXII，Bruker，日本）、场发射扫描电子显微镜（SU-70，Hitachi，日本）、透射电子显微镜（Tccnai G2 TF-30，Hitachi，日本）、BET 比表面积分析测试仪（ASAP-2020，Quantachrome Ins，美国）、X 射线光电子能谱仪（K-Alpha$^+$，TMO，美国）、紫外-可见漫反射光谱仪（UV-4100，K-Alpha$^+$，TMO，美国）、光致发光测试光谱仪（Fluorolog3-21，Hitachi，日本）对样品的物相、形貌、表面组成、结构及光学性质进行分析表征。

6.3.1.4 Fenton 性能测试

称取 0.02g 催化剂分散于 100mL 浓度为 10mg/L 的亚甲基蓝溶液中，于黑暗中搅拌 30min，以达到吸附-脱附平衡。在体系中加入 2mL H_2O_2 开启芬顿反应，每隔 5min 取样 3mL，放入离心机中以 10000r/min 离心 5min，取上层清液测其吸光度。相同实验条件下，使用 350W 氙灯作为光催化反应的辐照光源进行光芬顿反应。

6.3.2 结构与表征

6.3.2.1 SEM 和 TEM 分析

图 6.22 为 CN、Fe-CN 和 4‰Fe_3O_4-Fe-CN 的 SEM 照片。从图 6.22(a) 中可以看出，纯体 CN 为片状堆叠的块状颗粒，片层之间连接紧密，呈现明显的团聚现象。从图 6.22(b) 中可以看出，Fe-CN 呈现多孔的层状结构，片层厚度薄且片层间无明显的堆积现象，整体结构蓬松。图 6.22(c)(d) 中可以看出，Fe_3O_4 纳米粒子被片状的 CN 所包裹，进而呈现出不规则的表面结构，使微观形貌发生了改变，有利于污染物的降解。

图 6.22 各样品的 SEM 图谱
(a) CN；(b) Fe-CN；(c)(d) 4‰Fe_3O_4-Fe-CN

图 6.23 为 CN、Fe-CN 和 4‰Fe_3O_4-Fe-CN 的 TEM 照片。图 6.23(a) 中

可以看出，g-C$_3$N$_4$ 具有较大尺寸的层状结构，是典型的二维材料。从图 6.23（b）中可以看出，Fe-CN 具有更薄的片层结构，分散性更好，片层上可以观察到少量的孔洞结构。图 6.23（c）中可以看出，Fe$_3$O$_4$ 纳米粒子被层状的 Fe-CN 包裹其中，集中分散在中央部分，周围呈现薄层结构，这种结构使得复合体系能够充分接触。图 6.23（d）通过测定明暗条纹的间距，$d=0.252\text{nm}$ 对应于 Fe$_3$O$_4$ 的（311）晶面，正好对应于 XRD 中 Fe$_3$O$_4$ 的最强衍射峰。结果表明 CN 与 Fe$_3$O$_4$ 有效形成异质结，有利于光生电子和光生空穴的分离。同时磁铁矿的引入使得 g-C$_3$N$_4$ 粉体的微观形貌发生了变化，同时样品呈现中微孔结构，中微孔结构可以增大材料的比表面积，使得污染物更易吸附在材料表面，增大材料与污染物的接触面积，增加反应活性位点，从而有利于污染物的降解，提高其光催化反应性能。

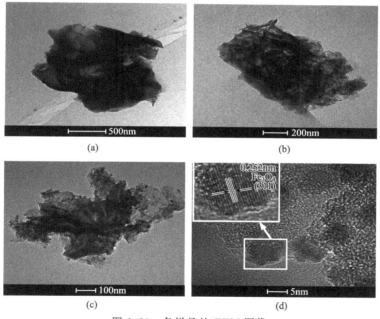

图 6.23　各样品的 TEM 图像
(a) CN；(b) Fe-CN；(c)(d) 4%Fe$_3$O$_4$-Fe-CN

6.3.2.2　XRD 分析

图 6.24 为 CN 和 x%Fe$_3$O$_4$-Fe-CN 催化剂的 XRD 图谱。对于 CN 和 Fe-CN，可以在 13.9°和 27.5°观察到两个明显的衍射峰[105]，其中 27.5°的衍射峰

强度最高,为共轭芳香物层间堆积特征峰,对应 CN 的(002)晶面。随着 Fe 含量的增加,特征峰逐步趋于缓和,证实了 g-C_3N_4 的石墨性;而在 13.9°处观察到一个较弱的衍射峰,归属于类石墨相的层内堆积峰,即(100)晶面,通常认为是以 3-s-三嗪结构为基本单元的聚合物中 N 孔间的堆积[106,107]。从 Fe_3O_4 的 XRD 衍射峰可以看出分别对应 Fe_3O_4 的(220)、(311)、(400)、(440)和(511)等晶面[108]。相比之下,Fe_3O_4 掺杂复合材料的衍射峰强度要弱一些,在 13.9°处的衍射峰几乎观察不出,原因是在煅烧过程中 Fe 的掺入使得 CN 产生不同程度缩聚,延缓了晶相转变过程,导致 CN 晶胞参数和晶面间距变小,增大了晶体比表面积,有利于 CN 光催化活性提升。说明 Fe_3O_4 的引入对 CN 的层内和层间结构产生了一定的破坏;而单掺杂 Fe-CN 与 CN 的特征衍射峰大致相同,说明单一铁离子的引入并未改变 CN 的层间结构[109]。

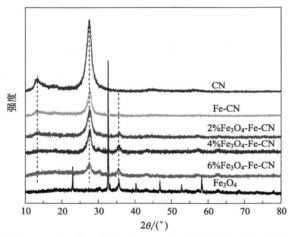

图 6.24　CN 和 $x\%Fe_3O_4$-Fe-CN 催化剂的 XRD 图谱

6.3.2.3　FTIR 分析

实验为进一步研究双掺杂体系的表面结构,对不同比例的双掺杂样品进行红外测试。图 6.25 为 CN、Fe-CN 与 $x\%Fe_3O_4$-Fe-CN 的 FT-IR 图谱。由图可以看出,五种材料在 1240~1650cm^{-1} 处的一系列特征峰归因于 C—N 和 C=N 的伸缩振动引起[110];位于 808cm^{-1} 处的特征峰对应三嗪环状化合物的弯曲振动特征吸收[111];而位于 2800~3400cm^{-1} 处的特征峰是由于 N—H 和 N=O 键的伸缩振动引起[112]。对比双铁与单铁掺杂样品可以看出,在

1240~1650cm^{-1} 处的特征峰双铁样品的强度小于单铁样品，这说明了 Fe_3O_4 的成功负载，也证明了 Fe_3O_4 的负载并未改变 Fe-CN 的层间结构，与 XRD 分析结果一致。

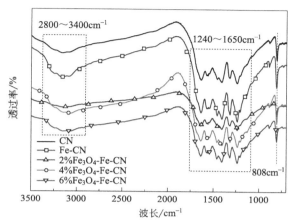

图 6.25　CN 与 x%Fe_3O_4-Fe-CN 系列光催化剂的 FT-IR 图谱

6.3.2.4　BET 分析

表 6.4 为 CN、Fe-CN 与 x%Fe_3O_4-Fe-CN 的 BET 测试结果。在图 6.26 中，Fe-CN 与 4%Fe_3O_4-Fe-CN 的吸附-脱附等温线是典型的第Ⅳ型曲线[113]，属于中孔和微孔结构。由表 6.4 可知，Fe-CN 与 4%Fe_3O_4-Fe-CN 的比表面积

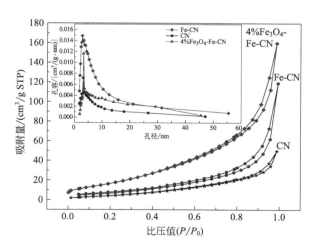

图 6.26　CN 与 x%Fe_3O_4-Fe-CN 催化剂的 BET 图谱

分别为 $62.5552\mathrm{m}^2/\mathrm{g}$ 和 $74.2631\mathrm{m}^2/\mathrm{g}$，说明双铁复合材料比单铁复合材料具有更大的比表面积，这将更有利于 $4\%\mathrm{Fe}_3\mathrm{O}_4$-Fe-CN 材料对 MB 溶液的吸附，能够提供更多的反应活性位点，同时介孔材料的优势也将增大可见光的吸收范围，有效减少电子-空穴对的复合[114]。但表 6.4 也显示出比表面积在 $\mathrm{Fe}_3\mathrm{O}_4$ 含量增加时反而减少。这是因为，当掺杂量过多后，CN 中捕获位之间的距离减小，反而会使电子-空穴对的复合概率增加，同时 Fe^{3+} 难以掺入 CN 晶格中，会附着在晶体表面，阻止后续 Fe^{3+} 离子进入[115,116]。

表 6.4　CN、Fe-CN 与 $x\%\mathrm{Fe}_3\mathrm{O}_4$-Fe-CN 的比表面积、孔容和孔径

样品名称	比表面积 /(m²/g)	孔容 /[cm³/(g·nm)]	孔径 /nm
CN	19.021	0.077240	9.4459
Fe-CN	62.5552	0.159523	13.6598
2%Fe₃O₄-Fe-CN	57.5006	0.141530	14.3630
4%Fe₃O₄-Fe-CN	74.2631	0.170239	17.4929
6%Fe₃O₄-Fe-CN	52.4257	0.147240	15.3049

6.3.2.5　XPS 分析

XPS 是目前常用的分析催化剂表面元素组成和化学形态的表征手段。为了进一步研究样品中 Fe 的存在状态，对 $4\%\mathrm{Fe}_3\mathrm{O}_4$-Fe-CN 样品中的 C 1s、N 1s 及 Fe2p 进行了 XPS 分析，其结果如图 6.27 所示。由图 6.27(d) 可知，$4\%\mathrm{Fe}_3\mathrm{O}_4$-Fe-CN 样品由 C、N、O 和 Fe 4 种元素组成，O 的存在是因为吸收了样品表面的 $\mathrm{H}_2\mathrm{O}$ 或者 O_2[117]。图 6.27(a) 中 $4\%\mathrm{Fe}_3\mathrm{O}_4$-Fe-CN 样品 C 1s 的 XPS 图谱主要存在两个特征峰，其中 284.48eV 的峰归属为环状结构中 sp^2

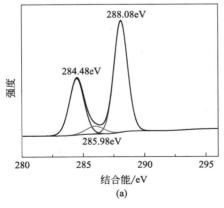

(a)

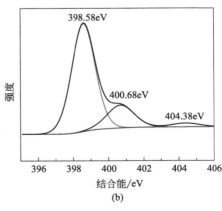

(b)

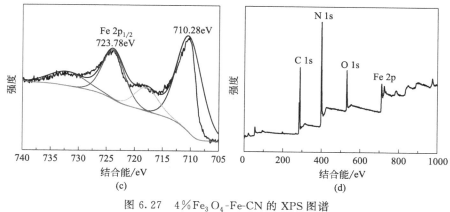

图 6.27　4%Fe_3O_4-Fe-CN 的 XPS 图谱
(a) C 1s；(b) N 1s；(c) Fe 2p；(d) 全谱

杂化的 C—N—C 配位峰[118]，288.08eV 的峰归属为 sp^3 杂化的 C 原子 [C—$(N)_3$][119]。图 6.27(b) 中位于 398.58eV、400.68eV 和 404.38eV 的峰归属于 sp^2 杂化的 N 原子（C—N=C）、连接环状结构的 N 原子 [N—$(C)_3$] 和 C—N—H 键[120-122]。图 6.27(c) 中位于 710.28e 处的结合能分别对应于 710.28eV 和 723.78eV 两处的特征峰分别归属为 Fe $2p_{3/2}$ 和 Fe $2p_{1/2}$，表明 Fe 元素的掺杂形成了 Fe_3O_4-CN 纳米复合材料，Fe(Ⅱ) 与 Fe(Ⅲ) 两种价态均存在，同时未发现其他特征峰，说明 Fe 与 C、N 之间并未形成化学键[123]。

6.3.2.6　VSM 分析

图 6.28 为 x%Fe_3O_4-Fe-CN 样品的磁滞回线（VSM）测试曲线。在室温条件下测量了 x%Fe_3O_4-Fe-CN 样品的磁性，2%Fe_3O_4-Fe-CN 样品磁性最低，6%Fe_3O_4-Fe-CN 样品磁性最强，三种样品的饱和磁化强度分别为 2.25emu/g、3.35emu/g、11.76emu/g。可以发现，随着 Fe_3O_4 浓度的增加，使得复合体系的磁性也增强。图 6.28 插图是 4% Fe_3O_4-Fe-CN 复合材料均匀分散在水溶液和在磁场作用可分离的照片，4% Fe_3O_4-Fe-CN 复合材料均匀分散的悬浊液在外加磁场作用下，定向移向磁铁，瞬间全部移向磁铁方，可实现磁分离以重复使用。

6.3.2.7　瞬态光电流及 EIS 分析

光生电子和空穴的分离在光催化反应中有着重要的作用。而光电流是来自

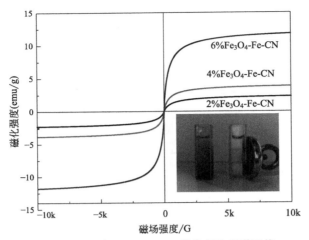

图 6.28 $x\%Fe_3O_4$-Fe-CN 催化剂的磁滞回线

于价带电子受光照激发到导带上的光生电子。因此,光电流越高,光生电子和空穴的分离效率越高,光催化活性越高[124]。图 6.29(a) 为 CN 和 $x\%Fe_3O_4$-Fe-CN 样品的瞬态光电流响应图。可以看出 $4\%Fe_3O_4$-Fe-CN 样品的光电流密度明显高于 CN 和 Fe-CN,由此可以判断 Fe 的掺杂有利于光生电子-空穴对的分离和迁移,有效地阻止了光生电子-空穴对的复合。图 6.29(b) 为 CN 和 $x\%Fe_3O_4$-Fe-CN 样品的 EIS 电抗阻图。可以看出,$4\%Fe_3O_4$-Fe-CN 样品在可见光照射下的电弧半径最小,远低于 CN 的电弧半径。表明了 Fe_3O_4 掺杂后使得样品的电子传递阻力减小,电极/电解质界面的电荷转移效率提高。

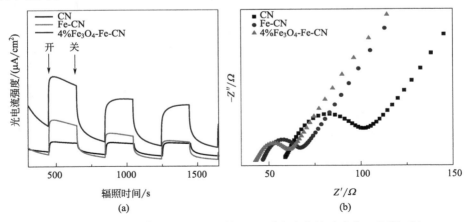

图 6.29 CN 与 $x\%Fe_3O_4$-Fe-CN 的 (a) 瞬态光电流响应和 EIS 图 (b)

6.3.3 光催化性能

6.3.3.1 芬顿催化性能

图 6.30(a)(c) 分别为各种样品对 MB 溶液光芬顿、芬顿降解反应曲线图。由图可见，纯 CN、Fe_3O_4 和单一 H_2O_2 的加入在光芬顿反应下降解率约为 40%~60%，芬顿反应下降解率只有 20% 左右，说明光催化材料在加入铁离子前只能表现一定的降解能力。其中，单掺杂最优比例的 Fe-CN 样品在光芬顿体系下 60 min 内降解效率达到近 100%，约为纯 CN 的 1.6 倍，这表明铁离子的引入有效地构建起 Fenton 体系。Fenton 体系中 Fe^{2+} 催化 H_2O_2，使其分解活化能降低，同时两者反应过程中产生大量具有很高氧化还原电位的羟基

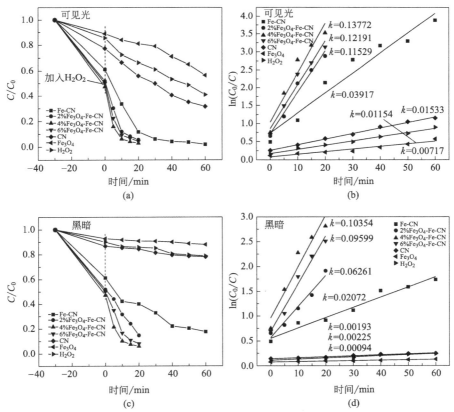

图 6.30 光芬顿性能及降解 MB 的一级反应动力学曲线 (a)(b)，
芬顿性能及降解 MB 的一级反应动力学曲线 (c)(d)

自由基（·OH）氧化分解 MB 溶液，同时 Fe^{3+} 也可重新与 H_2O_2 反应被还原为 Fe^{2+}，H_2O_2 被氧化为超氧酸自由基（HO_2·）。而通过对比单铁掺杂样品与双铁掺杂样品的降解率发现，二者在光芬顿反应下皆可达到对 MB 溶液近 100% 的降解。但由图可知，双铁样品可以在更短的时间（20min）内达到约 100% 的降解率，显示了磁铁矿的引入增强了 Fe^{2+} 与 Fe^{3+} 之间的电荷转移，同时双铁掺杂样品的低比表面积和薄片层结构也大大缩短了光生载流子迁跃到样品表面的距离，提高了对可见光的吸收能力，产生更多的光生电子-空穴对[125]。图 6.30(b)(d) 分别为 7 种样品对 MB 溶液光芬顿、芬顿降解反应的一级动力学曲线图。其中，4%Fe_3O_4-Fe-CN 样品 k 值为 $0.13772min^{-1}$，分别约为 Fe-CN 和纯 CN 样品的 3.5 倍和 9.0 倍，说明磁铁矿的引入无论是相比单铁掺杂或是纯体 CN，都显著增强了复合材料在可见光作用下对 MB 溶液的降解能力。

6.3.3.2 光催化剂的稳定性

为了研究 4%Fe_3O_4-Fe-CN 的耐久性和稳定性，进行了回收实验，通过对反应混合物进行离心，回收第一次反应中使用了纳米颗粒，并清洗和干燥纳米颗粒，然后在进一步的反应中重复使用。图 6.31 表明，即使经过三次降解反应循环，催化剂的活性在光芬顿条件下仅下降约 30%、芬顿条件下仅下降约 50%，结果表明，该催化剂具有较高的稳定性和重复使用性。

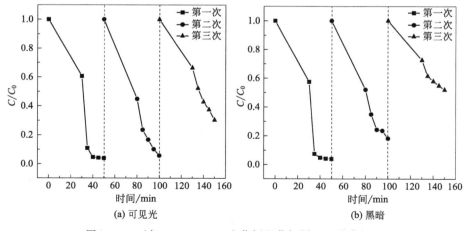

图 6.31　4%Fe_3O_4-Fe-CN 光芬顿和芬顿循环反应降解图

6.3.4 光催化机理

6.3.4.1 UV-vis 分析

图 6.32 为 CN 与 $x\%Fe_3O_4$-Fe-CN 的 UV-vis 漫反射谱图。光催化材料对可见光的吸收能力会直接影响到光催化剂对目标污染物的降解效率[126]，由图 6.32 可以看出，纯体 CN 的吸收边界约为 470nm，单铁掺杂后的样品吸收边界则扩大到了约 500nm，而掺入了 Fe_3O_4 后的双铁样品极大地增加了对可见光的吸收范围，说明实验所制备的双掺杂复合材料对可见光有着极强的吸收能力。由半导体禁带求导公式[127]求得 Fe-CN 和 $4\%Fe_3O_4$-Fe-CN 的禁带宽度分别为 2.27eV 和 2.24eV，说明 Fe 的引入改变了 CN 的能带结构，降低了其带隙能，使得吸收边界向长波方向移动（红移）。结合吸收边界的扩大以及带隙能的降低，进一步证明了引入 Fe_3O_4 掺杂后的样品具有比单一 Fe 掺杂样品更强的光吸收能力，拥有更高的可见光利用率和光响应范围，有助于提升催化活性[128,129]。

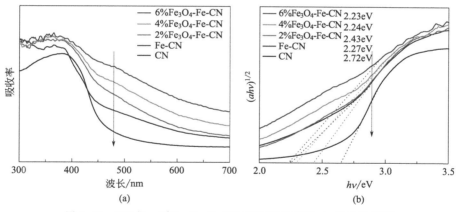

图 6.32　CN 与 $x\%Fe_3O_4$-Fe-CN 催化剂的 UV-vis 漫反射谱图

图中箭头所指方向与图例所列相对应

6.3.4.2 PL 分析

图 6.33 为 CN 与 $x\%Fe_3O_4$-Fe-CN 的光致荧光光谱（PL）。CN 和 $x\%Fe_3O_4$-Fe-CN 复合材料的发射峰位置约为 480nm，且双掺杂 $4\%Fe_3O_4$-Fe-CN

的发射峰要比单掺杂 Fe-CN 弱，且两个复合体系的发射峰均远低于 CN 的发射峰，表明了 Fe_3O_4 的掺杂极大抑制了光生电子-空穴对的复合。同时复合材料发射峰的减弱也说明了以 Fe_3O_4 纳米粒子构建异质结可以有效延长光生载流子的寿命，进而有利于进行光催化反应降解。

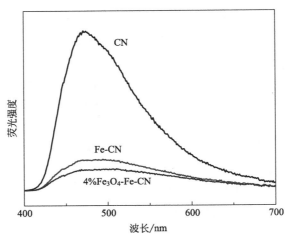

图 6.33　CN 与 $x\%Fe_3O_4$-Fe-CN 催化剂的 PL 图

6.3.4.3　XPS 价带谱

图 6.34(a) 为 CN 与 $x\%Fe_3O_4$-Fe-CN 的 XPS 能谱价带谱和能带结构示意图。通过 XPS 价带谱确定样品价带位置以及 UV-vis 得到的样品带隙来推算样品的导带位置。如图所示，Fe-CN 和 $4\%Fe_3O_4$-Fe-CN 的价带位置分别为

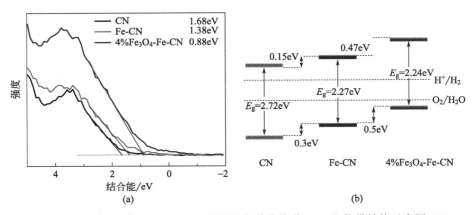

图 6.34　CN 与 $x\%Fe_3O_4$-Fe-CN 样品的能谱价带谱（a）和能带结构示意图（b）

1.38eV 和 0.88eV，远低于 CN 的 1.68eV，说明 Fe 的掺杂改变了 CN 的电子结构。由图 6.34(b) 可以看出 4%Fe_3O_4-Fe-CN 的导带和价带位置均为最高，更高的导带位置使得催化剂产生还原性更强的电子去促进光催化反应，同时更高的价带则带来更强的产氢能力。总之，通过分析 CN 和复合体系的导带价带关系，表明了 Fe_3O_4 的掺杂下使得复合体系具有很强的光催化反应活性，对催化剂持续迅速的降解起到关键作用。

6.3.4.4　光催化机理

结合上述分析结果，我们提出了磁铁矿在 Fenton 反应中的催化机理。图 6.35 为 4%Fe_3O_4-Fe-CN 样品光芬顿催化 MB 溶液的降解机理图，在光照条件下，当光能量大于 4%Fe_3O_4-Fe-CN 的带隙（2.24eV）时，在价带（VB）上的电子会被激发到导带（CB）上，同时会在价带上留下光生空穴（h^+）[130][式(6.6)]。由于 4%Fe_3O_4-Fe-CN 的导带边缘低于 Fe 的费米能级，从而导致激发产生的光生电子（e^-）被 Fe^{3+} 捕获，使其被还原为 Fe^{2+} 参与到 Fenton 反应当中，一方面 Fe^{2+} 不断被 H_2O_2 所消耗，产生羟基自由基（·OH）。另一方面生成的 Fe^{3+} 又重新参与到 Fenton 反应中生成 Fe^{2+}，以此实现了 Fenton 体系中 Fe(Ⅱ) 与 Fe(Ⅲ) 的动态平衡，有效提高了复合材料的光催化性能[128][式(6.7)~式(6.9)]。同时，由于 CN 与 Fe_3O_4 之间的异质结使得价带（VB）上的空穴可以转移到 CN 上，进而促使空穴（h^+）与 H_2O 反应生成 O_2 [式(6.10)]，而光生电子（e^-）则可以与 O_2 反应生成高活性的 ·O_2^-，可以直接催化氧化 MB [式(6.11)]，并且 ·O_2^- 也可以与 H_2O_2 反应生成羟基自由基（·OH）[式(6.12)]。此外，Fe_3O_4-Fe-CN 复合体系光催化剂具有较大的比表面积、开孔率和孔容，也有利于增强对 MB 的降解吸附作用，Fe_3O_4 与 CN 之间的铁离子成为了二者间传输电子（e^-）的良好介质，减弱了 Fe_3O_4 与 CN 之间的光生电子-空穴对的复合率，让更多的光生电子（e^-）和光生空穴（h^+）参与到降解 MB 的反应中来。光芬顿反应体系中羟基自由基（·OH）、过氧根离子（·O_2^-）、光生电子（e^-）和光生空穴（h^+）可以共同直接降解 MB 溶液，大大提高了 Fenton 体系的降解效率，表现出明显的强催化活性[131]。

$$Fe_3O_4\text{-Fe-CN} \xrightarrow{h\nu} Fe_3O_4\text{-Fe-CN}(e^- + h^+) \quad (6.6)$$

$$Fe^{3+} + e^- \longrightarrow Fe^{2+} \quad (6.7)$$

$$Fe^{2+} + H_2O_2 \longrightarrow Fe^{3+} + \cdot OH + OH^- \quad (6.8)$$

$$Fe^{3+} + H_2O_2 \longrightarrow Fe^{2+} + HO_2 \cdot + H^+ \quad (6.9)$$

$$h^+ + H_2O \longrightarrow O_2 \quad (6.10)$$

$$O_2 + e^- \longrightarrow \cdot O_2^- \quad (6.11)$$

$$\cdot O_2^- + H_2O_2 \longrightarrow \cdot OH + O_2 + OH^- \quad (6.12)$$

$$MB + O_2^- / \cdot OH / h^+ / e^- \longrightarrow 产物 \quad (6.13)$$

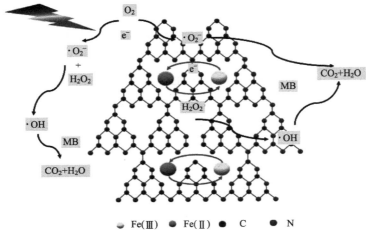

图 6.35 4% Fe_3O_4-Fe-CN 光 Fenton 反应机理图

参考文献

[1] Ong W J, Tan L L, Ng Y H, et al. Graphitic carbon nitride (g-C_3N_4)-based photocatalysts for artificial photosynthesis and environmental remediation: are we a step closer to achieving sustainability? [J]. Chemical Review, 2016, 116 (12): 7159-7329.

[2] Chen Z, Pronkin S, Fellinger T-P, et al. Merging single-atom-dispersed silver and carbon nitride to a joint elec-tronic system via copolymerization with silver tricyanomethanide [J]. ACS Nano, 2016, 10 (3): 3166-3175.

[3] He F, Chen G, Yu Y, et al. Facile approach to synthesize g-PAN/g-C_3N_4 composites with enhanced photocatalytic H_2 evolution activity [J]. ACS Appl Mater Interfaces,

2014, 6 (10): 7171-7179.

[4] He Y, Zhang L, Teng B, et al. New application of Z-scheme Ag_3PO_4/g-C_3N_4 composite in converting CO_2 to fuel [J]. Environ Sci Technol, 2015, 49 (1): 649-656.

[5] Li Q, Zhang N, Yang Y, et al. High efficiency photocatalysis for pollutant degradation with MoS_2/C_3N_4 hetero-structures [J]. Langmuir, 2014, 30 (29): 8965-8972.

[6] Ma S, Zhan S, Jia Y, et al. Enhanced disinfection application of Ag-modified g-C_3N_4 composite under visible light [J]. Appl Catal B, 2016, 86: 77-87.

[7] Thomas A, Fischer A, Goettmann F, et al. Graphitic carbon nitride materials: variation of structure and morphology and their use as metal-free catalysts [J]. J Mater Chem, 2008, 18 (41): 4893-4908.

[8] Li X H, Chen J S, Wang X, et al. Metal-free activation of dioxygen by graphene/g-C_3N_4 nanocomposites: functional dyads for selective oxidation of saturated hydrocarbons [J]. J Am Chem Soc, 2011, 133 (21): 8074-8077.

[9] Zhao Z, Ma H, Feng M, et al. In situ prepa-ration of WO_3/g-C_3N_4 composite and its enhanced photocatalytic ability, a comparative study on the preparation methods of chemical composite and mechanical mixing [J]. Eng Sci, 2019, 7: 52-58.

[10] He Y, Cai J, Li T, et al. Synthe-sis, characterization, and activity evaluation of Dy-VO_4/g-C_3N_4 composites under visible-light irradiation [J]. Ind Eng Chem Res, 2012, 51 (45): 14729-14737.

[11] Xu M, Han L, Dong S. Facile fabrication of highly effi-cient g-C_3N_4/Ag_2O hetero-structured photocatalysts with enhanced visible-light photocatalytic activity [J]. ACS Appl Mater Interfaces, 2013, 5 (23): 12533-12540.

[12] Cao S, Yu J. g-C_3N_4-based photocatalysts for hydrogen generation [J]. J Phys Chem Lett, 2014, 5 (12): 2101-2107.

[13] Shen J, Yang H, Shen Q, et al. Template-free preparation and properties of mesoporous g-C_3N_4/TiO_2 nano-composite photocatalyst [J]. Cryst Eng Comm, 2014, 16 (10): 1868-1872.

[14] Chen Z, Sun P, Fan B, et al. In situ template-free ion-exchange process to prepare visible-light-active g-C_3N_4/NiS hybrid photocatalysts with enhanced hydrogen evolution activity [J]. J Phys Chem C, 2014, 118 (15): 7801-7807.

[15] Yao Y, Cai Y, Lu F, et al. Magnetic $ZnFe_2O_4$-C_3N_4 hybrid for photocatalytic degradation of aqueous organic pollutants by visible light [J]. Ind Eng Chem Res, 2014, 53 (44): 17294-17302.

[16] Sun B, Zhou W, Li H, et al. Syn thesis of particulate hierarchical tandem heterojunctions toward optimized photocatalytic hydrogen production [J]. Adv Mater, 2018, 30 (43): 1804282.

[17] Bai Y, Mora-Sero I, De Angelis F, et al. Titanium dioxide nanomaterials for photo-

voltaic applications [J]. Chem Rev, 2014, 114 (19): 10095-10130.

[18] Du D, Shi W, Wang L, et al. Yolk-shellstructured Fe_3O_4@void@TiO_2 as a photo-Fenton-like catalyst for the extremely efficient elimination of tetracycline [J]. Appl Catal B, 2017, 200: 484-492.

[19] Yao Y, Qin J, Chen H, et al. One-pot approach for synthesis of N-doped TiO_2/$ZnFe_2O_4$ hybrid as an efficient photocatalyst for degradation of aqueous organic pollutants [J]. J Hazard Mater, 2015, 291: 28-37.

[20] Singh N, Jana S, Singh GP, et al. Graphene-supported TiO_2: study of promotion of charge carrier in photocatalytic water splitting and methylene blue dye degradation [J]. Advanced Composites and Hybrid Materials, 2020, 3: 127-140.

[21] Yu M, Yu T, Chen S, et al. A facile synthesis of Ag/TiO_2/rGO nanocomposites with enhanced visible light pho-tocatalytic activity [J]. ES Materials & Manufacturing, 2020, 7: 64-69.

[22] Wang B, Wei K, Mo X, et al. Improvement in recycling times and photodegradation efficiency of core-shell structured Fe_3O_4@C-TiO_2 composites by pH adjust-ment [J]. ES Materials & Manufacturing, 2019, 4: 51-57.

[23] Danish M, Qamar M, Suliman MH, et al. Photo-electrochemical and photocatalytic properties of Fe@ZnSQDs/TiO_2 nanocomposites for degradation of different chromophoric organic pollutants in aqueous suspension [J]. Adv Compos Hybrid Mater, 2020, 3: 570-582.

[24] Yang D, Li Y, Tong Z, et al. One-pot fabrica-tion of C-fecodoped TiO_2 sheets with dominant 001 facets for enhanced visible light photocatalytic activity [J]. Ind Eng Chem Res, 2014, 53 (49): 19249-19256.

[25] Zhang X, Zhang B, Zuo Z, et al. N/Si co-doped oriented single crystalline rutile TiO_2 nanorods for photoelectro-chemical water splitting [J]. J Mater Chem A, 2015, 3 (18): 10020-10025.

[26] Baig A, Rathinam V, Ramya V. Facile fabrication of Zn-doped SnO_2 nanoparticles for enhanced photocatalytic dye degradation performance under visible light exposure [J]. Advanced Composites and Hybrid Materials, 2021, 4 (1): 339-349.

[27] Farzadkia M, Rahmani K, Gholami M, et al. Investigation of photocatalytic degradation of clindamycin antibiotic by using nano-ZnO catalysts [J]. Korean J Chem Eng, 2014, 31 (11): 2014-2019.

[28] Gao L, Fu H, Zhu J, et al. Synthesis of SnO_2 nanoparti-cles for formaldehyde detection with high sensitivity and good selectivity [J]. J Mater Res, 2020, 35 (16): 2208-2217.

[29] Wang H, Zhang L, Chen Z, et al. Semiconductor heterojunction photocatalysts: design, construction, and photocatalytic performances [J]. Chem Soc Rev, 2014, 43

[30] Wang J, Huang J, Xie H, et al. Synthesis of g-C_3N_4/TiO_2 with enhanced photocatalytic activity for H_2 evolution by a simple method [J]. Int J Hydrogen Energy, 2014, 39 (12): 6354-6363.

[31] Li H, Zhou L, Wang L, et al. In situ growth of TiO_2 nanocrystals on g-C_3N_4 for enhanced photocatalytic per-formance [J]. Phys Chem Chem Phys, 2015, 17 (26): 17406-17412.

[32] Li Y, Wang J, Yang Y, et al. Seed-induced growing various TiO_2 nanostructures on g-C_3N_4 nanosheets with much enhanced photocatalytic activity under visible light [J]. J Hazard Mater, 2015, 292: 79-89.

[33] Xu J, Wang G, Fan J, et al. g-C_3N_4 modi-fied TiO_2 nanosheets with enhanced photoelectric conversion efficiency in dye-sensitized solar cells [J]. J Power Sources, 2015, 274: 77-84.

[34] Ma J, Wang C, He H. Enhanced photocatalytic oxidation of NO over g-C_3N_4-TiO_2 under UV and visible light [J]. Appl Catal B, 2016, 184: 28-34.

[35] Han C, Wang Y, Lei Y, et al. In situ synthesis of graphitic-C_3N_4 nanosheet hybridized N-doped TiO_2 nanofibers for efficient photocatalytic H_2 production and degradation [J]. Nano Res, 2015, 8 (4): 1199-1209.

[36] Dai K, Lu L, Liang C, et al. Heterojunction of facet coupled g-C_3N_4/surface-fluorinated TiO_2 nanosheets for organic pollutants degradation under visible LED light irradiation [J]. Appl Catal B, 2014, 156: 331-340.

[37] Wang X, Maeda K, Thomas A, et al. A metal-free polymeric photocatalyst for hydrogen production from water under visible light [J]. Nat Mater, 2009, 8 (1): 76-80.

[38] Zhu K, Wang W, Meng A, et al. Mechanically exfoliated g-C_3N_4 thin nanosheets by ball milling as high performance photocatalysts [J]. RSC Advances.

[39] Cai M, Thorpe D, Adamson D H, et al. Methods of graphite exfoliation [J]. J Mater Chem, 2012, 22 (48): 24992-25002.

[40] Niu P, Zhang L, Liu G, et al. Graphene-like carbon nitride nanosheets for improved photocatalytic activities [J]. Adv Func Mater, 2012, 22 (22): 4763-4770.

[41] Zhang J, Zhang W, Wei L, et al. Alternating multilayer structural epoxy composite coating for corrosion protection of steel [J]. Macromolecular Materials and Engineering 304 (12).

[42] Kumar P, Rahman A, Goswami T, et al. Cover feature: fine-tuning Plasmon-molecule interactions in gold-BODIPY nanocomposites: the role of chemical structure and noncovalent interactions (ChemPlusChem 1/2021) [J]. Chem Plus Chem, 2021, 86 (1).

[43] Görgün N, Özer C, Polat K. A new catalyst material from electrospun PVDF-HFP nanofibers by using magnetron-sputter coating for the treatment of dye-polluted waters [J]. Adv Compos Hybrid Mater, 2019, 2: 423-430.

[44] Kaur D, Bagga V, Behera N, et al. SnSe/SnO_2 nanocomposites: novel material for photocata-lytic degradation of industrial waste dyes [J]. Adv Compos Hybrid Mater, 2019, 2: 763-776.

[45] Jagadeesh Babu M, Botsa S M, Jhansi Rani S, et al. Enhanced photocatalytic degradation of cationic dyes under visible light irradiation by $CuWO_4$-RGO nanocomposite [J]. Adv Compos Hybrid Mater, 2020, 3: 205-212.

[46] Jain B, Singh A K, Hashmi A, et al. Surfactant assisted cerium oxide and its catalytic activity towards Fenton process for non-degradable dye [J]. Adv Compos Hybrid Mater, 2020, 3: 430-441.

[47] Baig A B A, RathinamV, Ramya V. Facile fabrication of Zn-doped SnO_2 nanoparticles for enhanced photocatalytic dye deg-radation performance under visible light exposure [J]. Adv Compos Hybrid Mater, 2021, 4: 114-126.

[48] Xia X, Xu X, Lin C, et al. Microalgal-immobilized biocomposite scaffold fabricated by fused deposition modeling 3D printing technology for dyes removal [J]. ES Materials & Manufacturing, 2020, 7: 40-50.

[49] Jadhav P, Shinde S, Suryawanshi S S, et al. Green AgNPs decorated ZnO nanocomposites for dye degradation and antimi-crobial applications. Engineered Science, 2020, 12: 79-94.

[50] Li W, Xie L, Zhou L, et al. A systemic study on Gd, Fe and N co-doped TiO_2 nanomaterials for enhanced photocatalytic activity under visible light irradiation [J]. Ceram Int, 2020, 46 (15): 24744-24752.

[51] Hu S, Ma L, You J, et al. Enhanced visible light photocatalytic performance of g-C_3N_4 pho-tocatalysts co-doped with iron and phosphorus [J]. Appl Surf Sci, 2014, 311: 164-171.

[52] Sood S, Umar A, Mehta SK, et al. Highly effec-tive Fe-doped TiO_2 nanoparticles photocatalysts for visible-light driven photocatalytic degradation of toxic organic compounds [J]. J Colloid Interface Sci, 2015, 450: 213-223.

[53] Norvill Z N, Toledo-Cervantes A, Blanco S, et al. Photodegradation and sorption govern tetracycline removal during wastewater treatment in algal ponds [J]. Bioresource Technology, 2017, 232, 35-43.

[54] Daghrir R, Drogui P. Tetracycline antibiotics in the environment: a review [J]. Environ Chem Lett, 2013, 11 (3): 209-227.

[55] Zhang Q Q, Ying G G, Pan C G, et al. Comprehensive evaluation of antibiotics emission and fate in the river basins of China: source analysis, multimedia modeling, and

linkage to bacterial resistance [J]. Environ Sci Technol, 2015, 49: 6772-6782.

[56] Dai Y, Li J, Shan D. Adsorption of tetracycline in aqueous solution by biochar derived from waste Auricularia auricula dregs [J]. Chemosphere, 2020, 238: 124432.

[57] Reyes C, Fern'andez J, Freer J, et al. Degradation and inactivation of tetracycline by TiO_2 photocatalysis [J]. J Photochem Photobiol Chem, 2006, 184: 141-146.

[58] Palominos R A, Mondaca M A, Giraldo A, et al. Photocatalytic oxidation of the antibiotic tetracycline on TiO_2 and ZnO suspensions [J]. Catal Today, 2009, (2009): 100-105.

[59] Wang M, Jin C Y, Li Z L, et al. The effects of bismuth (III) doping and ultrathin nanosheets construction on the photocatalytic performance of graphitic carbon nitride for antibiotic degradation [J]. J Colloid Interface Sci, 2019, 533: 513-525.

[60] Wang B, Cai H R, Zhao D M, et al. Enhanced photocatalytic hydrogen evolution by partially replaced corner-site C atom with P in g-C_3N_4 [J]. Applied Catalysis B: Environmental, 2019, 244: 486-493.

[61] Lv S J, Ng Y H, Zhu R X, et al. Phosphorus vapor assisted preparation of P-doped ultrathin hollow g-C_3N_4 sphere for efficient solar-to-hydrogenconversion [J]. Applied Catalysis B: Environmental, 2021, 297: 120438-120445.

[62] Yang L R, Liu X Y, Liu Z G, et al. Enhanced photocatalytic activity of g-C_3N_4 2D nanosheets through thermal exfoliation using dicyandiamide as precursor [J]. Ceramics International, 2018, 44: 20613-20619.

[63] Zhong Q D, Lan H Y, Zhang M M, et al. Preparation of heterostructure g-C_3N_4/ZnO nanorods for high photocatalytic activity on different pollutants (MB, RhB, Cr (VI) and eosin) [J]. Ceramics International, 2020, 46 (8): 12192-12199.

[64] Faisal M, Jalalah M, Harraz F A, et al. Au nanoparticles-doped g-C_3N_4 nanocomposites for enhanced photocatalytic performance under visible lightillumination [J]. Ceramics International, 2020, 46 (14): 22090-22101.

[65] Huang X W, Liu Z J. Heterogeneous deposition of Cu_2O nanoparticles on TiO_2 nanotube array films in organic solvent [J]. Journal of Nanomaterials, 2013: 1-8.

[66] Zuo S X, Chen Y, Liu W J. A facile and novel construction of attapulgite/Cu_2O/Cu/g-C_3N_4 with enhanced photocatalytic activity for antibiotic degradation [J]. Ceram Int, 2017, 43 (3): 3324-3329.

[67] Bao Y C, Chen K Z. A novel Z-scheme visible light driven Cu_2O/Cu/g-C_3N_4 photocatalyst using metallic copper as a charge transfer mediator [J]. Mol Catal, 2017, 432: 187-195.

[68] Moreira, Nuno F F, Sampaio M J, et al. Metal-free g-C_3N_4 photocatalysis of organic micropollutants in urban wastewater under visiblelight [J]. Applied Catalysis B: Environmental, 2019. 248: 184-192.

[69] Gu Q, Z Gao, Zhao H, et al. Temperature-controlled morphology evolution of graphitic carbon nitride nanostructures and their photocatalytic activities under visible light [J]. RSC Advances, 2015, 5 (61): 49317-49325.

[70] Fan C, Feng Q, Xu G, et al. Enhanced photocatalytic performances of ultrafine g-C_3N_4 nanosheets obtained by gaseous stripping with wetnitrogen [J]. Applied Surface Science, 2018, 427: 730-738.

[71] Wan L L, Zhou Q X, Wang X, et al. Cu_2O nanocubes with mixed oxidation-state facets for (photo) catalytic hydrogenation of carbon dioxide [J]. Nature Catalysis, 2019, 2: 889-898.

[72] Y. Cui, H. Wang, C. Yang, M. Li, Y. Zhao, F. Chen, Post-activation of in situ B-F codoped g-C_3N_4 for enhanced photocatalytic H-2 evolution, Appl. Surf. Sci. 441 (2018) 621-630.

[73] Xie Z, Feng Y, Wang F, et al. Construction of carbon dots modified MoO_3/g-C_3N_4 Z-scheme photocatalyst with enhanced visible-light photocatalytic activity for the degradation of tetracycline [J]. Appl Catal B-Environ, 2018, 229: 96-104.

[74] Cao S W, Yuan Y P, Fang J, et al. In-situ growth of CdS quantum dots on g-C_3N_4 nanosheets for highly efficient photocatalytic hydrogen generation under visible light irradiation [J]. Int J Hydrogen Energy, 2013, 38: 1258-1266.

[75] Wang B, Cai H R, Zhao D M, et al. Enhanced photocatalytic hydrogen evolution by partially replaced corner-site C atom with P in g-C_3N_4 [J]. Applied Catalysis B: Environmental, 2019, 244: 486-493.

[76] Lu Y, Zhang X, Chu Y C, et al. Cu_2O nanocrystals/TiO_2 microspheresfilm on a rotating disk containing long-afterglow phosphor for enhanced round-the-clock photocatalysis [J]. Appl Catal B, 2018, 224: 239-248.

[77] Zhang S S, Yan J, Yang S Y, et al. Electrodeposition of Cu_2O/g-C_3N_4 heterojunction film on an FTO substrate for enhancing visible light photoelectrochemical water splittinget [J]. Chinese Journal of Catalysis, 2017, 38: 365-371.

[78] Hou J H, Cao C B, Idrees F, et al. Hierarchical porous nitrogen-doped carbon nanosheets derived from silk for ultrahigh capacity battery anodes and supercapacitors [J]. ACS Nano, 2015, 9: 2556-2564.

[79] Deng Y, Tang L, Zeng G, et al. Plasmonic resonance excited dual Z-scheme $BiVO_4$/Ag/Cu_2O nanocomposite: synthesis and mechanism for enhanced photocatalytic performance in recalcitrant antibiotic degradation [J]. Environ Sci: Nano, 2017, 4: 1494-1511.

[80] Bao Y, Chen K. A novel Z-scheme visible light driven Cu_2O/Cu/g-C_3N_4 photocatalyst using metallic copper as a charge transfer mediator [J]. Mol Catal, 2017, 432: 187-195.

[81] Chen J, Shen S, Guo P, et al. In-situ reduction synthesis of nano-sized Cu_2O parti-

cles modifying g-C_3N_4 for enhanced photocatalytic hydrogen production [J]. Appl. Catal. B: Environ, 2014, 152-153: 335-341.

[82] Fujishima A, Honda K. Electrochemical photolysis of water at a semiconductorelectrode [J]. nature, 1972, 238 (5358): 37-38.

[83] Pelaez M, Nolan N T, Pillai S C, et al. A review on the visible light active titanium dioxide photocatalysts for environmentalapplications [J]. Applied Catalysis B: Environmental, 2012, 125: 331-349.

[84] Chen K, Chai Z, Li C, et al. Catalyst-free growth of three-dimensional graphene flakes and graphene/g-C_3N_4 composite for hydrocarbon oxidation [J]. ACS nano, 2016, 10 (3): 3665-3673.

[85] Gaya U I, Abdullah A H. Heterogeneous photocatalytic degradation of organic contaminants over titanium dioxide: a review of fundamentals, progress andproblems [J]. Journal of photochemistry and photobiology C: Photochemistry reviews, 2008, 9 (1): 1-12.

[86] Hu J, Zhang P, An W, et al. In-situ Fe-doped g-C_3N_4 heterogeneous catalyst via photocatalysis-Fenton reaction with enriched photocatalytic performance for removal of complexwastewater [J]. Applied Catalysis B: Environmental, 2019, 245: 130-142.

[87] Yang S, Gong Y, Zhang J, et al. Exfoliated graphitic carbon nitride nanosheets as efficient catalysts for hydrogen evolution under visible light [J]. Adv Mater, 2013, 25: 2452-2456.

[88] Wang X, Maeda K, Thomas A, et al. A metal-free polymeric photocatalyst for hydrogen production from water under visiblelight [J]. Nature materials, 2009, 8 (1): 76-80.

[89] 郭继鹏, 王敬锋, 林琳, 等. 不同形貌的g-C_3N_4的制备研究进展 [J]. 材料导报, 2019, 33 (S1): 1-7.

[90] Zhang J, Zhang M, Yang C, et al. Nanospherical carbon nitride frameworks with sharp edges accelerating charge collection and separation at a soft photocatalyticinterface [J]. Advanced Materials, 2014, 26 (24): 4121-4126.

[91] Hu S, Ma L, You J, et al. Enhanced visible light photocatalytic performance of g-C_3N_4 photocatalysts co-doped with iron and phosphorus [J]. Applied surface science, 2014, 311: 164-171.

[92] Feng J, Zhang D, Zhou H, et al. Coupling P nanostructures with P-doped g-C_3N_4 as efficient visible light photocatalysts for H_2 evolution and RhB degradation [J]. ACS Sustainable Chemistry & Engineering, 2018, 6 (5): 6342-6349.

[93] Sarkar S, Sumukh S S, Roy K, et al. Facile one step synthesis of Cu-g-C_3N_4 electrocatalyst realized oxygen reduction reaction with excellent methanol crossover impact and durability [J]. Journal of colloid and interface science, 2020, 558: 182-189.

[94] Thorat N, Yadav A, Yadav M, et al. Ag loaded B-doped-g-C_3N_4 nanosheet with efficient properties for photocatalysis [J]. Journal of environmental management, 2019, 247: 57-66.

[95] Li Z, Wang J, Zhu K, et al. Ag/g-C_3N_4 composite nanosheets: synthesis and enhanced visible photocatalyticactivities [J]. Materials Letters, 2015, 145: 167-170.

[96] Fu Y, Huang T, Jia B, et al. Reduction of nitrophenols to aminophenols under concerted catalysis by Au/g-C_3N_4 contactsystem [J]. Applied Catalysis B: Environmental, 2017, 202: 430-437.

[97] Zhou B, Hong H, Zhang H, et al. Heterostructured Ag/g-C_3N_4/TiO_2 with enhanced visible light photocatalyticperformances [J]. Journal of Chemical Technology & Biotechnology, 2019, 94 (12): 3806-3814.

[98] Ding J, Liu Q, Zhang Z, et al. Carbon nitride nanosheets decorated with WO_3 nanorods: Ultrasonic-assisted facile synthesis and catalytic application in the green manufacture ofdialdehydes [J]. Applied Catalysis B: Environmental, 2015, 165: 511-518.

[99] Yu Y, Cheng S, Wang L, et al. Self-assembly of yolk-shell porous Fe-doped g-C_3N_4 microarchitectures with excellent photocatalytic performance under visible light [J]. Sustainable Materials and Technologies, 2018, 17: e00072.

[100] Gao J, Wang Y, Zhou S, et al. A facile one-step synthesis of Fe-doped g-C_3N_4 nanosheets and their improved visible-light photocatalytic performance [J]. ChemCatChem, 2017, 9 (9): 1708-1715.

[101] Li H, Shan C, Pan B. Fe(Ⅲ)-doped g-C_3N_4 mediated peroxymonosulfate activation for selective degradation of phenolic compounds via high-valent iron-oxospecies [J]. Environmental science & technology, 2018, 52 (4): 2197-2205.

[102] Xu Y, Ge F, Chen Z, et al. One-step synthesis of Fe-doped surface-alkalinized g-C_3N_4 and their improved visible-light photocatalytic performance [J]. Applied Surface Science, 2019, 469: 739-746.

[103] James Kehrer. The Haber-Weiss reaction and mechanisms oftoxicity [J]. Toxicology, 2000, 149 (1): 43-50.

[104] 蒋丽, 高慧慧, 曹茹雅, 等. 三维大孔 g-C_3N_4 吸附和光催化还原 U (Ⅵ) 性能研究 [J]. 无机材料学报, 2020, 35 (3): 359.

[105] Luo L, Zhang A, Janik M J, et al. Facile fabrication of ordered mesoporous graphitic carbon nitride for RhB photocatalytic degradation [J]. Applied Surface Science, 2017, 396: 78-84.

[106] Liu J, Xu H, Xu Y, et al. Graphene quantum dots modified mesoporous graphite carbon nitride with significant enhancement of photocatalytic activity [J]. Applied Catalysis B: Environmental, 2017, 207: 429-437.

[107] Bai X, Wang L, Zong R, et al. Photocatalytic activity enhanced via g-C_3N_4 nano-

[108] Tonda S, Kumar S, Kandula S, et al. Fe-doped and-mediated graphitic carbon nitride nanosheets for enhanced photocatalytic performance under naturalsunlight [J]. Journal of Materials Chemistry A, 2014, 2 (19): 6772-6780.

[109] Sahar S, Zeb A, Liu Y, et al. Enhanced Fenton, photo-Fenton and peroxidase-like activity and stability over $Fe_3O_4/g-C_3N_4$ nanocomposites [J]. Chinese Journal of Catalysis, 2017, 38 (12): 2110-2119.

[110] Shi L, Liang L, Wang F, et al. Higher yield urea-derived polymeric graphitic carbon nitride with mesoporous structure and superior visible-light-responsiveactivity [J]. ACS Sustainable Chemistry & Engineering, 2015, 3 (12): 3412-3419.

[111] Xie Y, Chen C, Ren X, et al. Coupling $g-C_3N_4$ nanosheets with metal-organic frameworks as 2D/3D composite for the synergetic removal of uranyl ions from aqueous solution [J]. Journal of colloid and interface science, 2019, 550: 117-127.

[112] Zhang M, Jiang W, Liu D, et al. Photodegradation of phenol via C_3N_4-agar hybrid hydrogel 3D photocatalysts with freeseparation [J]. Applied Catalysis B: Environmental, 2016, 183: 263-268.

[113] Gao S, Guo C, Hou S, et al. Photocatalytic removal of tetrabromobisphenol A by magnetically separable flower-like $BiOBr/BiOI/Fe_3O_4$ hybrid nanocomposites under visible-light irradiation [J]. Journal of hazardous materials, 2017, 331: 1-12.

[114] Guo T, Wang K, Zhang G, et al. A novel $\alpha-Fe_2O_3@g-C_3N_4$ catalyst: synthesis derived from Fe-based MOF and its superior photo-Fentonperformance [J]. Applied Surface Science, 2019, 469: 331-339.

[115] 曹雪娟, 单柏林, 邓梅, 等. Fe 掺杂 $g-C_3N_4$ 光催化剂的制备及光催化性能研究 [J]. 重庆交通大学学报 (自然科学版), 2019, 38 (11): 52-57.

[116] Li Y, Wang M Q, Bao S J, et al. Tuning and thermal exfoliation graphene-like carbon nitride nanosheets for superior photocatalyticactivity [J]. Ceramics International, 2016, 42 (16): 18521-18528.

[117] Ge L, Han C. Synthesis of $MWNTs/g-C_3N_4$ composite photocatalysts with efficient visible light photocatalytic hydrogen evolutionactivity [J]. Applied Catalysis B: Environmental, 2012, 117: 268-274.

[118] Ma J, Yang Q, Wen Y, et al. $Fe-g-C_3N_4$/graphitized mesoporous carbon composite as an effective Fenton-like catalyst in a wide pHrange [J]. Applied catalysis B: environmental, 2017, 201: 232-240.

[119] Li X, Pi Y, Wu L, et al. Facilitation of the visible light-induced Fenton-like excitation of H_2O_2 via heterojunction of $g-C_3N_4/NH_2$-Iron terephthalate metal-organic framework for MBdegradation [J]. Applied Catalysis B: Environmental, 2017,

202: 653-663.

[120] Wen J, Xie J, Yang Z, et al. Fabricating the robust g-C_3N_4 nanosheets/carbons/ NiS multiple heterojunctions for enhanced photocatalytic H_2 generation: an insight into the trifunctional roles ofnanocarbons [J]. ACS Sustainable Chemistry & Engineering, 2017, 5 (3): 2224-2236.

[121] Xu M, Han L, Dong S. Facile fabrication of highly efficient g-C_3N_4/Ag_2O heterostructured photocatalysts with enhanced visible-light photocatalyticactivity [J]. ACS applied materials & interfaces, 2013, 5 (23): 12533-12540.

[122] Li Y, Jin R, Fang X, et al. In situ loading of Ag_2WO_4 on ultrathin g-C_3N_4 nanosheets with highly enhanced photocatalyticperformance [J]. Journal of hazardous materials, 2016, 313: 219-228.

[123] Wang M, Cui S, Yang X, et al. Synthesis of g-C_3N_4/Fe_3O_4 nanocomposites and application as a new sorbent for solid phase extraction of polycyclic aromatic hydrocarbons in watersamples [J]. Talanta, 2015, 132: 922-928.

[124] Jiang J, Zhang X, Sun P, et al. ZnO/BiOI heterostructures: photoinduced chargetransfer property and enhanced visible-light photocatalyticactivity [J]. The Journal of Physical Chemistry C, 2011, 115 (42): 20555-20564.

[125] Dong G, Zhang L. Porous structure dependent photoreactivity of graphitic carbon nitride under visiblelight [J]. Journal of Materials Chemistry, 2012, 22 (3): 1160-1166.

[126] Kehrer J P. The Haber-Weiss reaction and mechanisms oftoxicity [J]. Toxicology, 2000, 149 (1): 43-50.

[127] Ye S, Wang R, Wu M Z, et al. A review on g-C_3N_4 for photocatalytic water splitting and CO_2 reduction [J]. Applied Surface Science, 2015, 358: 15-27.

[128] Kumar S, Kumar B, Baruah A, et al. Synthesis of magnetically separable and recyclable g-C_3N_4-Fe_3O_4 hybrid nanocomposites with enhanced photocatalytic performance under visible-lightirradiation [J]. The Journal of Physical Chemistry C, 2013, 117 (49): 26135-26143.

[129] Zhu Z, Lu Z, Wang D, et al. Construction of high-dispersed Ag/Fe_3O_4/ g-C_3N_4 photocatalyst by selective photo-deposition and improved photocatalytic activity [J]. Applied Catalysis B: Environmental, 2016, 182: 115-122.

[130] Yang Y, Guo Y, Liu F, et al. Preparation and enhanced visible-light photocatalytic activity of silver deposited graphitic carbon nitride plasmonicphotocatalyst [J]. Applied Catalysis B: Environmental, 2013, 142: 828-837.

[131] Li Y, Ouyang S, Xu H, et al. Constructing solid-gas-interfacial fenton reaction over alkalinized-C_3N_4 photocatalyst to achieve apparent quantum yield of 49% at 420 nm [J]. Journal of the Science Bulletin, 2016, 138, 40: 13289-13297.